Desvendando o cosmo

Ian Stewart

# Desvendando o cosmo

## Como a matemática nos ajuda a compreender o Universo

Tradução:
George Schlesinger

Revisão técnica:
Alexandre Cherman
*Astrônomo da Fundação Planetário/RJ*

Título original:
*Calculating the Cosmos*
(*How Mathematics Unveils the Universe*)

Tradução autorizada da primeira edição inglesa, publicada em 2016
por Profile Books Ltd, de Londres, Inglaterra


Jorge Zahar Editor Ltda.
rua Marquês de S. Vicente 99 – 1º | 22451-041 Rio de Janeiro, RJ
tel (21) 2529-4750 | fax (21) 2529-4787
editora@zahar.com.br | www.zahar.com.br



Grafia atualizada respeitando o novo
Acordo Ortográfico da Língua Portuguesa



Preparação: Ção Rodrigues | Revisão: Eduardo Monteiro, Édio Pullig
Indexação: Gabriella Russano | Capa: Sérgio Campante

CIP-Brasil. Catalogação na publicação
Sindicato Nacional dos Editores de Livros, RJ

---

Stewart, Ian, 1945-
S871d Desvendando o cosmo: como a matemática nos ajuda a compreender o universo / Ian Stewart; tradução George Schlesinger; revisão técnica Alexandre Cherman. – 1.ed. – Rio de Janeiro: Zahar, 2020.

il.

Tradução de: Calculating the cosmos
Inclui bibliografia e índice
ISBN 978-85-378-1874-9

1. Astronomia. I. Schlesinger, George. II. Cherman, Alexandre. III. Título.

CDD: 520
20-62302 CDU: 52

---

Vanessa Mafra Xavier Salgado – Bibliotecária – CRB-7/6644

# Sumário

# Prólogo

Bem, eu calculei isso.

Isaac Newton, em resposta a Edmond Halley, quando perguntado como sabia que uma lei do inverso do quadrado da distância para a atração implica que a órbita de um planeta seja uma elipse. Citado em Herbert Westren Turnbull, *The Great Mathematicians*

Em 12 de novembro de 2014 um alienígena inteligente que observasse o sistema solar teria presenciado um acontecimento intrigante. Durante meses, uma diminuta máquina havia seguido um cometa ao longo de sua trajetória em torno do Sol – passiva, adormecida. De repente, a máquina tinha acordado e havia cuspido uma máquina ainda menor. Esta desceu em direção à superfície negra como carvão do cometa, bateu... e quicou. Quando finalmente parou, estava tombada sobre um de seus lados e presa sob um penhasco.

O alienígena, deduzindo que o pouso não havia transcorrido conforme se pretendia, talvez não tenha ficado extremamente impressionado, mas os engenheiros por trás das duas máquinas haviam realizado um feito sem precedentes – pousar uma sonda espacial num cometa. A máquina maior era a *Rosetta*, a menor a *Philae*, e o cometa era o 67P/Churyumov-Gerasimenko. A missão foi empreendida pela Agência Espacial Europeia (ESA, na sigla em inglês), e somente o voo levou mais de dez anos. Apesar do pouso atabalhoado, a *Philae* atingiu a maioria de seus objetivos científicos e enviou de volta dados vitais. A *Rosetta* continua seu desempenho conforme o planejado.*

* A missão terminou oficialmente em 30 set 2016 após colisão proposital com o cometa. (N.R.T.)

Por que pousar num cometa? Cometas são intrigantes por si sós, e qualquer coisa que possamos descobrir a respeito deles representa um proveitoso acréscimo à ciência básica. Num nível mais prático, cometas ocasionalmente chegam perto da Terra; uma colisão causaria uma devastação enorme, então é prudente descobrir do que são feitos. Pode-se mudar a órbita de um corpo sólido usando um foguete ou um míssil nuclear, mas uma esponja mole poderia se desmanchar e piorar ainda mais o problema. No entanto, há uma terceira razão. Cometas contêm material que remonta à origem do sistema solar e podem assim fornecer pistas úteis sobre como a Terra surgiu.

Os astrônomos pensam que cometas são bolas de neve sujas, gelo coberto por uma fina camada de poeira. A *Philae* conseguiu confirmar isso no caso do cometa 67P, antes que suas baterias descarregassem e ela silenciasse. Se a Terra se formou à sua distância atual do Sol, tem mais água do que deveria ter. De onde veio a água adicional? Uma possibilidade atraente é o bombardeio por milhões de cometas quando o sistema solar estava se formando. O gelo derreteu e nasceram os oceanos. Talvez, surpreendentemente, haja um meio de testar essa teoria. A água é feita de hidrogênio e oxigênio. O hidrogênio ocorre em três formas atômicas distintas, conhecidas como isótopos; todas elas têm o mesmo número de prótons e elétrons (um de cada), mas diferem no número de nêutrons. O hidrogênio comum não tem nêutrons, o deutério tem um e o trítio tem dois. Se os oceanos da Terra são provenientes de cometas, as proporções desses isótopos nos oceanos e na crosta, cujas rochas também contêm

O cometa "pato de borracha" 67P, em imagem da *Rosetta*.

grandes quantidades de água em sua composição química, deveriam ser semelhantes às encontradas nos cometas.

A análise da *Philae* mostra que, em comparação com a Terra, o 67P tem uma proporção muito maior de deutério. Dados de outros cometas serão necessários para se ter certeza, mas uma origem cometária para os oceanos está começando a parecer incerta. Asteroides são uma aposta melhor.

A MISSÃO *Rosetta* é apenas um exemplo da crescente capacidade humana de enviar máquinas ao espaço, seja para exploração científica, seja para uso diário. Essa nova tecnologia tem expandido nossas aspirações científicas. Sondas espaciais já visitaram e fotografaram cada planeta do sistema solar e alguns de seus corpos menores.

O progresso tem sido rápido. Astronautas americanos pousaram na Lua em 1969. A espaçonave *Pioneer 10*, lançada em 1972, visitou Júpiter e continuou viajando para fora do sistema solar. A *Pioneer 11*, logo em seguida, em 1973, também visitou Saturno. Em 1977 a *Voyager 1* e a *Voyager 2* partiram para explorar esses planetas e os ainda mais distantes Urano e Netuno. Outras máquinas, lançadas por diversos países ou grupos nacionais, visitaram Mercúrio, Vênus e Marte. Algumas *pousaram* em Vênus e Marte, mandando de volta informação valiosa. Enquanto escrevo, em 2015, cinco sondas orbitais[1] e dois veículos de superfície[2] estão explorando Marte, *Cassini* está em órbita ao redor de Saturno, a espaçonave *Dawn* orbita o ex-asteroide Ceres, recentemente promovido a planeta anão, e a espaçonave *New Horizons* acabou de passar zunindo, enviando imagens impressionantes, pelo mais famoso planeta anão do sistema solar, Plutão. Seus dados nos ajudarão a resolver os mistérios desse enigmático corpo e de suas cinco luas. A sonda já mostrou que Plutão é ligeiramente maior que Éris, um planeta anão mais distante que anteriormente julgava-se que fosse o maior entre os dois. Plutão foi reclassificado como planeta anão para excluir Éris do status planetário. Agora descobrimos que não precisavam ter se incomodado.

Também estamos começando a explorar corpos menores mas igualmente fascinantes: luas, asteroides e cometas. Pode não ser *Jornada nas estrelas*, mas a fronteira final está se abrindo.

A exploração espacial é ciência básica e, embora a maioria de nós fique intrigada com as novas descobertas sobre planetas, alguns preferem que seus impostos produzam resultados mais objetivos. No que concerne à vida diária, nossa capacidade de criar modelos matemáticos precisos de corpos interagindo sob gravidade deu ao mundo uma gama de maravilhas tecnológicas que se baseiam em satélites artificiais: TV por satélite, uma rede telefônica internacional altamente eficiente, satélites meteorológicos, satélites que observam o Sol para detectar tempestades magnéticas, satélites que mantêm vigilância sobre o meio ambiente e mapeiam o globo – até mesmo sistemas de navegação para carros que utilizam o GPS.

Em 14 de julho de 2015 a sonda espacial *New Horizons*, da Nasa, enviou à Terra esta imagem histórica de Plutão, a primeira a mostrar características claras do planeta anão.

Essas conquistas teriam estarrecido gerações passadas. Ainda na década de 1930, a maioria das pessoas pensava que um ser humano jamais pisaria na Lua. (Hoje uma porção de teóricos da conspiração bastante ingênuos ainda acha que ninguém chegou lá, mas não vamos nem começar a falar disso.) Havia discussões acaloradas até mesmo sobre a mera *possi-*

*bilidade* de um voo espacial.[3] Alguns insistiam que foguetes não funcionariam no espaço porque "não há nada lá em que se apoiar para conseguir impulso", ignorantes da terceira lei do movimento de Newton – a cada ação corresponde uma reação igual e contrária.[4]

Cientistas sérios insistiam veementemente que um foguete nunca funcionaria porque se precisaria de muito combustível para erguê-lo, depois mais combustível para erguer o combustível, depois mais combustível para erguer *isso*... mesmo que já no século XIV, na China, uma figura do *Huolongjing* (Manual do Dragão de Fogo), de Jiao Yu, retratasse um dragão de fogo, vulgo foguete multiestágio. Essa arma naval chinesa usava propulsores descartáveis para lançar um estágio superior em forma de cabeça de dragão, carregado com setas incendiárias que eram disparadas de sua boca. Conrad Haas fez o primeiro experimento europeu com foguetes multiestágios em 1551. Os pioneiros da produção de foguetes do século XX ressaltavam que o primeiro estágio de um foguete multiestágio seria capaz de erguer o segundo e seu combustível, e todo o seu próprio excesso de peso seria *descartado*, quando estivesse exaurido. Konstantin Tsiolkovsky publicou em 1911 cálculos detalhados e realistas sobre a exploração do sistema solar.

Bem, chegamos à Lua apesar dos pessimistas – usando precisamente as ideias que eles eram cegos demais para contemplar. Até agora, exploramos apenas nossa região local do espaço, insignificante quando comparada às grandes extensões do Universo. Ainda não pousamos humanos em outro planeta, e até mesmo a estrela mais próxima parece absolutamente fora de alcance. Com a tecnologia existente, levaria séculos para chegar lá, mesmo que pudéssemos construir uma nave espacial confiável. Mas estamos no caminho.

ESSES AVANÇOS EM EXPLORAÇÃO e uso do espaço dependem não só de tecnologia hábil, mas de uma prolongada série de descobertas científicas que remontam pelo menos à antiga Babilônia, três milênios atrás. A matemática está no cerne desses avanços. A engenharia, obviamente, também é vital, e descobertas em muitas outras disciplinas científicas foram necessárias antes de conseguirmos fabricar os materiais requeridos e reuni-los numa sonda espacial que funcionasse, mas vou me concentrar em como a matemática melhorou nosso conhecimento do Universo.

A história da exploração espacial e a história da matemática têm andado de mãos dadas desde os tempos mais remotos. A matemática provou ser essencial para a compreensão do Sol, da Lua, dos planetas, das estrelas e do vasto conjunto de objetos associados que formam o cosmo – o Universo considerado em grande escala. Há milhares de anos a matemática vem sendo nosso método mais efetivo para compreender, registrar e prever eventos cósmicos. De fato, em algumas culturas, como na Índia antiga por volta do ano 500, a matemática era um sub-ramo da astronomia. Em contrapartida, fenômenos astronômicos vêm influenciando o desenvolvimento da matemática há mais de três milênios, inspirando desde as previsões babilônicas de eclipses até o cálculo, a teoria do caos e a curvatura do espaço-tempo.

Inicialmente, o principal papel astronômico da matemática foi registrar observações e executar cálculos úteis sobre fenômenos como eclipses solares, em que a Lua cobre temporariamente o Sol, ou eclipses lunares, em que a sombra da Terra obscurece a Lua. Pensando na geometria do sistema solar, os pioneiros da astronomia perceberam que a Terra gira em torno do Sol, mesmo que daqui de baixo pareça o contrário. Os antigos também combinaram observações com geometria para estimar o tamanho da Terra e as distâncias à Lua e ao Sol.

Padrões astronômicos mais complicados começaram a emergir por volta de 1600, quando Johannes Kepler descobriu três regularidades matemáticas – "leis" – nas órbitas dos planetas. Em 1687 Isaac Newton reinterpretou as leis de Kepler para formular uma ambiciosa teoria que descrevia não só o movimento dos planetas do sistema solar, mas também o de *qualquer* sistema de corpos celestes. Era a sua teoria da gravidade, uma das descobertas centrais em seu transformador *Philosophiae naturalis principia mathematica* (Princípios matemáticos da filosofia natural), conhecido como *Principia*. A lei da gravidade de Newton descreve como cada corpo no Universo atrai todo outro corpo.

Combinando a gravidade com outras leis matemáticas sobre o movimento dos corpos, introduzidas de forma pioneira por Galileu um século antes, Newton explicou e previu numerosos fenômenos celestes. Mais genericamente, mudou nossa maneira de pensar acerca do mundo natural, criando uma revolução científica que ainda hoje é levada adiante. Newton mostrou que os fenômenos naturais são (frequentemente) governados por padrões matemáticos, e ao compreender esses padrões podemos melhorar nosso entendimento da natureza. Na época de Newton as leis matemáticas explicavam o que estava acontecendo nos céus, mas não tinham utilidade prática significativa, a não ser para a navegação.

TUDO ISSO MUDOU quando o satélite soviético *Sputnik* entrou em órbita baixa ao redor da Terra em 1957, disparando o tiro inicial da corrida espacial. Se você vê futebol por TV via satélite – ou ópera, ou comédias, ou documentários científicos –, está colhendo um fruto das percepções de Newton para o mundo real.

Inicialmente, seus sucessos levaram a uma visão do Universo como um mecanismo de relógio, no qual tudo segue majestosamente trajetórias estabelecidas na aurora da criação. Por exemplo, acreditava-se que o sistema solar tivesse sido criado mais ou menos no seu estado atual, com os mesmos planetas se movendo ao longo das mesmas órbitas quase circulares. Reconhecidamente, tudo oscilava um pouco; os progressos das observações astronômicas na época deixavam isso plenamente claro. Apesar disso, havia uma difundida crença de que nada mudara, muda ou mudaria de forma drástica ao longo de incontáveis éons. Para a religião europeia era impensável que a criação perfeita de Deus pudesse ter sido diferente no passado. A visão mecanicista de um cosmo regular, previsível, persistiu durante trezentos anos.

Não mais, porém. Inovações recentes em matemática, tais como a teoria do caos, subsidiadas pelos potentes computadores de hoje, capazes de processar os números relevantes com velocidade sem precedentes, mudaram substancialmente nossa visão do cosmo. O modelo de mecanismo de relógio para o sistema solar permanece válido para curtos períodos de tempo, e em astronomia 1 milhão de anos geralmente é um tempo curto. Contudo, nosso quintal cósmico é agora revelado como um lugar onde mundos de fato migraram, e migrarão, de uma órbita para outra. Sim, há períodos muitos longos de comportamento regular, mas que de tempos em tempos são pontuados por explosões de frenética atividade. As leis imutáveis que deram origem à noção do Universo como um mecanismo de relógio podem também causar mudanças súbitas e comportamento altamente errático.

Os cenários que os astrônomos visualizam agora são muitas vezes dramáticos. Durante a formação do sistema solar, por exemplo, mundos inteiros colidiram, com consequências apocalípticas. Um dia, no futuro distante, provavelmente, isso acontecerá de novo: há uma pequena chance de que ou Mercúrio ou Vênus esteja condenado, mas não sabemos qual dos dois. Talvez ambos, e poderiam nos levar com eles. Uma colisão dessas provavelmente provocou a formação da Lua. Soa como algo tirado da ficção científica, e é... mas da melhor qualidade – ficção científica consistente, na qual apenas a nova invenção fantástica vai além da ciência conhecida. Com a diferença de que aqui não há invenção fantástica, apenas uma inesperada descoberta matemática.

A matemática embasou nossa compreensão do cosmo em todas as escalas: a origem e a órbita da Lua, os movimentos e a forma dos planetas e seus satélites, as complexidades de asteroides, cometas e objetos do cinturão de Kuiper e a laboriosa dança de todo o sistema solar. Ensinou-nos como interações com Júpiter podem arremessar asteroides na direção de Marte, e portanto da Terra; por que Saturno não é o único a possuir anéis; como seus anéis se formaram, para começo de conversa, e por que se comportam da maneira que o fazem, entrelaçando-se, ondulando e com estranhos "raios" giratórios. A matemática nos mostrou como os anéis de um planeta podem cuspir luas, uma de cada vez.

O mecanismo de relógio deu lugar a fogos de artifício.

Do ponto de vista cósmico, o sistema solar é meramente um insignificante punhado de rochas entre quatrilhões delas. Quando contemplamos o Universo numa escala maior, a matemática desempenha um papel ainda mais crucial. Experimentos raramente são possíveis e observações diretas são difíceis, então, em vez disso, temos de fazer inferências indiretas. Pessoas com uma agenda anticiência frequentemente condenam essa característica como se fosse algum tipo de fraqueza. Na verdade, uma das grandes forças da ciência é a capacidade de inferir coisas que não podemos observar diretamente a partir daquelas que podemos. A existência dos átomos foi estabelecida conclusivamente muito antes que sofisticados microscópios nos permitissem vê-los e, mesmo então, "ver" depende de uma série de inferências sobre como as imagens correspondentes são formadas.

A matemática é uma poderosa máquina de inferência: ela nos permite deduzir as *consequências* de hipóteses alternativas seguindo suas implicações lógicas. Quando associada à física nuclear – ela própria altamente matemática –, ajuda a explicar a dinâmica das estrelas, com seus muitos tipos, suas diferentes constituições químicas e nucleares, seus retorcidos campos magnéticos e manchas escuras. Ela possibilita compreender a tendência das estrelas a se agrupar em enormes galáxias, separadas por vazios ainda maiores, e explica por que as galáxias têm formatos tão interessantes. Além disso, nos conta por que as galáxias se combinam para formar aglomerados galácticos, separados por vazios ainda mais vastos.

Há uma escala ainda maior, a do Universo em sua totalidade. Esse é o reino da cosmologia. Aqui, a fonte de inspiração racional da humanidade é quase inteiramente matemática. Podemos observar alguns aspectos do Universo, mas não fazer experimentos com ele como um todo. A matemática nos ajuda a interpretar observações, permitindo comparações do tipo "e se…" entre teorias alternativas. Porém, mesmo aqui, o ponto de partida esteve mais perto de nós. A teoria da relatividade geral de Albert Einstein, na qual a força da gravidade é substituída pela curvatura do espaço-tempo, substituiu a física newtoniana. Os antigos geômetras e filósofos teriam aprovado: a dinâmica foi reduzida à geometria. Einstein viu suas teorias verificadas por duas de suas próprias previsões: mudanças conhecidas, mas intrigantes, na órbita de Mercúrio e a curvatura da luz por influência do Sol, fenômeno observado durante um eclipse solar em 1919.* Mas ele não podia ter imaginado que sua teoria levaria à descoberta de alguns dos objetos mais bizarros de todo o Universo: buracos negros, com uma massa tão grande que nem mesmo a luz consegue escapar do seu puxão gravitacional.

Ele certamente fracassou em reconhecer uma consequência potencial de sua teoria, o Big Bang. Segundo esta proposta, o Universo se originou a partir de um único ponto em algum momento no passado distante, cerca de 13,8 bilhões de anos atrás, de acordo com estimativas correntes, numa espécie de explosão gigantesca. Mas foi o espaço-tempo que explodiu, e não outra coisa explodindo dentro do espaço-tempo. A primeira evidência dessa teoria foi a descoberta por Edwin Hubble de que o Universo está se expandindo. Faça o tempo correr para trás e tudo colapsa, reduzindo-se a um ponto; agora reinicie o tempo no sentido normal para voltar ao aqui e agora.

Einstein lamentava que poderia ter previsto tudo isso, se tivesse acreditado em suas próprias equações. Por essa razão que podemos estar seguros de que ele não esperava isso.

Em ciência, novas respostas revelam novos mistérios. Um dos maiores é a matéria escura, um tipo completamente novo de matéria que parece ser necessário para conciliar observações de como as galáxias giram com a nossa compreensão da gravidade. Entretanto, as buscas pela matéria escura têm consistentemente falhado em detectá-la. Mais ainda, dois outros adendos à teoria original do Big Bang também são requeridos para dar sentido ao cosmo. Um é a inflação, um efeito que fez com que o Universo dos primeiros momentos crescesse numa taxa verdadeiramente enorme numa fração realmente ínfima de tempo. Ela é necessária para explicar por que a distribuição da matéria no Universo de hoje é quase, mas não total-

---

* A Royal Astronomical Society, da Inglaterra, organizou duas expedições para fazer as observações desse eclipse, buscando a comprovação das teorias de Einsten. Uma das equipes ficou baseada em Sobral, no Ceará. (N.R.T.)

mente, uniforme. O outro é a energia escura, uma força misteriosa que faz com que o Universo se expanda com uma velocidade cada vez maior.

O Big Bang é aceito pela maioria dos cosmólogos, mas só quando estes três extras – matéria escura, inflação e energia escura – são jogados na mistura. Contudo, como veremos, cada um desses *dei ex machina* vem junto com uma multidão de problemas inquietantes. A cosmologia moderna não parece mais tão segura quanto era uma década atrás, e pode ser que haja uma revolução a caminho.

A LEI DA GRAVIDADE de Newton não foi o primeiro padrão matemático a ser percebido nos céus, mas cristalizou toda a abordagem, além de ter ido muito além do que qualquer coisa que tenha surgido antes. Ela é um tema central neste livro, uma descoberta-chave que repousa no seu cerne. A saber: existem padrões matemáticos nos movimentos e na estrutura tanto dos corpos celestes quanto dos terrestres, desde a menor partícula de poeira até o Universo como um todo. Compreender esses padrões nos permite não apenas explicar o cosmo, mas também explorá-lo, utilizá-lo e nos protegermos dele.

É possível que o maior avanço tenha sido a percepção de que *existem* padrões. Depois disso, você sabe o que procurar, e se por um lado pode ser difícil identificar exatamente as respostas, os problemas passam a ser uma questão de técnica. Muitas vezes é preciso inventar ideias matemáticas inteiramente novas – não estou afirmando que seja fácil nem direto. É um jogo de longo prazo que ainda está sendo jogado.

A abordagem de Newton também deflagrou um reflexo padrão. Assim que a última descoberta sai da sua casca, os matemáticos começam a se perguntar se uma ideia similar poderia resolver outros problemas. A necessidade de tornar tudo mais genérico corre nas profundezas da psique matemática. Não adianta jogar a culpa em Nicolas Bourbaki[5] e na "matemática moderna": a coisa vem lá de trás, de Euclides e Pitágoras. A partir desse reflexo nasceu a física matemática. Os contemporâneos de Newton, especialmente na Europa continental, aplicaram os mesmos princípios que aprumaram o Universo para entender o calor, o som, a luz, a elasticidade e mais tarde a eletricidade e o magnetismo. E a mensagem soou cada vez mais clara:

A natureza tem leis.
São leis matemáticas.
Podemos encontrá-las.
Podemos usá-las.

É claro que não foi assim tão simples.

# 1. Atração à distância

> Macavity, Macavity, não há ninguém como Macavity. Ele já quebrou toda lei humana, ele quebra a lei da gravidade.
>
> Thomas Stearns Eliot, *Old Possum's Book of Practical Cats*

Por que as coisas caem?

Algumas não caem. Macavity, obviamente. Junto com o Sol, a Lua e quase todo o resto "lá em cima" nos céus. Embora algumas vezes caiam rochas do céu, como descobriram os dinossauros para seu desalento. Aqui embaixo, se você quiser ser muito exigente, insetos, aves e morcegos voam, mas não permanecem no ar indefinidamente. Praticamente tudo o mais cai, a não ser que algo esteja segurando. Mas lá em cima, nada segura nada – entretanto não cai.

Lá em cima parece muito diferente de aqui embaixo.

Foi necessária uma tacada de gênio para perceber que o que faz com que objetos terrestres caiam é a mesma coisa que segura objetos celestes no alto. É muito conhecido o fato de Newton ter comparado uma maçã caindo com a Lua, e percebido que a Lua permanece lá em cima porque, ao contrário da maçã, ela também está se movendo *para o lado*.[1] Na realidade, a Lua está perpetuamente caindo, mas seu movimento lateral faz com que ela nunca antinja a superfície da Terra. Então a Lua pode cair para sempre, e no entanto continuar dando voltas e voltas ao redor da Terra sem nunca atingi-la.

A verdadeira diferença não era que a maçã cai e a Lua não cai. Era que maçãs não se movem lateralmente com velocidade suficiente para não atingir a Terra.

Newton era matemático (e físico, químico e místico), e assim fez alguns cálculos para confirmar sua ideia radical. Calculou as forças que deviam estar atuando sobre a maçã e sobre a Lua para fazê-las percorrer suas trajetórias. Levando em conta suas diferentes massas, as forças se revelaram idênticas. Isso o convenceu de que a Terra devia estar puxando para si tanto a maçã quanto a Lua. Era natural supor que o mesmo tipo de atração vale para qualquer par de corpos, terrestres ou celestes. Newton exprimiu essas forças de atração numa equação matemática, uma lei da natureza.

Uma consequência notável é que não só a Terra atrai a maçã; a maçã também atrai a Terra. E a Lua, e tudo o mais no Universo. Mas o efeito da maçã sobre a Terra é pequeno demais para medir, ao contrário do efeito da Terra sobre a maçã.

Essa descoberta foi um triunfo imenso, um elo preciso e profundo entre a matemática e o mundo natural. E também teve outra implicação importante, facilmente desconsiderada em meio às tecnicalidades matemáticas: apesar das aparências, "lá em cima" é, em alguns aspectos vitais, a mesma coisa que "aqui embaixo". As leis são idênticas. O que difere é o contexto no qual se aplicam.

Nós chamamos a força misteriosa de Newton de "gravidade". Podemos calcular seus efeitos com esmerada acurácia. Mas ainda não a compreendemos.

POR UM LONGO TEMPO, pensamos que sim. Por volta de 350 a.C. o filósofo grego Aristóteles deu um motivo simples para os objetos caírem: eles estão procurando seu lugar natural de repouso.

Para evitar um raciocínio circular, também explicou o que significa "natural". Ele sustentava que tudo é feito de quatro elementos básicos: terra, água, ar e fogo. O lugar natural de repouso da terra e da água está no centro do Universo, que, é claro, coincide com o centro da Terra. Como prova, a Terra não se move: nós vivemos nela, e seguramente notaríamos se se movesse. Como a terra é mais pesada que a água (ela afunda, certo?)

as regiões mais baixas são ocupadas por terra, uma esfera. Em seguida vem uma casca esférica de água, depois de ar (o ar é mais leve que a água: bolhas sobem). Acima desta – porém abaixo da esfera celeste que carrega a Lua – está o reino do fogo. Todos os outros corpos tendem a subir ou cair dependendo das proporções nas quais ocorrem esses quatro elementos.

Essa teoria levou Aristóteles a argumentar que a velocidade de um corpo ao cair é proporcional a seu peso (penas caem mais devagar que pedras) e inversamente proporcional à densidade do meio circundante (pedras caem mais depressa no ar que na água). Tendo chegado ao seu estado natural de repouso, o corpo ali permanece, movendo-se apenas quando uma força é aplicada.

Como teorias, elas não são tão ruins. Em particular, estão de acordo com a experiência cotidiana. Sobre a minha mesa de trabalho, há a primeira edição do romance *Triplanetária*, citado na epígrafe do capítulo 2. Se eu deixo a coisa em paz, ela fica onde está. Se aplico uma força – dou-lhe um empurrão –, ela se move alguns centímetros, reduzindo a velocidade enquanto se move, e então para.

Aristóteles estava certo.

E assim pareceu por cerca de 2 mil anos. A física aristotélica, embora largamente discutida, era aceita de forma geral por quase todos os intelectuais até o fim do século XVI. Uma exceção foi o estudioso árabe al-Hasan ibn al-Haytham (Alhazen), que no século XI argumentou contra a visão de Aristóteles em bases geométricas. No entanto, mesmo hoje, a física aristotélica se adapta mais precisamente à nossa intuição do que as ideias de Galileu e Newton, que a substituíram.

Segundo o pensamento moderno, a teoria de Aristóteles tem algumas grandes lacunas. Uma é o peso. *Por que* uma pena é mais leve que uma pedra? Outra é o atrito. Suponha que eu pusesse meu exemplar do *Triplanetária* num rinque de patinação no gelo e lhe desse o mesmo empurrão. O que aconteceria? Ele iria mais longe; e bem mais longe se eu o colocasse sobre um par de patins. O atrito faz um corpo se mover mais lentamente num meio viscoso – grudento. Na vida diária, o atrito está em todo lugar, e é por isso que a física aristotélica corresponde melhor a nossa intuição do que as físicas galileana e newtoniana. Nossos cérebros desenvolveram um modelo interno de movimento com o atrito embutido.

Hoje sabemos que um corpo cai sobre a Terra porque a gravidade do planeta o puxa. Mas o que é gravidade? Newton pensava que era uma força, mas não explicou como a força surgia. Ela simplesmente *existia*. Atuava à distância sem nada no meio. Ele tampouco explicou isso; a força simplesmente *atuava*. Einstein substituiu a força pela curvatura do espaço-tempo, tornando a "ação à distância" irrelevante, e escreveu equações que descrevem como a curvatura é afetada por uma distribuição de matéria – mas não explicou *por que* a curvatura se comporta dessa maneira.

Eclipses e outros fenômenos foram calculados por milênios antes que alguém percebesse que a gravidade existia. Mas uma vez revelado o papel da gravidade, nossa capacidade de calcular o cosmo tornou-se muito mais poderosa. O subtítulo de Newton para o livro 3 do *Principia*, que descreve suas leis de movimento e gravidade, é "O sistema do mundo". Foi apenas um leve exagero. A força da gravidade, e a maneira pela qual corpos respondem a forças, reside no centro da maioria dos cálculos cósmicos. Então, antes de chegarmos às descobertas mais recentes, tais como planetas com anéis cuspindo luas, ou como o Universo começou, é melhor analisarmos algumas ideias básicas sobre a gravidade.

ANTES DA INVENÇÃO da iluminação de rua, a Lua e as estrelas eram tão familiares, para a maioria das pessoas, quanto os rios, as árvores e as montanhas. Quando o Sol se punha, as estrelas surgiam. A Lua marchava segundo seu próprio compasso, às vezes parecendo durante o dia um pálido fantasma, mas brilhando muito mais forte à noite. Entretanto, havia padrões. Qualquer um que observasse por alguns meses a Lua, ainda que casualmente, logo notaria que ela segue um ritmo regular, mudando sua forma de um fino crescente para um disco circular e de volta a cada 29,5 dias. E também que se move perceptivelmente de uma noite para outra, traçando um caminho fechado, repetitivo, através dos céus.

As estrelas também têm seu próprio ritmo. Elas rodam, uma vez por dia, em torno de um ponto fixo no céu, como se estivessem pintadas no interior de uma abóbada que gira lentamente. O Gênesis fala do firmamento dos céus: a palavra hebraica traduzida como "firmamento" significa abóbada.

Observando o céu por alguns meses, também ficava óbvio que cinco estrelas, inclusive algumas das mais brilhantes, não giram como a maioria das estrelas "fixas". Em vez de estarem grudadas na abóbada, rastejam lentamente através dela. Os gregos associaram essas partículas de luz errantes a Hermes (mensageiro dos deuses), Afrodite (deusa do amor), Ares (deus da guerra), Zeus (rei dos deuses) e Cronos (deus do tempo). As divindades romanas correspondentes lhes deram seus nomes atuais: Mercúrio, Vênus, Marte, Júpiter e Saturno. Os gregos as chamavam *planetes*, "nômades", daí o nome moderno planetas, dos quais agora reconhecemos mais três: Terra, Urano e Netuno. Suas trajetórias eram estranhas, aparentemente imprevisíveis. Alguns se moviam relativamente depressa, outros mais devagar. Todos chegavam a fazer uma laçada para trás à medida que os meses passavam.

A maioria das pessoas simplesmente aceitava as luzes pelo que eram, da mesma forma que aceitava a existência de rios, árvores e montanhas. O que são essas luzes? Por que estão ali? Como e por que se movem? Por que alguns movimentos mostram padrões enquanto outros os quebram?

Os sumérios e babilônios forneceram dados observacionais básicos. Escreveram em tabuletas de argila numa escrita conhecida como cuneiforme – em forma de cunha. Entre as tabuletas babilônicas encontradas pelos arqueólogos estão catálogos de estrelas, listando as posições delas no céu; datam de cerca de 1200 a.C., mas provavelmente eram cópias de tabuletas sumérias ainda mais antigas. Os filósofos e geômetras gregos que seguiram seu caminho tinham mais consciência da necessidade de lógica, prova e teoria. Eram buscadores de padrões; os pitagóricos levaram essa atitude a extremos, acreditando que o Universo inteiro fosse regido por números. Hoje, a maioria dos cientistas concordaria, mas não em relação aos detalhes.

O geômetra grego de maior influência no pensamento astronômico de gerações posteriores foi Cláudio Ptolomeu, um astrônomo e geógrafo. Seu primeiro trabalho é conhecido como *Almagesto*, a partir de uma versão árabe de seu título original, que começou como "A compilação matemática", transformou-se em "A grande compilação" e então em *al-majisti* – a maior. O *Almagesto* apresentava uma teoria plenamente desenvolvida do movimento planetário, baseada no que os gregos consideravam as mais perfeitas formas geométricas – os círculos e as esferas.

Os planetas, na verdade, não se movem em círculos. Isso não seria novidade para os babilônios, porque não se encaixa nas suas tabelas. Os gregos foram além, perguntando o que se encaixaria. A resposta de Ptolomeu foi: combinações de círculos sustentados por esferas. A esfera mais interna, o "deferente", está centrada na Terra. O eixo da segunda esfera, ou "epiciclo", está fixado na esfera logo no seu interior. Cada par de esferas é desconectado dos outros. Não era uma ideia nova. Dois séculos antes, Aristóteles – elaborando ideias ainda mais antigas do mesmo tipo – havia proposto um complexo sistema de 55 esferas concêntricas, com o eixo de cada esfera fixo na esfera imediatamente interna a ela. A modificação de Ptolomeu usava menos esferas, e era mais acurada, mas ainda era bastante complicada. Ambas conduziam à questão de se as esferas de fato existiam, ou eram apenas ficções convenientes – ou se o que acontecia era algo inteiramente diferente.

Durante os mil anos seguintes e até mais, a Europa se voltou para questões teológicas e filosóficas, baseando a maior parte da sua compreensão do mundo natural no que Aristóteles dissera por volta de 350 a.C. Acreditava-se que o Universo era geocêntrico, com tudo girando em volta de uma Terra estacionária. A tocha da inovação em astronomia e matemática passou para a Arábia, a Índia e a China. Com o alvorecer da Renascença italiana, porém, a tocha foi passada de volta para a Europa. Subsequentemente, três gigantes da ciência desempenharam papéis de máxima importância no avanço do conhecimento astronômico: Galileu, Kepler e Newton. E o elenco de apoio foi enorme.

Galileu é famoso pela invenção de melhoramentos para o telescópio, com o qual descobriu que o Sol tem manchas, Júpiter tem (pelo menos) quatro luas, Vênus tem fases como as da Lua, e que há algo de estranho em relação a Saturno – mais tarde explicado pelo seu sistema de anéis. Essas evidências o levaram a rejeitar a teoria geocêntrica e a abraçar a teoria rival heliocêntrica de Nicolau Copérnico, segundo a qual os planetas e a Terra giram em torno do Sol – o que o colocaria em apuros com a Igreja de Roma. Mas ele também fez uma descoberta aparentemente mais modesta, mas em última análise mais importante: um padrão matemático no movimento de objetos tais como balas de canhão. Aqui embaixo, um objeto movendo-se livremente ou acelera (quando cai) ou reduz a velocidade (quando sobe) num valor que é o mesmo durante um intervalo de tempo fixo, *pequeno*. Em suma, a aceleração do corpo é constante. Carecendo de relógios acurados, Galileu observou esses efeitos rolando bolas ao longo de rampas suaves.

A figura-chave seguinte é Kepler. Seu chefe, Tycho Brahe, fizera medições muito acuradas da posição de Marte. Quando Tycho morreu, Kepler herdou seu cargo como astrônomo do soberano do Sacro Império Romano-Germânico Rodolfo II, junto com suas observações, e se propôs a calcular a verdadeira forma da órbita de Marte. Após cinquenta fracassos, deduziu que a órbita tinha a forma de uma elipse – como um círculo achatado. O Sol fica num ponto especial, um dos dois focos da elipse.

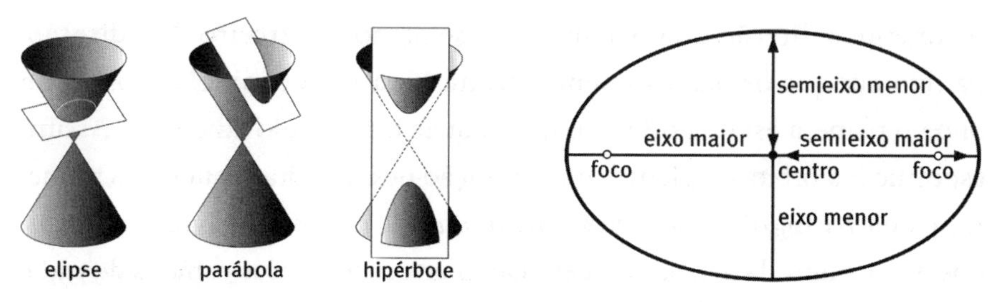


*Esquerda:* Seções cônicas. *Direita:* Características básicas de uma elipse.

As elipses eram familiares aos antigos geômetras gregos, que as definiam como seções planas de um cone. Dependendo do ângulo do plano em relação ao cone, essas "seções cônicas" correspondem a círculos, elipses, parábolas e hipérboles.

Quando um planeta se move numa elipse, sua distância em relação ao Sol varia. À medida que se aproxima do Sol, acelera; quando se distancia, reduz a velocidade. É meio que uma surpresa que esses efeitos conspirem para criar uma órbita que tem exatamente o mesmo formato nas duas extremidades. Kepler não esperava isso, e por um bom tempo permaneceu persuadido de que a elipse devia ser a resposta errada.

A forma e o tamanho de uma elipse são determinados por duas medidas: seu eixo maior, que é o segmento mais longo entre dois pontos sobre a elipse, e o eixo menor, que é perpendicular ao eixo maior. O círculo é um tipo especial de elipse em que as duas distâncias são iguais; elas dão então o diâmetro do círculo. Para propósitos astronômicos o raio é uma medida mais natural – o raio de uma órbita circular é a distância do planeta ao Sol – e as grandezas correspondentes para uma elipse deveriam se chamar raio maior e raio menor. Frequentemente elas são mencionadas pelos desconfortáveis termos semieixo maior e semieixo menor, porque correspondem à metade dos eixos. Menos intuitiva, porém muito importante, é a excentricidade da elipse, que quantifica quão longa e fina ela é. A excentricidade é zero para um círculo e, para um semieixo fixo, ela se torna infinitamente grande à medida que o semieixo menor tende a zero.[2]

A localização espacial de qualquer outra órbita elíptica em torno do Sol pode ser caracterizada por mais três números, todos eles ângulos. Um é a inclinação do plano orbital em relação à eclíptica. O segundo dá efetivamente a direção do eixo maior nesse plano. O terceiro dá a direção da reta em que os planos se encontram. Finalmente, precisamos saber onde o planeta está na órbita, o que requer um ângulo adicional. Assim, especificar a órbita do planeta e sua posição nessa órbita requer dois números e quatro ângulos – seis *elementos orbitais*. Um dos objetivos principais dos primórdios da astronomia era calcular os elementos orbitais de cada planeta e asteroide que fosse descoberto. Dados esses números, pode-se prever seu movimento futuro, pelo menos até que os efeitos combinados dos outros corpos celestes perturbem sua órbita significativamente.

Kepler acabou apresentando um conjunto de três elegantes padrões matemáticos, agora chamados de leis de Kepler do movimento planetário. A primeira lei afirma que a órbita de um planeta é uma elipse, com o Sol em um dos seus focos. A segunda diz que o segmento que vai do Sol até o planeta varre áreas iguais em intervalos de tempo iguais. E a terceira nos diz que o quadrado do período de revolução é proporcional ao cubo da distância do Sol ao planeta.

NEWTON REFORMULOU em três leis do movimento as observações de Galileu acerca de corpos movendo-se livremente. A primeira afirma que os corpos continuam a se mover em linha reta com velocidade constante a menos que uma força atue sobre eles. De acordo com a segunda, a aceleração de qualquer corpo, multiplicada pela sua massa, é igual à força que age sobre o corpo. A terceira diz que toda ação produz uma reação igual e oposta. Em 1687 ele reformulou as leis planetárias de Kepler em uma regra geral relativa ao movimento dos corpos celestes – a lei da gravidade, uma fórmula matemática para a força gravitacional com que qualquer corpo atrai outro.

De fato, ele *deduziu* sua lei da força a partir das leis de Kepler fazendo uma premissa: o Sol exerce uma força de atração, sempre dirigida para seu centro. Com essa premissa, Newton provou que a força é inversamente proporcional ao quadrado da distância. Esse é um jeito rebuscado de dizer que, por exemplo, multiplicando a massa de qualquer um dos corpos por três também fica triplicada a força, mas multiplicando a distância entre os corpos por três a força passa a ser um nono da inicial. Newton também provou que, reciprocamente, essa "lei do inverso do quadrado" da atração implica as três leis de Kepler.

O crédito pela lei da gravidade vai merecidamente para Newton, mas a ideia não foi originalmente sua. Kepler deduziu algo similar por analogia com a luz, mas pensou que a gravidade empurrava os planetas ao longo de suas órbitas. Ismaël Bullialdus discordou, argumentando que a força da gravidade devia ser inversamente proporcional ao quadrado da distância. Numa palestra para a Royal Society em 1666, Robert Hooke disse que todos os corpos se movem em linha reta a menos que sofram a ação de uma força, que todos os corpos se atraem gravitacionalmente e que a força da gravidade diminui com a distância segundo uma fórmula "que reconheço não ter descoberto". Em 1679 ele estabeleceu uma lei do inverso do quadrado para a atração, e escreveu a Newton sobre ela.[3] Assim, Hooke ficou, é óbvio, zangado quando exatamente a mesma coisa apareceu no *Principia*, ainda que Newton lhe tivesse dado o crédito, junto com Halley e Christopher Wren.

Hooke aceitou sim que apenas Newton tinha deduzido que as órbitas fechadas são elípticas. Newton sabia que a lei do inverso do quadrado também permite órbitas parabólicas e hiperbólicas, mas essas não são curvas fechadas, então o movimento não se repete periodicamente. Esses tipos de órbita também têm aplicações astronômicas, especialmente para cometas.

A lei de Newton vai além da de Kepler por causa de uma característica adicional, mais uma predição que um teorema. Newton percebeu que, como a Terra atrai a Lua, parecia razoável supor que a Lua também deveria atrair a Terra. São como duas crianças brincando de roda, girando e girando de mãos dadas. Cada uma sente a força exercida pela outra, puxando seus braços. Cada uma é mantida no lugar por essa força: se soltarem as mãos, vão sair girando pela pista de dança. No entanto, a Terra tem muito mais massa que a Lua, então é como um homem grande dançando com uma criança pequena. O homem parece girar no lugar enquanto a criança fica rodopiando ao seu redor. Mas olhe com cuidado, e você verá que o homem também está rodopiando: seus pés se movimentam formando um pequeno círculo, e o centro em torno do qual ele gira está levemente mais perto da criança do que estaria se ele estivesse girando sozinho.

Esse raciocínio levou Newton a propor que *todo* corpo no Universo atrai todo outro corpo. As leis de Kepler se aplicam apenas a dois corpos, Sol e planeta. A lei de Newton se aplica a qualquer sistema de corpos que se queira, porque fornece a magnitude e a direção de *todas as forças que ocor-*

*rem*. Inserida nas leis do movimento, a combinação de todas essas forças determina a aceleração de cada corpo, portanto sua velocidade, portanto sua posição, em qualquer instante. A enunciação de uma lei universal da gravidade foi um momento épico na história e no desenvolvimento da ciência, revelando um mecanismo matemático oculto que mantém o Universo funcionando.

As leis do movimento e da gravidade de Newton deflagraram uma duradoura aliança entre astronomia e matemática, levando a grande parte do que agora sabemos sobre o cosmo. Porém, mesmo que você entenda o que são as leis, aplicá-las a problemas científicos não é algo direto e imediato. A força gravitacional, em particular, é "não linear", um termo técnico cuja principal implicação é que não se podem resolver as equações do movimento usando fórmulas bonitinhas. Ou mesmo fórmulas horríveis.

Depois de Newton, os matemáticos contornaram esse obstáculo trabalhando com problemas muito artificiais (ainda que intrigantes), tais como três massas idênticas dispostas num triângulo equilátero, ou deduzindo soluções aproximadas para problemas mais realistas. A segunda abordagem é mais prática, mas na realidade uma porção de ideias proveitosas veio da primeira, por mais artificial que seja.

Por um bom tempo, os herdeiros científicos de Newton tiveram de executar seus cálculos à mão, com frequência uma tarefa heroica. Um exemplo extremo é Charles-Eugène Delaunay, que em 1846 começou a calcular uma fórmula aproximada para o movimento da Lua. A façanha levou mais de vinte anos, e ele publicou seus resultados em dois volumes. Cada um tem mais de novecentas páginas, e o segundo é constituído inteiramente pela fórmula. No fim do século XX sua resposta foi conferida usando álgebra computacional (sistemas de software capazes de manipular fórmulas, não meramente números). Foram encontrados apenas dois erros minúsculos, sendo um consequência do outro. Ambos têm efeito desprezível.

As leis do movimento e da gravidade são de um tipo especial, chamado equações diferenciais. Tais equações especificam a taxa de mudança dessas grandezas com o passar do tempo. Velocidade é a taxa de mudança da posição, aceleração é a taxa de mudança da velocidade. A taxa de mudança corrente de uma grandeza permite projetar seu valor no futuro. Se um carro viaja neste momento a dez metros por segundo, então, um segundo a partir de agora ele terá percorrido dez metros. Esse tipo de cálculo, porém, requer que a taxa de mudança seja constante. Se o carro está acelerando, então, a um segundo de agora ele terá percorrido mais de dez metros. Equações diferenciais contornam esse problema especificando a taxa de mudança instantânea. Com efeito, elas trabalham com intervalos de tempo muito pequenos, de modo que a taxa de mudança pode ser considerada constante durante esse intervalo de tempo. Na realidade, foram necessárias várias centenas de anos para dar sentido a essa ideia com pleno rigor lógico, porque nenhum intervalo de tempo finito pode ser instantâneo a menos que seja zero, e nada muda em tempo zero.

Os computadores criaram uma revolução metodológica. Em vez de calcular fórmulas aproximadas para o movimento, e então inserir os números em fórmulas, pode-se trabalhar com os números desde o começo. Suponha que você queira prever onde os corpos de algum sistema – digamos, as luas de Júpiter – estarão daqui a cem anos. Comece com as posições e os movimentos iniciais de Júpiter, de suas luas e quaisquer outros corpos que possam ser importantes, tais como o Sol e Saturno. Então, passinho de tempo por passinho de tempo, compute como mudam os números descrevendo *todos* os corpos. Repita até chegar daqui a cem anos. Pare. Um ser humano com lápis e papel não poderia usar esse método num problema realista. Seria preciso vidas inteiras. Com um computador rápido, porém, o método se torna inteiramente factível. E os computadores modernos são de fato muito rápidos.

Para ser honesto, não é *tão fácil assim*. Embora o erro em cada passo (causado pela premissa de assumir um taxa de mudança constante quando na verdade ela varia um pouco) seja muito pequeno, você precisa usar uma quantidade absurda de passos. Uma grande quantidade de passos vezes um erro pequeno não deve dar um erro pequeno, mas existem métodos cuidadosamente concebidos para manter os erros sob controle. O ramo da matemática conhecido como análise numérica trata exatamente dessa questão. É conveniente referir-se a tais métodos como "simulações", refletindo o papel crucial do computador. É importante considerar que não se pode resolver um problema simplesmente "pondo-o no computador". Alguém precisa programar a máquina com regras matemáticas para fazer com que seus cálculos estejam de acordo com a realidade.

Essas regras são tão meticulosamente acuradas que os astrônomos podem prever eclipses do Sol e da Lua com precisão de segundos e prever dentro de um raio de poucos quilômetros a localização em que irão ocorrer no planeta, centenas de anos no futuro. Essas "previsões" também podem ser feitas *para trás* no tempo para determinar exatamente quando e onde ocorreram eclipses historicamente registrados. Esses dados têm sido usados para datar observações feitas milhares de anos atrás por astrônomos chineses, por exemplo.

Mesmo hoje, matemáticos e físicos estão descobrindo novas e inesperadas consequências da lei da gravidade de Newton. Em 1993 Cris Moore usou métodos numéricos para demonstrar que três corpos com massas idênticas podem perseguir-se mutuamente ao longo de uma mesma órbita com formato de 8, e em 2000 Carles Simó mostrou numericamente que essa órbita é estável, exceto talvez por uma lenta deriva. Em 2001, Alain Chenciner e Richard Montgomery apresentaram uma prova rigorosa de que essa órbita existe, baseados no princípio da ação mínima, um teorema fundamental da mecânica clássica.[4] Simó descobriu muitas "coreografias" similares, nas quais vários corpos de mesma massa se perseguem ao longo exatamente da mesma (complicada) trajetória.[5]

A estabilidade da órbita de três corpos com formato de 8 parece persistir se as massas forem ligeiramente diferentes, abrindo uma pequena possibilidade de que três estrelas reais pudessem se comportar dessa maneira notável. Douglas Heggie estima que poderia haver um sistema triplo deste tipo por galáxia, e há uma boa chance de pelo menos um em algum lugar do Universo.

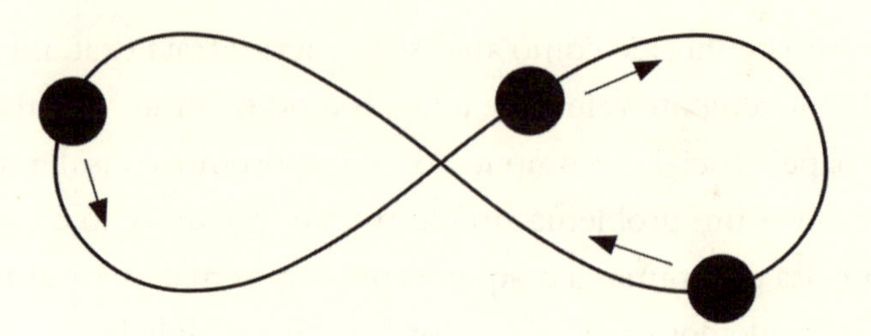

Órbita de três corpos com formato de 8.

Essas órbitas existem todas num plano, mas há uma nova possibilidade tridimensional. Em 2015, Eugene Oks percebeu que as inusitadas órbitas dos elétrons nas "quase moléculas de Rydberg" poderiam também ocorrer na gravidade newtoniana. Ele mostrou que um planeta pode ser rebatido de um lado para outro entre as duas estrelas de um sistema binário numa órbita saca-rolha, espiralando em volta da linha que as une.[6] As espirais são soltas no meio, mas se apertam perto das estrelas. Pense na junção dessas estrelas por meio de uma mola helicoidal giratória, esticada no meio e retornando sobre si mesma nas extremidades. Para estrelas com massas diferentes, o helicoide deve se afunilar como um cone. Órbitas como essa podem ser estáveis, mesmo que as estrelas não se movam em círculos.

Nuvens de gás colapsando criam órbitas planares, de modo que é improvável que um planeta se forme numa órbita como a descrita. Mas um planeta ou asteroide que devido a uma perturbação ingresse numa órbita altamente inclinada poderia, ainda que raramente, ser capturado pelas estrelas binárias e terminar num movimento de saca-rolha entre elas. Há evidências não categóricas de que o Kepler-16b, um planeta que orbita um sistema binário distante, seria um deles.

Um aspecto da lei de Newton incomodava o próprio grande homem; na verdade, perturbava mais a ele que à maioria daqueles que se basearam em seu trabalho. A lei descreve a força que um corpo exerce sobre outro, mas não aborda *como* a força funciona. Ela postula uma misteriosa "ação à distância". Quando o Sol atrai a Terra, de algum modo a Terra deve "saber" a que distância está do Sol. Se, por exemplo, ambos fossem unidos por algum tipo de corda elástica, então a corda poderia propagar a força, e a física da corda governaria a intensidade da força. Mas entre Sol e Terra há somente espaço vazio. Como o Sol sabe com que força puxar a Terra – ou como a Terra sabe com que força será puxada?[7]

Pragmaticamente, podemos aplicar a lei da gravidade sem nos preocuparmos com um mecanismo físico para transmitir a força de um corpo a outro. De modo geral, isso era o que todo mundo fazia. Alguns cientistas, porém, possuem uma veia filosófica, sendo um exemplo espetacular Albert Einstein. Sua teoria da relatividade especial, publicada em 1905, mudou a visão de espaço, tempo e matéria dos físicos. A extensão dessa teoria em 1915 para a relatividade geral mudou sua visão da gravidade, e, quase como um tópico colateral, resolveu a espinhosa questão de como uma força podia agir à distância. E o fez livrando-se da força.

Einstein deduziu a relatividade especial a partir de um único princípio fundamental: a velocidade da luz permanece inalterada mesmo quando o observador está se movendo com velocidade constante. Na mecânica newtoniana, se você está num carro conversível e joga uma bola no sentido em que o carro está se movendo, então a velocidade da bola é medida pela velocidade da bola em relação ao carro *mais* a velocidade do carro. Da mesma forma, se você acende uma lanterna dirigida para a frente do carro, a velocidade da luz medida por alguém ao lado da estrada deveria ser sua velocidade usual mais a velocidade do carro.

Dados experimentais e alguns experimentos mentais persuadiram Einstein de que a luz *não é assim*. A velocidade da luz observada é *a mesma* para a pessoa que acende a lanterna e para aquela ao lado da estrada. As consequências lógicas desse princípio – que eu sempre senti que deveria ser chamado de *não* relatividade – são surpreendentes. Nada pode viajar mais rápido que a luz.[8] Quando um corpo se aproxima da velocidade da luz, ele se contrai na direção do movimento, sua massa aumenta e o tempo passa cada vez mais devagar. Na velocidade da luz – se isso fosse possível – ele seria infinitamente fino, teria massa infinita e o tempo no corpo pararia. Massa e energia estão relacionadas: a energia é igual à massa vezes o quadrado da velocidade da luz. Finalmente, eventos que um observador considera que acontecem ao mesmo tempo podem não ser simultâneos para outro observador movendo-se numa velocidade constante relativa ao primeiro.

Na mecânica newtoniana, nenhuma dessas coisas esquisitas acontece. Espaço é espaço e tempo é tempo, e nunca esse par vai se juntar. Na relatividade especial, espaço e tempo são até certo ponto intercambiáveis, sendo esse ponto determinado pela velocidade da luz. Juntos eles formam um único continuum espaço-temporal. Apesar de suas estranhas predições, a relatividade especial tornou-se aceita como a teoria mais acurada de espaço e tempo que possuímos. A maioria dos seus loucos efeitos só se tornam visíveis quando objetos estão viajando muito depressa, e é por isso que não os notamos no dia a dia.

O ingrediente mais óbvio que falta é a gravidade. Einstein passou anos tentando incorporar a força da gravidade na relatividade, motivado em parte por uma anomalia na órbita de Mercúrio.[9] O resultado final foi a relatividade geral, que estende a formulação da relatividade especial de um continuum espaço-temporal "plano" para um continuum "curvo". Podemos ter uma compreensão grosseira do que está envolvido reduzindo o espaço a duas dimensões em vez de três. Agora o espaço vira um plano, e a relatividade especial descreve o movimento das partículas nesse plano. Na ausência de gravidade, elas percorrem linhas retas. Conforme mostrou Euclides, uma reta é a menor distância entre dois pontos. Para inserir a gravidade na figura, coloque uma estrela no plano. As partículas não percorrem mais linhas retas; em vez disso, orbitam a estrela ao longo de curvas, tais como elipses.

Na física newtoniana, essas trajetórias são curvas porque uma força desvia a partícula da linha reta. Na relatividade geral, um efeito semelhante é obtido curvando-se o espaço-tempo. Suponha que a estrela distorça o plano, criando um vale circular – um "poço de gravidade" com a estrela no fundo – e assuma que as partículas em movimento sigam a trajetória mais curta. O termo técnico é *geodésica*. Desde que o espaço-tempo é curvado, as geodésicas não são mais linhas retas. Por exemplo, uma partícula pode ser aprisionada num vale, dando voltas e voltas numa altura fixa, como um planeta numa órbita fechada.

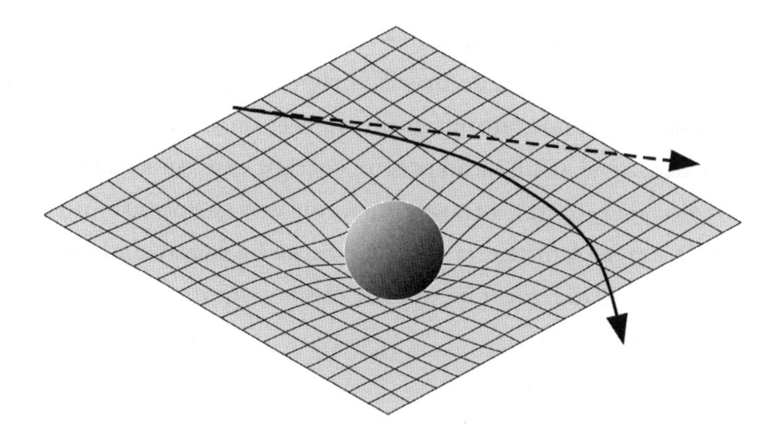

Efeito da curvatura/gravidade sobre uma partícula
que passa por uma estrela ou planeta.

Einstein substituiu uma força hipotética que leva a trajetória da partícula a se curvar por um espaço-tempo *já curvo*, e cuja curvatura afeta a trajetória da partícula em movimento. Não é necessária nenhuma ação à distância: o espaço-tempo é curvo porque é isso o que a estrela faz com ele, e corpos em órbita respondem a uma curvatura próxima. Aquilo a que nós e Newton nos referimos como gravidade, e em que pensamos como uma força, é na realidade a curvatura do espaço-tempo.

Einstein elaborou fórmulas matemáticas, as equações de campo de Einstein,[10] que descrevem como a curvatura afeta o movimento de massas, e como a distribuição de massa afeta a curvatura. Na ausência de qualquer massa, a fórmula se reduz à relatividade especial. Então, todos os efeitos esquisitos, tais como a desaceleração do tempo, também ocorrem na relatividade geral. Na verdade, a gravidade pode *fazer com que* o tempo fique mais lento, mesmo para um objeto que não esteja se movendo. Geralmente esses efeitos paradoxais são pequenos, mas em circunstâncias extremas o comportamento que a relatividade (de qualquer um dos dois tipos) prevê difere significativamente do deduzido pela física newtoniana.

Você acha que tudo isso parece loucura? Muitos acharam, para começo de conversa. Mas qualquer um que se oriente no carro por um GPS está se baseando na relatividade especial e na geral. Os cálculos que lhe dizem que você está nos arredores de Bristol dirigindo-se para o sul na rodovia M32 se apoiam em sinais temporais de satélites em órbita. O chip em seu carro que calcula sua localização precisa corrigir esses sinais devido a dois efeitos: a velocidade com que o satélite se move e sua posição no poço de gravidade da Terra. A primeira correção requer a relatividade especial, a segunda a relatividade geral. Sem elas, em poucos dias o GPS colocaria você no meio do Atlântico.

A RELATIVIDADE GERAL mostra que a física de Newton *não* é o "sistema de mundo" verdadeiro, exato, que ele (e quase todos os outros cientistas anteriores ao século XX) acreditava ser. Entretanto, essa descoberta não significou o fim da física newtoniana. Na verdade, ela é muito mais usada agora, e para mais propósitos práticos, do que era no tempo de Newton. A física newtoniana é mais simples do que a relatividade e, como dizem, "dá para o gasto". As diferenças entre as duas teorias tornam-se especialmente visíveis se considerarmos fenômenos exóticos como buracos negros. Astrônomos e engenheiros de missões espaciais, principalmente governamentais, como a Nasa e a ESA, ou empreendidas por contratos entre governos e organizações, ainda usam a mecânica newtoniana para quase todos os cálculos. Há algumas exceções em que a determinação do tempo é delicada. À medida que a história se desenrolar, veremos sempre de novo a influência da lei da gravidade de Newton. Ela é realmente importante: uma das maiores descobertas científicas de todos os tempos.

No entanto, quando se chega à cosmologia – o estudo do Universo e especialmente de suas origens –, torna-se necessário abandonar a física newtoniana. Ela não consegue explicar as observações básicas. Em seu lugar, devemos invocar a relatividade geral, competentemente assistida pela mecânica quântica. E até mesmo essas duas grandes teorias parecem precisar de uma ajudinha extra.

# 2. Colapso da nebulosa solar

> Dois bilhões de anos atrás, ou algo assim, duas galáxias estavam colidindo, ou melhor, estavam passando uma através da outra ... Mais ou menos na mesma época – dentro da mesma porcentagem de erro de dez por cento para mais ou para menos, acredita-se – praticamente todos os sóis de ambas essas galáxias ganharam planetas.
>
> E.E. "Doc" Smith, *Triplanetária*

*Triplanetária* é o primeiro romance da celebrada série de ficção científica *Lensman*, e seu parágrafo de abertura reflete uma teoria sobre a origem de sistemas planetários que estava em voga quando o livro surgiu, em 1948. Mesmo hoje, seria uma maneira poderosa de começar um romance de ficção científica; na época foi avassaladora. Os romances em si são exemplos precoces do popular subgênero chamado novela espacial, uma batalha cósmica entre as forças do bem (representadas por Arisia) e do mal (Eddore), que leva seis volumes para se encerrar. Os personagens são estereotipados, as tramas banais, mas a ação é emocionante e na época seu alcance foi incomparável.

Hoje não pensamos mais que colisões galácticas sejam necessárias para criar planetas, embora os astrônomos realmente as vejam como uma das quatro principais maneiras de fazer estrelas. A teoria corrente sobre a formação do nosso próprio sistema solar, e de muitos outros sistemas planetários, é diferente, ainda que não menos empolgante do que aquele parágrafo de abertura. É mais ou menos como segue.

Quatro bilhões e meio[1] de anos atrás, uma nuvem de gás hidrogênio com extensão de 600 trilhões de quilômetros começou lentamente a se fragmentar. Cada pedaço se condensou para criar uma estrela. Uma delas, a nebulosa solar, formou o Sol, junto com seu sistema de oito planetas, cinco (até agora) planetas anões, e milhares de asteroides e cometas. A terceira rocha a partir do Sol é o nosso mundo natal: a Terra.

Ao contrário da ficção, pode até ser verdade. Vamos examinar a evidência.

A ideia de que o Sol e os planetas se condensaram todos a partir de uma vasta nuvem de gás apareceu extraordinariamente cedo, e por um longo tempo foi a teoria científica prevalecente sobre suas origens. Quando surgiram problemas, ela deixou de ser a preferida por quase 250 anos, mas agora foi ressuscitada, graças a novas ideias e novos dados.

René Descartes é famoso principalmente pela filosofia – "Penso, logo existo" – e pela matemática, notavelmente sua geometria de coordenadas, que traduz geometria em álgebra e vice-versa. Em seu tempo, porém, "filosofia" referia-se a muitas áreas de atividade intelectual, inclusive à ciência, que era a filosofia *natural*. Em seu *Le Monde* (O mundo),[2] de 1664, Descartes abordou a origem do sistema solar. Ele argumentava que inicialmente o Universo era uma mistura informe de partículas girando como redemoinhos na água. Um vórtice especialmente grande girava com mais firmeza e contraiu-se para formar o Sol, e vórtices menores ao seu redor formaram os planetas.

Num só golpe, a teoria explicava dois fatos básicos: por que o sistema solar contém tantos corpos separados e por que os planetas giram todos em volta do Sol no mesmo sentido. A teoria dos vórtices de Descartes não concorda com o que agora sabemos sobre a gravidade, mas a lei de Newton só viria a aparecer depois de duas décadas. Em 1734 Emanuel Swedenborg substituiu os vórtices girantes de Descartes por uma enorme nuvem de gás e poeira. Em 1755 o filósofo Immanuel Kant deu sua bênção a essa ideia; o matemático Pierre-Simon de Laplace a enunciou de forma independente em 1796.

Todas as teorias sobre a origem do sistema solar precisam explicar duas observações fundamentais. Uma delas, óbvia, é que a matéria se aglutinou em corpos distintos: Sol, planetas, e assim por diante. Uma outra, mais sutil, diz respeito à grandeza conhecida como *momento angular*. Esta surgiu de investigações matemáticas sobre as implicações profundas das leis do movimento de Newton.

O conceito correlato de "momento linear", ou simplesmente movimento, é mais fácil de entender. Ele diz respeito à tendência de um corpo a viajar em linha reta com velocidade constante quando não há forças atuando sobre ele, como afirma a primeira lei do movimento.* Em mecânica – a matemática dos corpos e sistemas em movimento –, o movimento tem um significado muito específico, e uma das consequências é que *não se pode* perdê-lo. O máximo que se consegue é transferi-lo para uma outra coisa.

Pense numa bola em movimento. Sua velocidade nos diz com que rapidez ela está se movendo; digamos, oitenta quilômetros por hora. A mecânica se preocupa com uma grandeza mais importante: a velocidade vetorial, que mede não só a rapidez com que o corpo se move, mas também em que direção e sentido. Se uma bola perfeitamente elástica é rebatida numa parede, sua velocidade, fisicamente conhecida como velocidade escalar, permanece inalterada, mas a velocidade vetorial inverte seu sentido. O seu momento linear é sua massa multiplicada pela velocidade vetorial, então o momento linear também tem valor, direção e sentido. Se um corpo leve e um corpo pesado se movem ambos com a mesma velocidade escalar e no mesmo sentido, o corpo mais pesado tem mais momento linear. Fisicamente, é então necessário aplicar mais força para mudar a maneira como ele está se movendo. Pode-se facilmente rebater uma bolinha de pingue-pongue a cinquenta quilômetros por hora, mas ninguém em sã consciência tentaria fazer isso com um caminhão.

Matemáticos e físicos gostam do momento porque, diferentemente da velocidade vetorial, ele se conserva à medida que um sistema se modifica ao longo do tempo. Ou seja, o momento total do sistema permanece fixo qualquer que seja o valor e o sentido que tinha ao começar.

---

* Na língua portuguesa alguma confusão pode aparecer, pois a palavra "momento" tem outro sentido. Talvez, por isso, na física de ensino médio usa-se a expressão "quantidade de movimento" como substituto de "momento". (N.R.T.)

Isso pode parecer implausível. Se uma bola bate numa parede e quica de volta, seu momento muda de sentido, então não é conservado. Mas a parede, muito mais massiva, também sofre um leve impulso, e quica *no sentido oposto*. Depois disso, outros fatores entram em jogo, tais como o resto da parede, e guardei na manga a minha cláusula escapatória: a lei da conservação só funciona quando não há forças externas, isto é, interferência de fora. Para começar, é assim que um corpo consegue adquirir momento linear: alguma coisa lhe dá um empurrão, um impulso.

O momento angular é semelhante, mas se aplica a corpos que estão girando em vez de estar se movendo em linha reta. Mesmo para uma só partícula, sua definição é complicada, mas, como o momento linear, depende tanto da massa da partícula como da sua velocidade vetorial – que leva em conta o valor da velocidade, a direção e o sentido do movimento. A principal característica nova é que ele também depende do eixo de rotação – a reta em torno da qual a partícula está girando. Imagine um pião girando. Ele gira em volta da reta que passa pelo meio do pião, então cada partícula de matéria do pião gira em torno desse eixo. O momento angular da partícula em torno do eixo é a taxa de rotação multiplicada pela sua massa. Mas a direção na qual o momento angular aponta está *ao longo do eixo de rotação.* Ou seja, em ângulo reto com o plano no qual a partícula está girando. O momento angular do pião inteiro, mais uma vez considerado em relação ao seu eixo, é obtido somando-se todos os momentos angulares de suas partículas constituintes, levando em conta o sentido quando necessário.

O valor do momento angular total de um sistema que gira nos diz com que intensidade está girando, e a direção do momento angular nos diz em torno de que eixo ele gira, em média.[3] O momento angular é conservado em qualquer sistema de corpos não sujeitos a nenhuma força externa de torção (jargão: torque).

Esse simples fato tem implicações diretas sobre o colapso de uma nuvem de gás: uma boa, outra ruim.

A boa é que, após alguma confusão inicial, as moléculas de gás tendem a girar num único plano. A princípio, cada molécula tem certo valor de momento angular em relação ao centro de gravidade da nuvem. Ao contrário do pião, a nuvem de gás não é rígida, de modo que essas velocidades e sentidos provavelmente variam loucamente. É improvável que todas essas grandezas se cancelem de maneira perfeita, então inicialmente o momento angular total da nuvem é diferente de zero. O momento angular total portanto aponta em alguma direção definida, e tem um valor definido. A conservação nos diz que à medida que a nuvem de gás evolui sob a gravidade, seu momento angular total *não muda*. Assim, a direção do eixo permanece fixa, congelada no instante em que a nuvem começou a se formar. E o valor – a quantidade total de giro, por assim dizer – também está congelado. O que pode mudar é a distribuição das moléculas de gás. Toda molécula de gás exerce uma atração gravitacional sobre todas as outras moléculas, e a nuvem de gás inicialmente globular e caótica colapsa formando um disco plano, achatado, que gira em torno do eixo como um prato sobre uma vareta num circo.

Essa é uma boa notícia para a teoria da nebulosa solar, porque todos os planetas do sistema solar têm órbitas que estão muito próximas do mesmo plano – a eclíptica – e todos giram no mesmo sentido. É por isso que os primeiros astrônomos tiveram o palpite de que o Sol e os planetas se condensaram todos a partir de uma nuvem de gás, depois que ela colapsou criando um disco protoplanetário.

Infelizmente para essa "hipótese nebular", há também algumas más notícias: 99% do momento angular do sistema solar reside nos planetas, com apenas 1% no Sol. Embora o Sol contenha praticamente toda a massa do sistema solar, ela gira com bastante lentidão e suas partículas estão relativamente perto do eixo central. Os planetas, embora mais leves, estão muito mais distantes e se movem muito mais depressa, então abarcam quase todo o momento angular.

Entretanto, cálculos teóricos detalhados mostram que uma nuvem de gás que colapse não faz isso. O Sol devora a maior parte da matéria de toda a nuvem de gás, inclusive a porção que originalmente estava muito mais longe do centro. Então seria de esperar que ele tivesse abocanhado a parte do leão do momento angular... o que, de forma espetacular, ele deixou de fazer. Não obstante, a atual alocação do momento angular, na qual os planetas ficam com a parte do leão, é inteiramente consistente com a dinâmica do sistema solar. Ela *funciona*, e tem funcionado por bilhões de anos. Não há problema lógico na dinâmica como tal; só na maneira como tudo começou.

UMA POTENCIAL SAÍDA para esse dilema surgiu rapidamente. Suponhamos que o Sol tenha se formado *primeiro*. Então ele abocanhou praticamente todo o momento angular da nuvem de gás, porque abocanhou praticamente todo o gás. Depois ele pôde adquirir planetas *capturando* nacos de matéria que passavam nas redondezas. Se estivessem distantes o suficiente do Sol, e movendo-se na velocidade certa para ser capturados, o número 99% daria certo, assim como dá até hoje.

O principal problema dessa teoria é que é muito complicado capturar um planeta. Qualquer candidato a planeta que chegue suficientemente perto acelera à medida que se aproxima do Sol. Se der um jeito de não cair no Sol, ficará oscilando ao seu redor e será arremessado para longe de volta. Se já é difícil capturar um único planeta, o que dizer de oito?

Talvez, ponderou o conde de Buffon em 1749, um cometa tenha se chocado contra o Sol, espirrando material suficiente para criar os planetas. Não, disse Laplace em 1796: planetas formados assim acabariam caindo de volta no Sol. O raciocínio é similar ao do argumento da "nenhuma captura" mas inverso. Capturar é complicado porque o que desce precisa subir de novo (a não ser que atinja o Sol e acabe engolfado por ele). Espirrar matéria é complicado porque o que sobe tem de descer. Em todo caso, sabemos agora (coisa que eles não sabiam na época) que cometas são leves demais para espirrar algo do tamanho de um planeta, e o Sol é feito da matéria errada.

Em 1917 James Jeans sugeriu a teoria das marés: uma estrela nômade passou perto do Sol e sugou parte do seu material num longo e fino charuto. Então o charuto, que era instável, rompeu-se em pedaços que se tornaram os planetas. Mais uma vez, o Sol tem a composição errada; além disso, essa proposta requer uma extraordinariamente improvável quase colisão, e não dota os planetas externos com suficiente momento angular para impedi-los de cair de volta. Dúzias de teorias – todas diferentes, mas variações de temas semelhantes – foram propostas. Cada uma responde a alguns dos fatos, mas luta para explicar outros.

Em 1978, o modelo nebular aparentemente desacreditado voltou a estar na moda. Andrew Prentice aventou uma solução plausível para o problema do momento angular – lembremos: o Sol tem muito pouco, os planetas têm demais. O que se faz necessário é um meio de impedir que o momento angular se conserve: ganhar algum ou perder algum. Prentice sugeriu que grãos de poeira tenham se concentrado perto do centro do disco de gás, e o atrito com esses grãos tenha desacelerado a rotação do Sol recém-condensado. Victor Safronov desenvolveu ideias parecidas mais ou menos na mesma época, e seu livro sobre o assunto levou a uma ampla adoção do modelo do "disco colapsado", no qual o Sol e os planetas (e grande parte do restante) condensaram-se todos a partir de uma única nuvem massiva de gás, que se fragmentou em pedaços dos mais diversos tamanhos pela sua própria gravidade, modificada pelo atrito.

Essa teoria tem o mérito de explicar por que os planetas internos (Mercúrio, Vênus, Terra, Marte) são basicamente rochosos, enquanto os externos (Júpiter, Saturno, Urano, Netuno) são gigantes de gás e gelo. Os elementos mais leves do disco protoplanetário se acumulariam mais longe do que os pesados, ainda que com uma mistura muito mais turbulenta. Segundo a teoria prevalecente para os gigantes, formou-se primeiro um núcleo rochoso, e sua gravidade atraiu hidrogênio, hélio e algum vapor de água, mais quantidades relativamente pequenas de outros materiais. Entretanto, modelos de formação de planetas têm lutado arduamente para reproduzir esse comportamento.

Em 2015, Harold Levison, Katherine Kretke e Martin Duncan realizaram simulações de computador apoiando uma opção alternativa: os núcleos se agregaram a partir de "pedregulhos", pedaços de matéria rochosa de até um metro de diâmetro.[4] Em teoria esse processo pode construir um núcleo dez vezes maior que a massa da Terra em poucos milhares de anos. Simulações anteriores haviam levantado um problema diferente com essa ideia: ela gerava centenas de planetas do tamanho da Terra. A equipe mostrou que esse problema é evitado se os seixos surgirem com suficiente lentidão para interagir gravitacionalmente entre si. Então os maiores lançam os demais para fora do disco. Simulações com diferentes parâmetros muitas vezes produziam entre um e quatro gigantes gasosos a uma distância de cinco a quinze UA, o que é consistente com a presente estrutura do sistema solar. Uma unidade astronômica (UA) é a distância da Terra ao Sol, e com frequência é uma maneira conveniente de entender distâncias dentro do sistema solar.

Um bom modo de testar o modelo nebular é descobrir se processos similares estão ocorrendo em alguma outra parte do cosmo. Em 2014 astrônomos captaram uma notável imagem da jovem estrela HL Tauri, a 450 anos-luz, na constelação do Touro. A estrela é cercada por brilhantes anéis de gás concêntricos, com anéis escuros entre eles. Os anéis escuros são quase com certeza causados por planetas nascentes varrendo gás e poeira. Seria difícil encontrar uma confirmação mais impressionante de uma teoria.

Imagem da HL Tauri, do rádio-observatório Atacama Large Millimeter Array, mostrando anéis concêntricos de poeira e intervalos entre eles.

É FÁCIL ACREDITAR que a gravidade pode fazer com que as coisas se aglutinem, mas como ela pode também separá-las? Vamos desenvolver um pouco nossa percepção. Mais uma vez, um pouco de matemática séria, que não fazemos aqui, confirma o espírito geral. Vou começar com a aglutinação.

Um corpo de gás cujas moléculas se atraem *gravitacionalmente* é muito diferente da nossa experiência usual de gases. Se você enche uma sala com gás, ele rapidamente se dispersa de modo a ter a mesma densidade em todo o lugar. Você não encontra na sua sala de jantar bolsões esquisitos onde não há ar. O motivo é que as moléculas de ar ficam quicando de um lado para outro aleatoriamente, e rapidamente ocupam qualquer espaço vazio. Esse comportamento está consagrado na famosa segunda lei da termodinâmica, cuja interpretação habitual é que um gás é o mais desordenado possível. "Desordenado", neste contexto, tem a conotação de que tudo deve estar meticulosamente misturado; isso quer dizer que nenhuma região deve ser mais densa que qualquer outra.

A meu ver esse conceito, tecnicamente conhecido como entropia, é escorregadio demais para ser captado por uma palavra simples como "desordem" – no mínimo porque "misturado por igual" para mim soa como um estado *ordenado*. Mas, por enquanto, vou seguir a linha ortodoxa. A formulação matemática na realidade não menciona absolutamente ordem ou desordem, mas é técnica demais para discutir neste momento.

O que vale para uma sala seguramente vale para um salão, então por que não para um salão do tamanho do Universo? Na verdade, para o Universo em si? Será que a segunda lei da termodinâmica implica que todo o gás do Universo deveria se espalhar uniformemente numa espécie de névoa fina?

Se isso fosse verdade, seria uma péssima notícia para a raça humana, porque não somos feitos de névoa fina. Somos distintamente encaroçados, e vivemos num caroço bastante grande que orbita um caroço tão grande que sustém reações nucleares energéticas, produzindo luz e calor. Na verdade, as pessoas que não gostam das descrições científicas usuais sobre a origem da humanidade frequentemente invocam a segunda lei da termodinâmica para "provar" que não seríamos capazes de existir a menos que algum ser hiperinteligente tivesse deliberadamente nos fabricado, arranjando o Universo de modo a se ajustar às nossas exigências.

No entanto, o modelo termodinâmico de gás numa sala não é apropriado para deduzir como a nebulosa solar, ou o Universo inteiro, deveria se comportar. Ele tem o tipo errado de interações. A termodinâmica assume que as moléculas só se percebem umas às outras quando colidem, e aí se rebatem mutuamente. Os choques são perfeitamente elásticos, o que significa que não se perde nenhuma energia, então as moléculas continuam a se chocar para sempre. Tecnicamente, as forças que governam as interações de moléculas num modelo termodinâmico de um gás são de curto alcance e de repulsão.

Imagine uma festa onde todo mundo esteja vendado e de ouvidos tapados, de modo que o único jeito de descobrir se há qualquer outra pessoa presente é tropeçar nela. Imagine, além disso, que todo mundo seja imensamente antissocial, de modo que, quando uma pessoa chega a dar de encontro com outra, ambas imediatamente se empurram para se afastar. É plausível que após alguns encontros e oscilações iniciais elas se espalhem pelo recinto de forma bastante regular. Não o tempo todo, porque às vezes se aproximam por acidente, ou até mesmo colidem, mas em média permanecem espalhadas. Um gás termodinâmico é assim, com números absolutamente gigantescos de moléculas agindo como pessoas.

Uma nuvem de gás no espaço é mais complicada. As moléculas ainda ficam quicando ao bater umas nas outras, mas há um segundo tipo de força: a gravidade. A gravidade é ignorada em termodinâmica porque nesse contexto seus efeitos são desprezivelmente pequenos. Em cosmologia, porém, a gravidade é o jogador dominante, porque há uma quantidade tremenda de gás. A termodinâmica o mantém gasoso, mas a gravidade determina o que o gás faz em escalas maiores. A gravidade é de longo alcance e atrativa, quase o oposto exato dos quiques elásticos. "Longo alcance" significa que os corpos interagem mesmo quando estão separados por uma distância muito grande. A gravidade da Lua (e, em menor medida, a do Sol) faz subir as marés nos oceanos da Terra, e a Lua está a 400 mil quilômetros de distância. "Atrativa" tem significado direto: faz com que os corpos em interação se movam um na direção do outro.

Isso é como uma festa em que todo mundo pode ver todo mundo do outro lado da sala – embora menos claramente de longe –, e, logo que uma pessoa veja outra, corra na sua direção. Não é de surpreender que uma massa de gás interagindo sob a gravidade se torne empelotada. Em regiões muito pequenas dessas aglutinações o modelo termodinâmico predomina, mas numa escala maior a tendência a se agrupar domina a dinâmica.

Se estamos tentando deduzir o que aconteceria a uma nebulosa hipotética, na escala de sistemas solares ou planetas, temos de considerar a força da gravidade e suas características de longo alcance e atração. A repulsão de curto alcance entre moléculas que colidem poderia nos dizer algo sobre o estado de uma pequena região na atmosfera de um planeta, mas não nos dirá nada sobre o *planeta*. Na verdade, nos induzirá erroneamente a imaginar que o planeta nunca deveria ter se formado.[5]

A característica empelotada é uma consequência inevitável da gravidade. Uma distribuição uniforme não é.

Se a gravidade faz a matéria se empelotar, como ela pode também fragmentar uma nuvem molecular? Parece contraditório.

A resposta é que aglutinações concorrentes podem se formar ao mesmo tempo. Os argumentos matemáticos que dão sustentação ao colapso de uma nuvem de gás num disco achatado giratório assumem que começamos com uma região de gás aproximadamente esférica – talvez com o formato de uma bola de futebol americano, mas não como um haltere. No entanto, uma grande região de gás terá lugares ocasionais, aleatoriamente localizados, onde por acaso a matéria será um pouco mais densa que em outras partes. Cada região dessas age como um centro, atraindo mais matéria de seus arredores e exercendo uma força gravitacional cada vez maior. O aglomerado resultante começa relativamente esférico e então colapsa num disco giratório.

No entanto, numa região de gás suficientemente grande, podem-se formar vários centros desses. Embora a gravidade seja de longo alcance, sua força decai à medida que aumenta a distância entre os corpos. Assim, as moléculas são atraídas para o centro mais próximo. Cada centro é cercado por uma região na qual predomina sua atração gravitacional. Se houver *duas* pessoas muito populares na festa, em cantos opostos da sala, a festa vai se dividir em dois grupos. Então a nuvem de gás se organiza numa colcha de retalhos tridimensional de centros atrativos. Essas regiões rasgam a nuvem ao longo de suas fronteiras comuns. Na prática o que acontece é um pouco mais complicado, e moléculas movendo-se rapidamente podem escapar da influência do centro mais próximo e acabar num centro diferente, mas falando de maneira geral é isso o que esperamos. Cada centro se condensa para formar uma estrela, e alguns dos destroços que o cercam podem dar origem a planetas e outros corpos menores.

É por isso que uma nuvem de gás inicialmente uniforme se condensa em toda uma série de sistemas solares separados, relativamente isolados. Cada sistema corresponde a um dos centros densos. Mas mesmo então a coisa não é totalmente direta. Se duas estrelas estão juntas o bastante, ou se aproximam uma da outra por motivos casuais, podem acabar orbitando seu centro de massa comum. Agora elas formam uma estrela binária. Na verdade, podem surgir sistemas de três ou mais estrelas, frouxamente interligadas pela sua gravitação mútua.

Esses sistemas de estrelas múltiplas, em especial binárias, são muito comuns no Universo. A estrela mais próxima do Sol, Proxima Centauri, está bastante perto (em termos astronômicos) de uma estrela binária chamada Alfa Centauri, cujas estrelas individuais são Alfa Centauri A e B. Parece provável que Proxima orbite ambas, mas deve levar meio milhão de anos para completar uma volta. A distância entre A e B é comparável à distância de Júpiter ao Sol e varia de cerca de onze a 36 UA.

Em contraste, a distância de Proxima a A ou B é algo como 15 mil UA, aproximadamente mil vezes maior. Portanto, pela lei do inverso do quadrado da distância, a força que A e B exercem sobre Proxima é de cerca de um milionésimo da força que exercem entre si. Se isso é forte o bastante para manter Proxima numa órbita estável, depende sensivelmente do que mais esteja perto o suficiente para desprendê-la do tênue agarrão de A e B. De qualquer maneira, não estaremos aí para ver o que acontecerá.

A HISTÓRIA INICIAL do sistema solar deve ter incluído períodos de atividade violenta. A evidência é a enorme quantidade de crateras na maioria dos corpos, em especial a Lua, Mercúrio, Marte e vários satélites, mostrando que foram bombardeados por inumeráveis corpos menores. As idades relativas das crateras resultantes podem ser estimadas estatisticamente, porque crateras mais jovens destroem parcialmente as mais velhas quando se sobrepõem, e a maioria das crateras observadas nesses mundos são de fato muito antigas. Mesmo assim, ocasionalmente formam-se novas, mas em sua maioria são muito pequenas.

O grande problema aqui é determinar a sequência de eventos que moldou o sistema solar. Na década de 1980 o surgimento de computadores possantes e eficientes e métodos computacionais acurados permitiu a modelagem matemática detalhada de nuvens em colapso. Alguma sofisticação é requerida, porque métodos numéricos brutos falham em respeitar restrições físicas como a conservação de energia. Se esse instrumento matemático leva a energia a decrescer lentamente, seu efeito é semelhante ao do atrito. Em vez de seguir uma órbita fechada, um planeta pode espiralar lentamente e cair no Sol. Outras grandezas tais como o momento angular precisam ser conservadas. Métodos que evitam esse risco são de safra recente. Os mais acurados são conhecidos como integradores simpléticos, em referência a um meio técnico de reformular as equações da mecânica, e conservam *exatamente* todas as grandezas físicas relevantes. Simulações cuidadosas e precisas revelam mecanismos plausíveis e muito impressionantes de formação de planetas, que se ajustam bem às observações. Segundo essas ideias, o sistema solar primordial era muito diferente do adormecido que vemos hoje.

Os astrônomos costumavam pensar que o sistema solar, uma vez tendo começado a existir, era muito estável. Os planetas se arrastavam pesadamente ao longo de órbitas preordenadas e nada mudava muito; o idoso sistema que vemos agora seria muito parecido com o que era na juventude. Não mais! Hoje se acredita que os mundos maiores, os gigantes gasosos Júpiter e Saturno e os gigantes de gelo Urano e Netuno, apareceram primeiro fora da "linha de congelamento", onde a água congela, mas subsequentemente se reorganizaram mutuamente num demorado cabo de guerra gravitacional. Isso afetou todos os outros corpos, muitas vezes de formas radicais.

Modelos matemáticos, mais uma variedade de outras evidências de física nuclear, astrofísica, química e muitos outros ramos da ciência, conduziram ao quadro atual: os planetas não se formaram como amontoados isolados, mas por um caótico processo de acreção. Durante os primeiros 100 mil anos, "planetesimais" crescendo lentamente sugaram gás e poeira, e criaram anéis circulares na nebulosa, limpando os vãos entre eles. Cada vão estava entulhado de milhões desses corpos minúsculos. A essa altura os planetesimais esgotaram a matéria para sugar, mas havia tantos deles que continuaram tropeçando uns nos outros. Alguns se desintegraram, mas outros se fundiram; os que se fundiram venceram e planetas foram sendo construídos, pedacinho por pedacinho.

Nesse sistema solar primordial, os gigantes estavam mais próximos entre si do que hoje, e milhões de ínfimos planetesimais vagavam pelas regiões externas. Hoje a ordem dos gigantes, de dentro para fora a partir do Sol, é Júpiter, Saturno, Urano, Netuno. Originalmente, no entanto, num cenário provável a sequência seria Júpiter, Netuno, Urano, Saturno. Quando o sistema solar tinha cerca de 600 milhões de anos, esse agradável arranjo chegou ao fim. Os períodos orbitais de todos os planetas estavam lentamente mudando, e Júpiter e Saturno vaguearam até entrar numa ressonância de 2:1 – o "ano" de Júpiter tornou-se exatamente metade do de Saturno. Em geral, ressonâncias ocorrem quando dois períodos orbitais ou rotacionais estão relacionados por uma fração simples, aqui, um meio.[6] Ressonâncias têm um forte efeito na dinâmica celeste, porque corpos em órbitas ressonantes alinham-se repetidamente da mesma exata maneira, e falarei bastante sobre isso mais adiante. Isso impede que perturbações se cancelem ao longo do tempo. Essa ressonância específica empurrou Netuno e Urano para fora, e Netuno tomou o lugar de Urano.

Esse rearranjo dos corpos maiores do sistema solar perturbou os planetesimais, fazendo com que caíssem na direção do Sol. E o inferno se instalou com os planetesimais jogando pinball celeste entre os planetas. Os planetas gigantes se moveram para fora e os planetesimais para dentro. Os planetesimais acabaram ocupando o lugar de Júpiter, cuja massa enorme era decisiva. Alguns planetesimais foram arremessados totalmente para fora do sistema solar, enquanto o restante entrou em órbitas estreitas e alongadas, afastando-se até distâncias enormes. Depois disso, tudo em sua maior parte se assentou, mas a Lua, Mercúrio e Marte ainda têm cicatrizes de batalha resultantes do caos.[7] E corpos de todos os tamanhos, formatos e composições espalharam-se por todos os lados.

*Em sua maior parte*, o sistema solar se assentou. Mas não parou. Em 2008 Konstantin Batygin e Gregory Laughlin simularam o futuro do sistema daqui a 20 bilhões de anos, e os resultados iniciais não revelaram instabilidades sérias.[8] Refinando o método numérico em busca de instabilidades potenciais, com a mudança de órbita de pelo menos um planeta de maneira significativa, descobriram um possível futuro no qual Mercúrio atinge o Sol a 1,26 bilhão de anos de hoje, e outro no qual os movimentos erráticos de Mercúrio ejetam Marte do sistema solar a 822 milhões de anos de hoje, com uma colisão, 40 milhões de anos depois, entre Mercúrio e Vênus. A Terra continuaria navegando serenamente, não afetada pelo drama.

As primeiras simulações usavam equações baseadas na média, não adequadas para colisões, e ignoravam efeitos relativísticos. Em 2009 Jacques Laskar e Mickael Gastineau simularam os próximos 5 bilhões de anos do sistema solar, usando um método que evitava esses problemas,[9] mas os resultados foram muito parecidos. Como diferenças minúsculas nas condições iniciais podem ter um grande efeito na dinâmica de longo prazo, simularam 2.500 órbitas, todas começando no intervalo de erro observacional das condições atuais. Em cerca de 25 casos, a quase ressonância exagera a excentricidade de Mercúrio, levando ou a uma colisão com o Sol, ou uma colisão com Vênus, ou a uma grande aproximação que muda radicalmente as órbitas tanto de Vênus como de Mercúrio. Num dos casos, a órbita de Mercúrio posteriormente se torna menos excêntrica, fazendo com que se desestabilizem todos os quatro planetas internos dentro dos próximos 3,3 bilhões de anos. A Terra tem então a probabilidade de colidir com Mercúrio, Vênus ou Marte. Mais uma vez há uma leve chance de que Marte seja ejetado de vez do sistema solar.[10]

# 3. Lua inconstante

> É o próprio erro da Lua: ela chega mais perto da Terra do que está afeita, e deixa os homens loucos.
>
> William Shakespeare, *Otelo*

A nossa Lua é inusitadamente grande.

Ela tem um diâmetro um pouquinho maior que um quarto do diâmetro da Terra, muito maior que a maioria das outras luas: na verdade, tão grande que o sistema Terra-Lua é às vezes referido como planeta duplo. (Um pouco de jargão: a Terra é o primário, a Lua o satélite. Subindo um nível, o Sol é o primário em relação aos planetas no sistema solar.) Mercúrio e Vênus não têm luas, enquanto Marte, o planeta que mais se parece com a Terra, tem duas luas minúsculas. Júpiter, o maior planeta do sistema solar, tem 67 luas conhecidas, mas 51 delas têm menos de dez quilômetros de lado a lado. Até mesmo a maior, Ganimedes, tem menos de um trigésimo do tamanho de Júpiter. Saturno é o mais prolífico em termos de satélites, com mais de 150, incluídos aí corpos minúsculos, e um gigantesco e complexo sistema de anéis. Mas sua maior lua, Titã, tem só um vigésimo de seu tamanho. Urano tem 27 luas conhecidas, sendo a maior Titânia, com menos de 1.600 quilômetros de lado a lado. A única lua grande de Netuno é Tritão, com cerca de um vigésimo do tamanho do planeta; além dela, os astrônomos descobriram treze luas muito pequenas. Entre os mundos do sistema solar, só Plutão se sai melhor que nós: quatro de seus satélites são minúsculos, mas o quinto, Caronte, tem cerca da metade do tamanho de seu primário.

O sistema Terra-Lua é incomum também sob outro aspecto: seu momento angular é inusitadamente grande. De uma maneira dinâmica, tem mais "giro" do que deveria ter. Há outras surpresas também em relação à Lua, e chegaremos a elas na devida hora. A natureza excepcional da Lua acrescenta peso a uma pergunta natural: como foi que a Terra adquiriu seu satélite?

A teoria que melhor se encaixa nas evidências correntes é impressionante: a hipótese do grande impacto. Logo que se formou, nosso planeta natal era cerca de 10% menor do que agora, até que um corpo do tamanho de Marte se chocou contra ele, espirrando enormes quantidades de matéria – a princípio em grande parte sob a forma de rocha derretida, em glóbulos de todos os tamanhos, muitos dos quais se ligaram à medida que as rochas começaram a esfriar. Parte desse corpo uniu-se à Terra, que se tornou maior. Parte se tornou a Lua. O restante foi dispersado em outros pontos do sistema solar.

Simulações matemáticas dão sustentação ao cenário do grande impacto, enquanto outras teorias não se saem tão bem. Em anos recentes, porém, a hipótese do grande impacto começou a se meter em apuros, pelo menos em sua versão original. A origem da Lua talvez ainda esteja disponível para novas teorias.

SEGUNDO A TEORIA mais simples, a Lua é resultado de acreção na nebulosa solar, assim como tudo o mais, durante a formação do sistema solar. Havia uma porção de detritos, numa vasta gama de tamanhos. Quando o sistema começou a se assentar, as massas maiores cresceram atraindo massas menores, que se fundiam com elas após colisões. Planetas formaram-se dessa maneira, asteroides formaram-se dessa maneira e luas formaram-se dessa maneira. Então, presumivelmente, nossa Lua formou-se dessa maneira.

Se assim foi, porém, não se formou em nenhum lugar próximo de sua órbita atual. O problema é o momento angular: há momento angular demais. Outro problema é a composição da Lua. Quando a nebulosa solar se condensou, diferentes elementos eram abundantes a diferentes distâncias.

A matéria mais pesada ficou perto do Sol, enquanto a radiação soprou os elementos mais leves para mais longe, para as regiões mais externas. É por isso que os planetas internos são rochosos, com núcleos de ferro-níquel, mas os externos são principalmente feitos de gás e gelo – que é gás que esfriou tanto que congelou. Se Terra e Lua se formaram aproximadamente à mesma distância do Sol, e aproximadamente na mesma época, deveriam ter rochas similares em proporções similares. Mas o núcleo de ferro da Lua é muito menor que o da Terra. Na verdade, a proporção total de ferro na Terra é oito vezes maior que na Lua.

Nos anos 1800 o filho de Charles Darwin, George, aventou outra teoria: nos seus primeiros tempos a Terra, ainda derretida, girava tão depressa que parte rompeu-se e se soltou sob a ação da força centrífuga. Ele fez os cálculos usando a mecânica newtoniana, e previu que a Lua devia estar se afastando da Terra, o que realmente acontece. Esse evento teria deixado uma grande cicatriz, e havia um candidato óbvio: o oceano Pacífico. No entanto, sabemos agora que as rochas lunares são muito mais velhas que o material da crosta oceânica no Pacífico. Isso exclui a bacia do Pacífico, mas não necessariamente a teoria da fissão de Darwin.

Outros cenários foram sugeridos em profusão, alguns bastante doidos. Talvez um reator nuclear natural (aliás, sabe-se pelo menos de um que existiu)[1] tenha chegado a um estado crítico, explodido e expelido o material lunar. Se o reator estivesse perto da fronteira entre manto e núcleo, próximo ao equador, uma porção de rocha terrestre teria entrado em órbita equatorial. Ou talvez a Terra tivesse originalmente duas luas, que colidiram. Ou roubamos uma lua de Vênus, o que explica muito bem por que Vênus não tem lua. Porém deixa de explicar, se a teoria estiver correta, por que a Terra não tinha lua originalmente.

Segundo uma alternativa menos impressionante, a Terra e a Lua se formaram separadamente, porém mais tarde a Lua se aproximou da Terra o bastante para ser capturada por sua gravidade. A ideia tem vários elementos a seu favor. A Lua tem o tamanho certo, e está numa órbita razoável. Ademais, a captura explica por que a Lua e a Terra estão "travadas por efeito de maré" devido a sua gravidade mútua, de modo que o mesmo lado da Lua está sempre virado para a Terra. Ela balança um pouco (jargão: libração), mas isso é normal no efeito de maré.

O ponto principal é que, embora a captura gravitacional pareça razoável (afinal, corpos atraem uns aos outros), é bastante incomum. O movimento dos corpos celestes mal envolve atrito – há um pouco, por exemplo, nos ventos solares, mas seus efeitos dinâmicos são mínimos –, de modo que a energia é conservada. A energia (cinética) que um corpo "em queda" adquire à medida que se aproxima de outro, puxado pela interação gravitacional mútua, é portanto grande o suficiente para o corpo *escapar* de novo desse puxão. Tipicamente dois corpos se aproximam, giram um em torno do outro e se separam.

Ou, como alternativa, colidem.

Está claro que Terra e Lua não fizeram nenhuma das duas coisas.

Há um jeito de contornar esse problema. Talvez a Terra dos primeiros tempos tivesse uma enorme atmosfera estendida, que desacelerou a Lua quando esta se aproximou, sem fragmentá-la em pedaços. Há um precedente: Tritão, a lua de Netuno, é excepcional não só por causa de seu tamanho, comparado ao das outras luas do planeta, mas devido a seu movimento, que é "retrógrado" – ela gira no sentido contrário à maioria dos corpos do sistema solar, incluindo todos os planetas. Os astrônomos acham que Tritão foi capturada por Netuno. Originalmente, Tritão era um objeto do cinturão de Kuiper (KBO, na sigla em inglês), nome dado a um enxame de corpos minúsculos em órbita além de Netuno. Essa é uma origem que Tritão provavelmente compartilha com Plutão. Se assim for, capturas ocorrem.

Outra observação restringe ainda mais as possibilidades. Embora as composições geológicas gerais da Terra e da Lua sejam muito diferentes, a composição detalhada das rochas de superfície da Lua é notavelmente semelhante à do manto terrestre. (O manto jaz entre a crosta continental e o núcleo de ferro.) Elementos têm "isótopos", que são quase idênticos quimicamente, mas diferem nas partículas que compõem o núcleo atômico. O isótopo de oxigênio mais comum, o oxigênio 16, tem oito prótons e oito nêutrons. O oxigênio 17 tem um nêutron a mais e o oxigênio 18, dois nêutrons a mais. Quando as rochas se formam, o oxigênio é incorporado mediante reações químicas. Amostras das rochas da Lua trazidas pelos astronautas das missões *Apollo* têm as mesmas proporções de oxigênio e outros isótopos que o manto terrestre.

Em 2012 Randall Paniello e colegas analisaram isótopos de zinco no material lunar, descobrindo que há menos zinco que na Terra, mas uma proporção mais alta de isótopos pesados de zinco. Eles concluíram que a Lua perdeu zinco por evaporação.[2] E novamente, em 2013, uma equipe sob o comando de Alberto Saal reportou que átomos de hidrogênio inclusos em vidro vulcânico e olivina lunares têm proporções isotópicas muito semelhantes à da água na Terra. Se Terra e Lua originalmente se formaram em separado, seria improvável que suas proporções de isótopos fossem tão parecidas.

A explicação mais simples é que esses dois corpos têm uma origem comum, apesar das diferenças em seus núcleos. Entretanto, há uma alternativa: talvez tenham origens distintas, e sua composição fosse diferente quando se formaram, porém mais tarde foram misturados.

VAMOS REVER A EVIDÊNCIA que necessita de explicação. O sistema Terra-Lua tem um momento angular inusitadamente grande. A Terra tem muito mais ferro que a Lua, todavia a superfície lunar tem proporções de isótopos muito semelhantes às do manto terrestre. A Lua é incomumente grande, e travada ao seu primário por efeito de maré. Qualquer teoria viável precisa explicar essas observações, ou pelo menos ser consistente com elas, para ser remotamente plausível. E *nenhuma* das teorias simples faz isso. É o velho clichê de Sherlock Holmes: "Quando você eliminou o impossível, o que estiver restando, por mais improvável que seja, deve ser a verdade." E a explicação mais simples que, sim, se ajusta à evidência é algo que, até o fim do século XX, os astrônomos teriam rejeitado por parecer improvável demais. A saber, a Terra colidiu com alguma outra coisa tão massiva que o choque derreteu ambos os corpos. Parte da rocha derretida espirrou, formando a Lua, e o que se fundiu com a Terra contribuiu em grande parte para o seu manto.

A hipótese do grande impacto, em sua forma atualmente preferida, data de 1984. O responsável pelo impacto tem até nome: Teia. No entanto, unicórnios têm nome mas não existem. Se houve algum dia Teia, os únicos vestígios remanescentes estão na Lua e nas profundezas da Terra, e assim a evidência precisa ser indireta.

Poucas ideias são realmente originais, e esta remonta pelo menos a Reginald Daly, que fez objeções à teoria da fissão de Darwin porque, quando se fazem os cálculos corretamente, a atual órbita da Lua não remete à Terra ao se recuar no tempo. Um impacto, propôs Daly, funcionaria muito melhor. O principal problema aparente, naquela época, era: impacto com o quê? Naqueles tempos, astrônomos e matemáticos pensavam que os planetas se formaram praticamente nas suas órbitas presentes. Com o aumento da potência dos computadores, porém, e as implicações de que a matemática de Newton podia ser explorada em contextos mais realistas, ficou claro que o sistema solar primordial continuou a mudar drasticamente. Em 1975, cálculos de William Hartmann e Donald Davis sugeriram que, depois que os planetas se formaram, restaram vários corpos menores. Estes podiam ser capturados e transformados em luas, ou podiam colidir, sejam uns com os outros, seja com um planeta. Uma colisão dessas, disseram, poderia ter criado a Lua, e é consistente com muitas de suas propriedades conhecidas.

Em 1976 Alastair Cameron e William Ward propuseram que outro planeta, mais ou menos do tamanho de Marte, colidiu com a Terra, e parte do material espirrado se agregou para formar a Lua.[3] Diferentes constituintes se comportariam de forma diversa sob as massivas forças e o calor gerado pelo impacto. Rochas de silicatos (em cada corpo) se vaporizariam, mas o núcleo de ferro da Terra, e qualquer núcleo metálico que o participante do impacto pudesse possuir, não se vaporizariam. Então a Lua acabaria ficando com muito menos ferro que a Terra, mas as rochas de superfície da Lua e o manto da Terra, condensando-se de volta a partir dos silicatos vaporizados, seriam extremamente semelhantes em sua composição.

Na década de 1980 Cameron e vários colegas executaram simulações de computador das consequências de tal impacto, mostrando que um participante do tamanho de Marte – Teia – era o que melhor se encaixava nas observações.[4] Inicialmente pareceu plausível que Teia pudesse fazer um naco do manto da Terra espirrar para fora, contribuindo muito pouco com seu próprio material para as rochas que vieram a se tornar a Lua. Isso explicaria a composição muito similar desses dois tipos de rocha, e, de fato, foi visto como forte confirmação da hipótese do grande impacto.

Até alguns anos atrás a maioria dos astrônomos aceitava essa ideia. Teia se chocou com a Terra primeva bem pouco tempo depois (em termos cosmológicos) da formação do sistema solar, entre 4,5 e 4,45 bilhões de anos atrás. Os dois mundos não colidiram frente a frente, mas num ângulo de 45 graus. A colisão foi relativamente lenta (mais uma vez, em termos cosmológicos): por volta de quatro quilômetros por segundo. Cálculos mostram que se Teia tivesse um núcleo de ferro, este teria se fundido com o corpo principal da Terra e, sendo mais denso que o manto, teria afundado e coalescido com o núcleo da Terra; lembremos que nesse estágio as rochas estavam todas derretidas. Isso explica por que a Terra tem muito mais ferro que a Lua. Cerca de um quinto do manto de Teia, e um bocado da rocha de silicatos da Terra, foi lançado no espaço. Metade acabou orbitando a Terra e agregando-se de modo a criar a Lua. A outra metade escapou da gravidade da Terra e foi orbitar o Sol. A maior parte permaneceu em órbitas aproximadamente semelhantes à terrestre e colidiu com a Terra ou com a recém-formada Lua. Muitas das crateras lunares foram criadas por esses impactos secundários. Na Terra, porém, a erosão e outros processos apagaram a maior parte das crateras de impacto.

O impacto deu à Terra uma massa extra e tanto momento angular que ela dava uma volta inteira a cada cinco horas. A forma ligeiramente oblata da Terra, achatada nos polos, exerceu forças de maré que alinharam a órbita da Lua com o equador da Terra, estabilizando-a aí.

Medições mostram que a crosta da Lua do lado que agora está virado para longe da Terra é mais grossa. A ideia é que parte desse material espirrado na órbita da Terra inicialmente deixou de ser absorvido naquilo que veio a se tornar a Lua. Em vez disso, uma segunda lua, menor, se aglutinou no chamado "ponto de Lagrange", na mesma órbita que a Lua mas sessenta graus além dela (ver capítulo 5). Após 10 milhões de anos, com os dois corpos vagando lentamente para longe da Terra, essa posição se tornou instável e a lua menor colidiu com a maior. Seu material se espalhou pelo lado distante da Lua, engrossando a crosta.

TENHO USADO BASTANTE as palavras "simulações" e "cálculos", mas não se pode fazer uma conta a não ser que se saiba o que se quer calcular, e não se pode simular alguma coisa simplesmente "pondo-a no computador". Alguém precisa montar o cálculo, em minucioso detalhe; alguém precisa escrever um software que diga ao computador como fazer as contas. Essas tarefas raramente são diretas.

Simular um impacto cósmico é um problema computacional horroroso. A matéria envolvida pode ser sólida, líquida ou gasosa, e diferentes regras físicas se aplicam a cada caso, requerendo diferentes formulações matemáticas. Pelo menos quatro tipos de matéria estão envolvidos: núcleo e manto de cada um, Teia e Terra. As rochas, em qualquer estado, podem se fragmentar ou colidir. Seu movimento é governado por "condições de livre fronteira", significando que a dinâmica dos fluidos não tem lugar numa região determinada do espaço, com muros fixos. Em vez disso, o próprio fluido "decide" onde é sua fronteira, e sua localização muda à medida que o fluido se move. É muito mais difícil lidar com fronteiras livres que fixas, tanto teórica quanto computacionalmente. Por fim, as forças que atuam são gravitacionais, portanto não lineares. Ou seja, em vez de mudar proporcionalmente com a distância, mudam de acordo com a lei do inverso do quadrado. Equações não lineares são notoriamente mais difíceis que equações lineares.

Não se pode esperar que os métodos matemáticos tradicionais de lápis e papel resolvam sequer versões simplificadas do problema. Em vez disso, computadores rápidos com enormes memórias usam métodos numéricos para abordar o problema, e então fazem um monte de cálculos na força bruta para obter uma resposta aproximada. A maioria das simulações modela os corpos em colisão como gotículas de fluido viscoso, que podem se fragmentar em gotículas menores ou se fundir para criar maiores. As gotas iniciais têm o tamanho de planetas; as gotículas são menores, mas só em comparação com os planetas. Ainda são bastante grandes.

Um modelo padrão para dinâmicas dos fluidos remonta aos tempos de Leonhard Euler e Daniel Bernoulli, nos anos 1700. Ele formula as leis físicas do fluxo de fluidos como uma equação diferencial parcial, que descreve como a velocidade do fluido em cada ponto do espaço varia com o tempo em resposta às forças que nele atuam. Exceto em casos muito simples, não é possível encontrar fórmulas que resolvam a equação, mas métodos computacionais muito acurados podem ser concebidos. Uma questão importante é a natureza do modelo, que em princípio requer que estudemos a velocidade do fluido em cada ponto de uma região definida do espaço. No entanto, computadores não podem fazer uma quantidade infinita de cálculos, de maneira que "discretizamos" a equação: fazemos uma aproximação por meio de uma equação relacionada envolvendo apenas um número finito de pontos. O método mais simples utiliza os pontos de uma grade como amostra representativa de todo o fluido, e acompanha como a velocidade varia nos pontos da grade. Essa aproximação é boa quando a grade é refinada o suficiente.

Infelizmente essa abordagem não é boa para gotas que colidem, porque o campo de velocidade torna-se descontínuo quando as gotas se rompem. Uma variante astuta do método da grade vem em nosso socorro. Ela funciona mesmo quando gotículas se rompem ou se fundem. Esse novo método, chamado hidrodinâmica de partículas suavizadas, decompõe o fluido em "partículas" vizinhas – minúsculas regiões. No entanto, em vez de usar uma grade fixa, ele segue as partículas à medida que respondem às forças em ação. Se partículas próximas se movem com aproximadamente a mesma velocidade na mesma direção, estão na mesma gotícula e permanecerão nela. Já se partículas vizinhas viajam em direções radicalmente diferentes, ou têm velocidades significativamente diferentes, a gotícula estará se rompendo.

A matemática realiza esse trabalho "suavizando" cada partícula numa espécie de bola maleável e difusa* (jargão: função de kernel de sobreposição esférica) e sobrepondo essas bolas. O movimento do fluido é calculado combinando-se os movimentos das bolas difusas. Cada bola pode ser representada pelo seu ponto central, e temos de calcular como esses pontos se movem com o passar do tempo. Os matemáticos chamam esse tipo de equação de problema de *n* corpos, onde *n* é o número de pontos, ou, de modo equivalente, o número de bolas difusas.

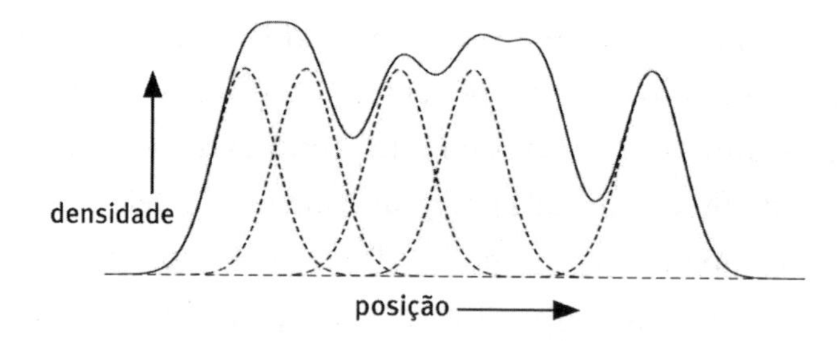


Representação da densidade de um fluido (linha cheia) como soma de pequenas gotículas difusas (curvas pontilhadas em forma de sino).

Tudo muito bem, mas problemas de *n* corpos são difíceis. Kepler estudou um problema de dois corpos, a órbita de Marte, e deduziu que era uma elipse. Newton provou matematicamente que quando dois corpos se movem segundo a lei do inverso do quadrado da distância, ambos orbitam em elipses em torno do seu centro de massa comum. Porém, quando matemáticos dos séculos XVIII e XIX tentaram compreender o problema de três corpos – Sol, Terra e Lua é o caso básico – descobriram que ele está longe de ser fácil e arrumadinho. Mesmo a fórmula mastodôntica de Delaunay é

* *Fuzzy*, no original. Recebe essa denominação porque suas fronteiras são vagas, indistintas. Usa-se também o termo em inglês. (N.T.)

apenas uma aproximação. Na verdade, as órbitas são tipicamente caóticas – altamente irregulares – e não há fórmulas elegantes ou curvas geométricas clássicas para descrevê-las. Ver o capítulo 9 para saber mais sobre caos.

Para modelar realisticamente uma colisão planetária, o número *n* de bolas difusas precisa ser grande – mil, ou melhor ainda, 1 milhão. Computadores podem fazer cálculos com números grandes, mas aqui *n* não caracteriza os números que aparecem nas contas: mede quão *complicadas* elas são. E aqui caímos na "maldição da dimensionalidade", em que a dimensão de um sistema é a quantidade de números de que você precisa para descrevê-lo.

Suponha que usemos 1 milhão de bolas. São necessários seis números para determinar o estado de cada bola: três de suas coordenadas no espaço, mais três para as componentes da sua velocidade. São 6 milhões de números, apenas para definir o estado num determinado instante. Queremos aplicar as leis da mecânica e da gravidade para prever o movimento futuro. Essas leis são equações diferenciais, que determinam o estado num minúsculo intervalo de tempo no futuro, dado o estado presente. Considerando que o passo temporal para o futuro seja muito pequeno, um segundo, talvez, o resultado será muito próximo do estado futuro correto. Então agora estamos fazendo uma conta com 6 milhões de números. Mais precisamente, estamos fazendo *6 milhões de contas* com 6 milhões de números: uma conta para cada número necessário para o estado futuro. Assim, a complexidade do cálculo é de 6 milhões *multiplicados por* 6 milhões. São 36 trilhões. E esse cálculo nos diz apenas qual é o próximo estado, um segundo no futuro. Faça a mesma coisa de novo e descobrimos o que pode acontecer a dois segundos de agora, e assim por diante. Para descobrirmos o que pode acontecer daqui a mil anos, estamos olhando um período de cerca de 30 bilhões de segundos, e a complexidade do cálculo é de 30 bilhões vezes 36 trilhões – cerca de $10^{24}$, um setilhão.

E isso não é o pior. Embora cada passo individual possa ser uma boa aproximação, há tantos passos que mesmo o mais ínfimo erro pode crescer, e cálculos grandes exigem muito tempo. Se o computador pudesse fazer um passo por segundo – ou seja, trabalhar em "tempo real" –, as somas levariam mil anos. Só um supercomputador poderia sequer chegar perto disso. A única saída é achar um meio mais sagaz de fazer as somas. Nos primeiros estágios do impacto, um passo temporal breve como um segundo poderia ser necessário porque tudo é uma complicada bagunça. Posteriormente, um passo temporal mais longo poderia ser aceitável. Além disso, uma vez que dois pontos estejam suficientemente separados, a força entre eles se torna tão pequena que é possível desprezá-la totalmente. Por fim – e é aqui que vem a principal melhoria –, poderíamos simplificar o cálculo inteiro montando-o de maneira mais astuta.

As primeiras simulações faziam uma simplificação adicional. Em vez de fazer os cálculos para um espaço tridimensional, reduziam o problema a duas dimensões, assumindo que tudo acontece no plano da órbita da Terra. Agora a colisão ocorre entre dois corpos circulares em vez de dois corpos esféricos. Essa simplificação oferece duas vantagens. Aqueles 6 milhões tornam-se apenas 4 milhões (quatro números por bola difusa). Melhor ainda, você não precisa mais de 1 milhão de bolas; talvez 10 mil sejam suficientes. Agora você tem 40 mil em lugar de 6 milhões, e a complexidade se reduz de 36 trilhões para 1,6 bilhão.

Ah, e mais uma coisa...

Não basta fazer os cálculos uma vez. Nós não conhecemos a massa do corpo que gera o impacto, sua velocidade ou a direção da qual está vindo quando bate. Cada escolha requer um novo cálculo. Essa era uma limitação particular dos primeiros trabalhos, porque os computadores eram mais lentos. O tempo num supercomputador era caro também, então verbas de pesquisa só eram concedidas para rodar os programas um pequeno número de vezes. Consequentemente, o pesquisador tinha de dar alguns bons chutes, desde o começo, baseados em considerações práticas tais como "será que esta premissa pode dar o valor certo para o momento angular final?". E então ficar na esperança.

Os pioneiros superaram esses obstáculos. Descobriram um cenário que dava certo. O trabalho posterior o refinou. A origem da Lua tinha sido resolvida.

TINHA SIDO MESMO?

Simular a teoria do grande impacto da formação da Lua envolve duas fases: a colisão em si, que cria um disco de detritos, e a subsequente acreção de parte desse disco, formando um caroço compacto, a Lua nascente. Até 1996 pesquisadores confinaram seus cálculos à primeira fase, e seu principal método era a hidrodinâmica de partículas suavizadas. Robin Canup e Erik Asphaug, escrevendo em 2001, afirmaram[5] que esse método "serve bem para sistemas que se deformam intensamente, evoluindo dentro de espaço em sua maior parte vazio", que é exatamente o que queremos nessa fase do problema.

Como essas simulações são grandes e difíceis, os pesquisadores se contentaram em calcular o que acontecia imediatamente após o impacto. Os resultados dependiam de muitos fatores: massa e velocidade do causador do impacto, ângulo segundo o qual ele atinge a Terra, velocidade de rotação da Terra, que, vários bilhões de anos atrás, poderia muito bem ter sido diferente do que é hoje. As limitações práticas de computações de *n* corpos implicavam que, para começar, muitas alternativas não fossem exploradas. Para manter as computações dentro de limites, os primeiros modelos eram bidimensionais. Então era uma questão de buscar casos em que o causador do impacto lançasse um monte de material do manto da Terra para o espaço. O exemplo mais convincente envolvia um corpo do tamanho de Marte, então este se tornou o principal candidato.

Todas essas simulações do grande impacto tinham uma característica em comum: o impacto criava um enorme disco de detritos orbitando a Terra. As simulações geralmente modelavam a dinâmica desse disco para apenas algumas órbitas, suficientes para mostrar que uma grande quantidade de detritos permanecia em órbita em vez de cair e bater de volta ou se perder no espaço exterior. *Assumia-se* que muitas das partículas do disco de detritos acabariam se agregando para formar um corpo grande, e que esse corpo se tornaria a Lua, mas ninguém conferiu essa premissa porque acompanhar as partículas mais adiante sairia muito caro e consumiria tempo demais.

Parte do trabalho posterior adotava a premissa tácita de que os parâmetros principais – massa do causador do impacto, e assim por diante – já tinham sido definidos por esse trabalho pioneiro, e se concentrava em calcular detalhes adicionais, em vez de examinar parâmetros alternativos. O trabalho pioneiro tornou-se uma espécie de dogma, e algumas de suas premissas cessaram de ser questionadas. O primeiro sinal de problemas veio bem cedo. Os únicos cenários que se ajustavam de modo plausível às observações requeriam que o causador do impacto arranhasse a Terra em vez de se chocar de frente com ela, então esse corpo não poderia ter estado no plano orbital da Terra. O modelo bidimensional era inadequado, e apenas uma completa simulação tridimensional poderia fazer o serviço. Felizmente, os poderes dos supercomputadores evoluíram rapidamente, e com tempo e recursos suficientes tornou-se possível analisar colisões em modelos tridimensionais.

Entretanto, a maioria dessas simulações aperfeiçoadas mostrou que a Lua deveria conter um bocado de rocha do *causador do impacto*, e muito menos do manto da Terra. Então, a explicação simples original da semelhança entre as rochas lunares e o manto ficou bem menos convincente: parecia requerer que o manto de Teia fosse impressionantemente similar ao da Terra. Alguns astrônomos, no entanto, sustentaram que era isso o que devia ter acontecido, esquecendo abertamente que tal semelhança entre Terra e Lua era uma das charadas que a teoria devia explicar. Se não servia para a Lua, por que seria aceitável para Teia?

Há uma resposta parcial: talvez Teia e a Terra tenham originalmente se formado mais ou menos à mesma distância do Sol. As objeções levantadas anteriormente para a Lua não se aplicam. Não há problema com o momento angular, porque não temos uma pista do que fizeram os outros pedaços de Teia após o impacto. E é razoável assumir que corpos que se formaram em locais similares na nebulosa solar tenham composições semelhantes. Ainda assim, é difícil explicar por que Terra e Teia permaneceram separadas por tempo suficiente para se tornar planetas por direito próprio – e então colidiram. Não é impossível, mas não parece provável.

Uma teoria diferente parece mais plausível, porque não faz premissas sobre a composição de Teia. Suponha que depois que as rochas de silicatos se vaporizaram e antes que começassem a se agregar tenham sido minuciosamente misturadas. Então tanto a Terra como a Lua teriam recebido transferências de rochas muito semelhantes. Cálculos indicam que essa ideia só funciona se o vapor permanecer por cerca de um século, formando uma espécie de atmosfera compartilhada espalhada pela órbita comum de Teia e Terra. Estudos matemáticos estão em andamento para decidir se essa teoria é dinamicamente factível.

Seja como for, a ideia original de que o causador do impacto fez um pedaço do manto da Terra espirrar para longe, sem contribuir ele próprio com muita coisa para a eventual Lua, seria muito mais convincente. Então os astrônomos buscaram alternativas, ainda envolvendo uma colisão, mas com base em premissas muito diferentes. Em 2012 Andreas Reufer e colegas analisaram os efeitos de um causador de impacto muito maior que Marte, movendo-se rapidamente, e que passa roçando a Terra em vez de colidir de frente.[6] Muito pouco do material espirrado provém desse corpo, o momento angular funciona bem e a composição do manto e da Lua é ainda mais parecida do que se julgava anteriormente. Segundo uma nova análise de rochas lunares da *Apollo* feita pela equipe de Junjun Zhang, a proporção dos isótopos titânio 50 e titânio 47 é a mesma que a da Terra dentro de quatro partes por milhão.[7]

Outras possibilidades também têm sido estudadas. Matja Cuk e colegas mostraram que a química correta das rochas lunares e o momento angular total poderiam ter surgido a partir de uma colisão com um corpo menor, contanto que a Terra estivesse girando bem mais depressa do que hoje. A velocidade de rotação muda a quantidade de rocha espirrada e o corpo de que provém. Após a colisão, forças gravitacionais do Sol e da Lua poderiam ter reduzido a velocidade de rotação da Terra. Por sua vez, Canup encontrou simulações convincentes nas quais a Terra girava só um pouquinho mais rápido que hoje e assumindo que o causador do impacto era significativamente maior que Marte. Ou talvez dois corpos, de tamanho cinco vezes maior que Marte, tenham colidido, depois recolidido, criando um grande disco de detritos que acabaram formando a Terra e a Lua. Ou...

Ou talvez a teoria original de impacto esteja correta, Teia *tivesse, sim*, uma composição bastante igual à da Terra e isso não fosse absolutamente coincidência.

Em 2004 Canup[8] mostrou que o tipo mais plausível de Teia deveria ter cerca de um sexto da massa da Terra, e que quatro quintos do material da Lua resultante deviam ser provenientes de Teia. Isso implica que a composição química de Teia fosse tão parecida com a da Terra quanto é a da Lua – o que parece muito improvável. Os corpos do sistema solar diferem consideravelmente um do outro; então, o que seria diferente em Teia? Como vimos, uma possível resposta é que Terra e Teia tenham se formado em condições similares – a uma distância semelhante do Sol, de modo que ambas engoliram o mesmo material. Além disso, estar aproximadamente na mesma órbita aumenta a chance de uma colisão.

Em consequência, poderiam dois corpos grandes formar-se na mesma órbita? Não teria um deles vencido e absorvido a maioria do material disponível? Você pode ficar discutindo sobre isso para sempre... ou fazer as contas. Em 2015 Alessandra Mastrobuono-Battisti e colegas usaram métodos de *n* corpos para fazer quarenta simulações dos estágios finais da acreção planetária.[9] A essa altura, Júpiter e Saturno estão totalmente formados, sugaram a maior parte de gás e poeira, e planetesimais e "embriões planetários" maiores estão se juntando para formar os corpos realmente grandes. Cada simulação começava com cerca de 85 a noventa embriões planetários e de mil a 2 mil planetesimais, situados num disco entre 0,5 e 4,5 UA. As órbitas de Júpiter e Saturno eram ligeiramente inclinadas em relação ao disco, e as inclinações diferiam de uma simulação para outra.

Na maioria das sequências, cerca de três ou quatro planetas internos se formavam dentro de 100 a 200 milhões de anos, à medida que os embriões e os planetesimais se fundiam. A simulação acompanhava a zona que "alimentava" cada mundo, a região da qual seus componentes eram sugados. Partindo da premissa de que a química do disco solar depende principalmente da distância ao Sol, de modo que corpos em órbitas equidistantes têm mais ou menos a mesma composição, podemos comparar os corpos de impacto. A equipe se concentrou no modo como cada um dos três ou quatro planetas sobreviventes se compara em termos de composição química com seu mais recente corpo de impacto. Retrocedendo e examinando as zonas de alimentação desses corpos chegamos a distribuições de probabilidades para a composição de cada corpo. A seguir, métodos estatísticos determinam a similaridade dessas distribuições. O corpo de impacto e o planeta têm aproximadamente a mesma composição em um sexto das simulações. Levando em conta a probabilidade de que parte do protoplaneta também acabe misturada na Lua, esse número dobra para um terço. Em suma: há cerca de *uma chance em três* de que Teia tivesse tido a mesma química que a Terra. Isso é inteiramente plausível, e assim, apesar de preocupações anteriores, a química semelhante do manto da Terra e das rochas da superfície da Lua é, de fato, consistente com o cenário original do grande impacto.

Neste momento, temos uma riqueza de opções: diversas teorias distintas do grande impacto, todas de acordo com a principal evidência. Qual delas, se é que alguma delas, está correta é algo que ainda está para ser esclarecido. Para obter tanto a química quanto o momento angular certos, porém, um grande corpo de impacto parece inevitável.

# 4. O cosmo como um mecanismo de relógio

> Mas deveria o Senhor Arquiteto ter deixado esse espaço vazio? Absolutamente não.
>
> Johann Titius, em *Contemplation de la Nature*, de Charles Bonnet

O *Principia* de Newton estabeleceu o valor da matemática como meio de compreender o cosmo. A obra levou à convincente noção do Universo como o mecanismo de um relógio, no qual Sol e planetas foram criados na sua atual configuração. Os planetas davam voltas e voltas ao redor do Sol em órbitas aproximadamente circulares, corretamente espaçados para não se atropelarem mutuamente – nem mesmo se aproximarem. Embora tudo oscilasse um pouco, devido ao fato de a gravidade de cada planeta puxar um pouco os outros, não ocorria nenhuma mudança importante. Essa visão estava encapsulada numa deliciosa engenhoca chamada planetário mecânico: uma máquina de mesa na qual minúsculos planetas sobre palitos moviam-se ao redor de um Sol central, comandados por engrenagens. A natureza era um gigantesco planetário mecânico, com a gravidade substituindo as engrenagens.

Astrônomos de mentalidade matemática sabiam que não era assim tão simples. As órbitas não eram círculos exatos e nem sequer estavam no mesmo plano, e algumas das oscilações eram bastante substanciais. Em particular, os dois maiores planetas do sistema solar, Júpiter e Saturno, estavam engajados em algum tipo de cabo de guerra gravitacional de longo prazo, puxando-se um ao outro primeiro para a frente, em relação à posição habitual em suas órbitas, depois para trás, repetidas vezes. Laplace explicou isso por volta de 1785. Os dois gigantes estão próximos de uma ressonância 5:2, na qual Júpiter dá cinco voltas ao redor do Sol enquanto Saturno dá apenas duas. Medindo suas posições em órbita na forma de ângulos, a diferença

$$2 \times \text{ângulo de Júpiter} - 5 \times \text{ângulo de Saturno}$$

é próxima de zero – mas, como explicou Laplace, não é exatamente zero. Em vez disso, varia lentamente, completando um círculo completo a cada novecentos anos. Esse efeito ficou conhecido como "a grande desigualdade".

Laplace provou que a interação não produz grandes variações na excentricidade ou inclinação da órbita de qualquer um dos planetas. Esse tipo de resultado levou a uma sensação generalizada de que o atual arranjo dos planetas é estável. Seria praticamente o mesmo no futuro, e sempre tinha sido desse jeito no passado.

Não é bem assim. Quanto mais aprendemos sobre o sistema solar, menos ele parece um mecanismo de relógio, e mais lembra alguma estrutura bizarra que, embora bem-comportada *a maior parte do tempo*, ocasionalmente fica completamente maluca. É bom notar que essas esquisitas revoluções não lançam dúvida sobre a lei da gravidade de Newton: elas são *consequência* da lei. A lei em si é matematicamente correta e bem-arrumada, a própria simplicidade. Mas ao que ela conduz não é.

Para compreender as origens do sistema solar, precisamos explicar como ele surgiu e como seus multifacetados corpos estão arranjados. À primeira vista constituem uma turma bastante eclética – cada mundo é único, e as diferenças superam as semelhanças. Mercúrio é uma rocha quente que gira em torno de si três vezes a cada duas órbitas – uma ressonância rotação-revolução de 3:2. Vênus é um inferno ácido cuja superfície inteira foi modificada há algumas centenas de milhões de anos. A Terra tem oceanos, oxigênio e vida. Marte é um deserto frio com crateras e cânions. Júpiter é uma bola gigante de gases coloridos que formam faixas decorativas. Saturno é semelhante, porém menos dramático; mas, em compensação, tem esplendorosos anéis. Urano é um dócil gigante de gelo e gira deitado. Netuno é outro gigante de gelo, cercado de ventos que excedem 2 mil quilômetros por hora.

No entanto, há também tentadores indícios de ordem. As distâncias orbitais dos seis planetas clássicos, em unidades astronômicas, são:

| | |
|---|---|
| Mercúrio | 0,39 |
| Vênus | 0,72 |
| Terra | 1,00 |
| Marte | 1,52 |
| Júpiter | 5,20 |
| Saturno | 9,54 |

Os números são um pouco irregulares, e de início é difícil encontrar um padrão, mesmo que lhe ocorra procurar. Mas em 1766 Johann Titius identificou algo interessante nesses dados, que descreveu na sua tradução da *Contemplation de la Nature*, de Charles Bonnet:

> Divida a distância do Sol até Saturno em cem partes; então Mercúrio está separado do Sol por quatro dessas partes, Vênus por 4 + 3 = 7 partes, a Terra por 4 + 6 = 10, Marte por 4 + 12 = 16. Mas note que de Marte para Júpiter vem um desvio dessa progressão exata. Depois de Marte segue-se um espaço de 4 + 24 = 28 partes, mas até agora nenhum planeta foi localizado ali. ... Próximo desse espaço ainda inexplorado para nós ergue-se a esfera de influência de Júpiter em 4 + 48 = 52 partes e a de Saturno em 4 + 96 = 100 partes.

Johann Bode mencionou o mesmo padrão numérico em 1772 em seu *Anleitung zur Kenntniss des Gestirnten Himmels* (Manual para conhecimento do céu estrelado) e em edições posteriores o creditou a Titius. A despeito disso, o padrão é frequentemente chamado de lei de Bode. Uma denominação melhor, agora de uso geral, é lei de Titius-Bode.

Essa regra, puramente empírica, relaciona distâncias planetárias com uma sequência (quase) geométrica. Sua forma original começava com a sequência 0, 3, 6, 12, 24, 48, 96, 192, na qual cada número depois do segundo é o dobro do seu antecessor, e somando 4 a todos obtínhamos 4, 7, 10, 16, 28, 52, 100. Entretanto, vale a pena acertar esses números com a unidade de medida corrente (UA), dividindo-as todas por dez, obtendo: 0,4; 0,7; 1,0; 1,6; 2,8; 5,2; 10,0. Esses números se ajustam surpreendentemente bem ao espaçamento dos planetas, exceto por uma lacuna correspondente a 2,8. Titius julgou saber o que devia estar nessa lacuna. A porção do seu comentário que substituí por reticências diz:

> Mas deveria o Senhor Arquiteto deixar esse espaço vazio? Absolutamente não. Vamos portanto assumir que esse espaço sem dúvida pertença aos ainda não descobertos satélites de Marte, e acrescentemos que talvez Júpiter ainda tenha ao seu redor alguns corpos menores que não foram avistados por nenhum telescópio.

Hoje sabemos que os satélites de Marte serão encontrados perto de Marte, e idem para Júpiter. Então Titius errou um pouco o alvo em certos aspectos, mas a proposta de que *algum* corpo devia ocupar aquela lacuna fazia sentido. Entretanto, ninguém levou isso a sério até Urano ser descoberto em 1781, também encaixando-se no padrão. A distância prevista é de 19,6; a real é de 19,2.

Estimulados por esse sucesso, os astrônomos começaram a procurar um planeta anteriormente não observado girando ao redor do Sol a cerca de 2,8 vezes o raio da órbita da Terra. Em 1801, Giuseppe Piazzi encontrou um – ironicamente um pouquinho antes de se iniciar uma busca sistemática. Foi-lhe dado o nome de Ceres, e retomaremos essa história no capítulo 5. Era menor que Marte, e muito menor que Júpiter, mas estava *ali*.

Para compensar sua diminuta estatura, não estava só. Três outros corpos – Palas, Juno e Vesta – logo foram encontrados em distâncias similares. Esses foram os primeiros quatro asteroides, ou planetas menores, e logo foram seguidos por muitos outros. Cerca de duzentos deles têm mais de um quilômetro de extensão, mais de 500 mil com pelo menos cem metros são conhecidos e espera-se que haja milhões ainda menores. São famosos por formar o cinturão de asteroides, uma região plana em forma de anel entre as órbitas de Marte e Júpiter.

Há mais corpos pequenos em outras partes do sistema solar, mas essas primeiras descobertas deram sustentação à ideia de Bode de que os planetas se distribuem de maneira regular. A descoberta subsequente de Netuno foi causada por discrepâncias na órbita de Urano, e não pela lei de Titius-Bode. Mas a lei previa uma distância de 38,8, razoavelmente próxima da distância real, entre 29,8 e 30,3. A similitude é fraca mas aceitável. Então veio Plutão: distância teórica de 77,2, distância real entre 29,7 e 48,9. Finalmente a "lei" de Titius-Bode tinha caído por terra.

Outras características típicas das órbitas planetárias também desabaram. Plutão é muito estranho. Sua órbita é altamente excêntrica, e inclinada colossais dezessete graus em relação à eclíptica. Às vezes Plutão chega a ficar *dentro* da órbita de Netuno. Características inusitadas como essa levaram Plutão a ser reclassificado como planeta anão. Numa compensação parcial, Ceres também se tornou um planeta anão, não meramente um asteroide (ou planeta menor).

Apesar da mistura de sucesso e fracasso, a lei de Titius-Bode apresenta uma importante questão: existe algum motivo matemático para o espaçamento entre os planetas? Ou poderiam eles, em princípio, estar distribuídos de qualquer maneira que se desejasse? Será a lei uma coincidência, um sinal de algum padrão subjacente, ou um pouco de cada?

O PRIMEIRO PASSO É reformular a lei de Titius-Bode, dando-lhe uma forma mais genérica e ligeiramente modificada. A expressão original tem uma anomalia: o uso do 0 como primeiro termo. Para obter uma sequência geométrica este deveria ser 1,5. Embora essa escolha leve a distância para Mercúrio a 0,55, que não tem nada de acurada, o jogo todo é empírico e aproximado, então faz mais sentido manter a matemática bem-ajustada e usar 1,5. Podemos agora exprimir a lei numa fórmula simples: a distância do Sol até o enésimo planeta, em unidades astronômicas, é:

$$d = 0{,}075 \times 2^n + 0{,}4$$

Agora devemos fazer algumas contas. No grande esquema das coisas, 0,4 UA não faz muita diferença para os planetas mais distantes, então removemos esse termo, obtendo $d = 0{,}075 \times 2^n$. Esse é um exemplo de fórmula de lei de potência, que geralmente tem a aparência do tipo $d = ab^n$, onde $a$ e $b$ são constantes.

Tomemos logaritmos:

$$\log d = \log a + n \log b$$

Usando $n$ e $\log d$ como coordenadas, temos uma linha reta com inclinação $\log b$, encontrando o eixo vertical em $\log a$.* Então, a maneira de identificar uma lei de potência é traçar um "gráfico log/log" de $\log d$ em relação a $n$. Se o resultado estiver perto de uma linha reta, a coisa está valendo. De fato, podemos fazer isso para outras grandezas diferentes da distância $d$, por exemplo o período de revolução em torno da estrela ou a massa.

Se tentarmos isso para as distâncias dos planetas, incluindo Ceres e Plutão, obteremos a figura da esquerda. Não longe de uma linha reta, como seria de esperar a partir da lei de Titius-Bode. E quanto às massas,

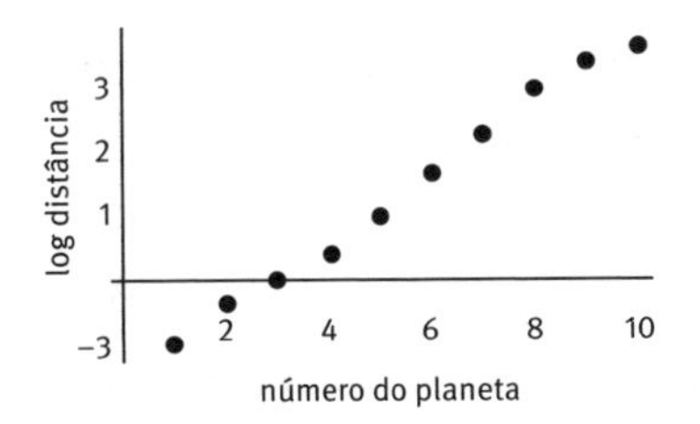


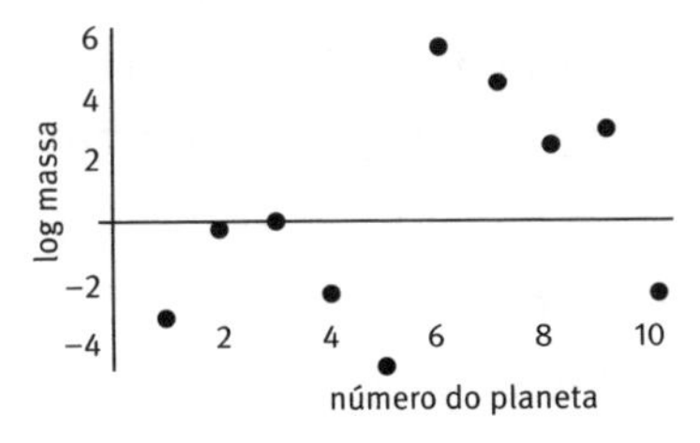


*Esquerda:* O gráfico log/log das distâncias planetárias é próximo de uma linha reta. *Direita:* O gráfico log/log das massas planetárias não se parece com uma linha reta.

* Segundo a convenção usual no Brasil, a notação log *a* representa um logaritmo decimal, ou seja, de base 10. O autor, porém, como poderá ser verificado pelos valores nos gráficos logo a seguir no texto, utiliza essa notação para designar um logaritmo natural, ou seja, de base *e*. Portanto, log *a* refere-se ao logaritmo natural do número *a*. (N.T.)

mostradas na figura da direita? Dessa vez o gráfico log/log é muito diferente. Nenhum sinal de linha reta – ou de qualquer padrão claro.

Os períodos orbitais? De novo, uma bela linha reta: veja a figura da esquerda. No entanto, isso não é surpresa, porque a terceira lei de Kepler relaciona o período com a distância de uma maneira que preserva as relações da lei de potência. Buscando outro campo de comparação, examinamos as cinco principais luas de Urano e obtemos a figura da direita. De novo uma lei de potência.

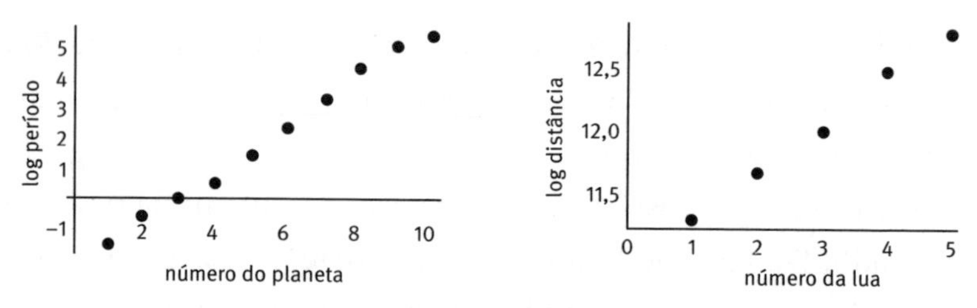


*Esquerda:* O gráfico log/log dos períodos planetários é próximo de uma linha reta. *Direita:* O gráfico log/log das distâncias das luas de Urano é próximo de uma linha reta.

Coincidência ou algo mais profundo? Os astrônomos estão divididos. Na melhor das hipóteses parece haver uma *tendência* para espaçamento seguindo a lei de potência. Não é algo universal.

Pode haver uma explicação racional. A mais provável tem origem na ideia de que a dinâmica de um sistema aleatório de planetas depende crucialmente de ressonâncias: casos em que dois planetas têm períodos orbitais com alguma relação fracionária simples. Por exemplo, um período pode ser três quintos do outro, uma ressonância de 5:3.[1] Ignorando todos os outros corpos, esses dois planetas continuarão se alinhando um com o outro, ao longo da linha radial vinda da estrela, em intervalos regulares, porque cinco revoluções de uma coincidem perfeitamente com três da outra. Em longos intervalos de tempo as pequenas perturbações resultantes se acumularão e os planetas tenderão a mudar suas órbitas.

Para razões de períodos que não são frações simples, por sua vez, as perturbações tendem a se cancelar, porque não há direção dominante para a força da gravidade que atua entre os dois mundos.

Essa não é apenas uma ideia vaga: cálculos detalhados e um extenso corpo de teoria matemática a sustentam. Fazendo uma primeira aproximação, a órbita de um corpo celeste é uma elipse. No nível seguinte de aproximação, a elipse sofre precessão: seu eixo maior gira lentamente. Com uma aproximação ainda mais acurada, os termos dominantes nas fórmulas para o movimento de corpos celestes provêm de ressonâncias seculares – tipos mais gerais de ressonância entre os períodos com que as órbitas de vários corpos sofrem precessão.

A maneira precisa com que corpos ressonantes se movem depende da razão entre seus períodos, bem como de suas localizações e velocidades, mas frequentemente o resultado é a desocupação de tais órbitas. Simulações de computadores indicam que planetas aleatoriamente espaçados tendem a evoluir para posições que satisfaçam relações aproximadamente similares à lei de Titius-Bode, com as ressonâncias varrendo lacunas. Mas tudo é um pouco vago.

O sistema solar contém diversos sistemas "em miniatura", a saber, as luas dos planetas gigantes. Os três satélites mais próximos de Júpiter, Io, Europa e Ganimedes, têm períodos orbitais em razões semelhantes a 1:2:4, cada um o dobro do anterior (ver capítulo 7). O quarto, Calisto, tem um período ligeiramente menor que o dobro do período de Ganimedes. Pela terceira lei de Kepler, os raios orbitais estão similarmente relacionados, exceto que o multiplicador 2 precisa ser substituído pela sua potência ⅔, que é 1,58. Ou seja, o raio orbital de cada satélite é aproximadamente 1,58 vez o raio do anterior. Esse é um caso em que a ressonância estabiliza órbitas em vez de desocupá-las, e a razão das distâncias é 1,58 em vez do 2 da lei de Titius-Bode. Mas os espaçamentos ainda satisfazem a lei de potência. O mesmo vale para as luas de Saturno e Urano, como mostrou Stanley Dermott na década de 1960.[2] Tal espaçamento é chamado "lei de Dermott".

Espaçamentos segundo lei de potência são um padrão mais geral que inclui uma boa aproximação da lei de Titius-Bode. Em 1994, Bérengère Dubrulle e François Graner deduziram espaçamentos segundo lei de potência para nebulosas solares em colapso típicas[3] aplicando dois princípios gerais. Ambos dependem de simetria. A nuvem é axialmente simétrica, e a distribuição de matéria é aproximadamente a mesma em todas as escalas de medida, uma simetria de escala. A simetria axial faz sentido dinâmico porque uma nuvem assimétrica ou se romperá ou se tornará mais simétrica com o passar do tempo. Simetria de escala é típica de processos importantes que se acredita influenciarem a formação de planetas, tais como fluxo turbulento dentro da nebulosa solar.

Nos dias de hoje podemos olhar além do sistema solar. E o inferno se instala: as órbitas de exoplanetas conhecidos – planetas que orbitam outras estrelas – têm todo tipo de espaçamentos, a maioria deles muito diferentes dos que encontramos no sistema solar. Por outro lado, os exoplanetas descobertos são uma amostra imperfeita daqueles que de fato existem; frequentemente só se conhece um planeta para uma dada estrela, mesmo que ela provavelmente tenha outros. Os métodos de detecção são tendenciosos no sentido de encontrar planetas grandes girando perto de suas primárias.

Até que possamos mapear os sistemas planetários *inteiros* de muitas estrelas, realmente não saberemos como são os sistemas exoplanetários. Apesar disso, em 2013, Timothy Bovaird e Charles Lineweaver examinaram 69 sistemas de exoplanetas conhecidos por ter pelo menos quatro planetas, e verificaram que 66 deles obedecem a leis de potência. Eles também usaram as leis de potência resultantes para tentar prever planetas "que faltam" – buscando um "Ceres" num exossistema. Dos 97 planetas previstos dessa maneira, apenas cinco foram observados até agora. Mesmo admitindo a dificuldade de detectar planetas pequenos, isso é um pouco decepcionante.

Esses resultados são ainda incertos, então a atenção mudou para outros princípios que possam explicar como os sistemas planetários são originados. Estes repousam em detalhes sutis de dinâmica não linear e não são meramente empíricos. No entanto, os padrões são menos obviamente numéricos. Em particular, Michael Dellnitz mostrou matematicamente que o campo gravitacional de Júpiter parece ter arranjado todos os outros planetas num sistema interconectado ligado por um conjunto natural de "tubos". Esses tubos, que só podem ser detectados por meio de suas características matemáticas, fornecem rotas naturais de baixa energia entre os diferentes mundos. Discutiremos a ideia junto com questões correlacionadas no capítulo 10, onde ela se encaixa mais naturalmente.

Coincidência ou não, a lei de Titius-Bode inspirou algumas descobertas importantes.

Os únicos planetas visíveis a olho nu são os cinco clássicos: Mercúrio, Vênus, Marte, Júpiter e Saturno. Mais a Terra, se você quiser ser pedante, mas nós só vemos uma pequena parte dela de cada vez. Com a invenção do telescópio, os astrônomos puderam observar estrelas que são apagadas demais para serem vistas só com os olhos, junto com outros objetos como cometas, nebulosas e satélites. Trabalhando nos limites do que era então tecnicamente viável, os primeiros astrônomos muitas vezes achavam mais fácil localizar um novo objeto do que decidir o que era.

Foi exatamente com esse problema que William Herschel se confrontou em 1781, quando apontou o telescópio no jardim de sua casa em Bath para a constelação de Touro, e notou um tênue ponto de luz perto da estrela Zeta Tauri, que primeiro ele pensou ser ou "uma estrela nebulosa ou talvez um cometa". Quatro noites depois escreveu em seu diário que tinha "achado ser um cometa, pois havia mudado de lugar". Cerca de cinco semanas depois, ao reportar sua descoberta para a Royal Society, ainda o descrevia como um cometa. Se você observa uma estrela usando lentes que ampliam em diferentes graus, ela permanece como um ponto mesmo nas ampliações mais altas, mas esse novo objeto parecia ficar maior com o aumento da ampliação – "como acontece com planetas", observou ele. Mas o mesmo vale para cometas, e Herschel estava convencido de que tinha descoberto um novo cometa.

À medida que mais informações foram chegando, alguns astrônomos quiseram discordar, entre eles o astrônomo real, Nevil Maskelyne, Anders Lexell e Bode. Em 1783 havia um consenso de que o novo objeto era um planeta, e requeria um nome. O rei Jorge III dera a Herschel duzentas libras por ano, sob a condição de que se mudasse para perto do Castelo de Windsor, de modo que a família real pudesse espiar por seus telescópios. Herschel, na intenção de lhe retribuir, quis chamar o planeta de Georgium Sidus, "a Estrela de Jorge". Bode sugeriu Uranus, o equivalente latino de Ouranos, o deus grego do céu (em português, Urano), e essa foi a denominação que ficou, apesar de ser o único nome de planeta baseado em um deus grego em vez de em um romano.

Laplace, rápido e ágil que era, calculou a órbita de Urano em 1783. O período é de 84 anos e a distância média ao Sol é de cerca de dezenove UA, ou 3 bilhões de quilômetros. Embora quase circular, a órbita de Urano é mais excêntrica que a de qualquer outro planeta, com um raio que varia de dezoito a vinte UA. Com os anos, telescópios melhores possibilitaram medir o período de rotação do planeta, que é de dezessete horas e catorze minutos, e revelar que ele é retrógrado – o planeta gira no sentido oposto de todos os outros. Seu eixo é inclinado em mais que um ângulo reto, estando praticamente no plano eclíptico do sistema solar, em vez de ser aproximadamente perpendicular a ele. Como resultado, Urano experimenta uma forma extrema de sol da meia-noite: cada polo suporta 42 anos de luz diurna seguidos de 42 anos de escuridão, com um polo nas sombras enquanto o outro está iluminado.

É evidente que há algo de estranho em Urano. Por outro lado, ele se encaixa perfeitamente na lei de Titius-Bode.

Uma vez conhecida a órbita, observações anteriores puderam ser associadas ao novo mundo. Tornou-se óbvio que ele havia sido visto antes, porém identificado erroneamente como uma estrela ou cometa. De fato, ele é visível com um bom olho, e é plausível que fosse uma das "estrelas" do catálogo de Hiparco, de 128 a.C., e mais tarde do *Almagesto* de Ptolomeu. John Flamsteed o observou seis vezes em 1690, pensando ser uma estrela, e o batizou como 34 Tauri. Pierre Lemonnier o observou doze vezes entre

1750 e 1769. Embora Urano seja um planeta, move-se tão devagar que é fácil não notar qualquer mudança em sua posição.

ATÉ AQUI, o principal papel da matemática na compreensão do sistema solar tinha sido principalmente descritivo, reduzindo longas séries de observações a uma órbita elíptica simples. A única previsão que surgia da matemática era a da posição do planeta no céu em datas futuras. Porém, com o passar do tempo e observações suficientes acumuladas, foi-se percebendo que Urano cada vez mais parecia estar no lugar errado. Alexis Bouvard, um aluno de Laplace, fez numerosas observações de alta precisão de Júpiter, Saturno e Urano, além de descobrir oito cometas. Suas tabelas dos movimentos de Júpiter e Saturno provaram ser muito acuradas, mas Urano constantemente vagava para longe da localização prevista. Bouvard sugeriu que um planeta ainda mais distante pudesse estar perturbando a órbita de Urano.

"Perturbar" aqui significa "ter um efeito sobre". Se pudéssemos exprimir esse efeito matematicamente em termos da órbita desse presumido novo planeta, poderíamos trabalhar de trás para a frente para deduzir sua órbita. Então os astrônomos saberiam onde procurar, e se a previsão estivesse baseada em fatos, poderiam encontrar o novo planeta. O grande obstáculo nessa abordagem é que o movimento de Urano é significativamente influenciado pelo Sol, Júpiter e Saturno. O restante dos corpos do sistema solar poderia talvez ser desprezado, mas ainda encontramos cinco corpos com os quais lidar. Não há fórmulas exatas conhecidas para três corpos; cinco é muito mais difícil.

Felizmente, os matemáticos da época já haviam pensado num jeito esperto de contornar esse problema. Matematicamente, uma perturbação de um sistema é um efeito novo que altera as soluções de suas equações. Por exemplo, o movimento de um pêndulo sob a gravidade *no* vácuo tem uma solução elegante: o pêndulo repete as oscilações para sempre. Se houver resistência do ar, porém, a equação do movimento muda de modo a incluir essa força de resistência adicional. Essa é uma perturbação do modelo do pêndulo, e destrói as oscilações periódicas. Elas vão morrendo e o pêndulo eventualmente acaba parando.

Perturbações levam a equações mais complexas, que geralmente são mais difíceis de resolver. No entanto, às vezes a própria perturbação pode ser usada para descobrir como as soluções mudam. Para fazer isso escrevemos as equações para a *diferença* entre a solução não perturbada e a solução perturbada. Se a perturbação é pequena, podemos deduzir fórmulas que se aproximam dessa diferença desprezando termos nas equações que sejam muito menores que a perturbação. Esse artifício simplifica as equações o suficiente para resolvê-las explicitamente. A solução resultante não é exata, mas com frequência é boa o bastante para propósitos práticos.

Se Urano fosse o único planeta, sua órbita seria uma elipse perfeita. Entretanto, essa órbita ideal é perturbada por Júpiter, Saturno e quaisquer outros corpos do sistema solar dos quais tenhamos conhecimento. Seus campos gravitacionais combinados modificam a órbita de Urano, e essa mudança pode ser descrita como uma lenta variação nos elementos orbitais da elipse de Urano. Para uma boa aproximação, Urano sempre se move ao longo de *alguma* elipse, mas não é mais sempre a *mesma* elipse. As perturbações modificam lentamente sua forma e inclinação.

Dessa maneira, podemos calcular como Urano se moveria quando todos os corpos perturbadores importantes são levados em conta. As observações mostram que Urano não segue, de fato, essa órbita prevista. Em vez disso, desvia-se gradualmente, de maneiras que podem ser mensuradas. Então adicionamos uma perturbação hipotética provocada por um desconhecido Planeta X, calculamos a nova órbita perturbada, estabelecida para igualar a observada, e deduzimos os elementos orbitais do Planeta X.

Em 1843, num *tour de force* computacional, John Adams calculou os elementos orbitais do novo mundo hipotético. Em 1845 Urbain Le Verrier estava realizando independentemente cálculos semelhantes. Adams enviou suas previsões a George Airy, então astrônomo real britânico, pedindo-lhe que procurasse o planeta previsto. Airy ficou preocupado com alguns dos aspectos do cálculo – erradamente, como se constatou –, mas Adams foi incapaz de tranquilizá-lo, então nada foi feito. Em 1846 Le Verrier publicou sua própria previsão, que novamente despertou pouco interesse, até que Airy notou que ambos os matemáticos tinham apresentado resultados muito similares. Ele instruiu James Challis, diretor do Observatório de Cambridge, a procurar o novo planeta, mas Challis fracassou em encontrar alguma coisa.

Logo depois, porém, Johann Galle localizou um tênue ponto de luz a cerca de um grau da previsão de Le Verrier e doze graus da de Adams. Mais tarde, Challis descobriu que observara o novo planeta duas vezes, mas não dispunha de um mapa estelar atualizado e tinha sido, de forma geral, um pouco desleixado, de modo que não prestara atenção. O ponto de luz de Galle era outro planeta novo, posteriormente batizado de Netuno. Sua descoberta foi um importante triunfo da mecânica celeste. Agora os matemáticos estavam revelando a existência de mundos desconhecidos, não apenas codificando as órbitas dos conhecidos.

O SISTEMA SOLAR PASSOU A OSTENTAR então oito planetas e um número que rapidamente crescia de "planetas menores", ou asteroides (ver capítulo 5). Porém, mesmo antes da descoberta de Netuno, alguns astrônomos, entre eles Bouvard e Peter Hansen, estavam convencidos de que um único corpo novo não podia explicar as anomalias no movimento de Urano. Em vez disso, acreditavam que as discrepâncias eram evidência de *dois* novos planetas. Essa ideia foi jogada para a frente e para trás por mais noventa anos.

Percival Lowell fundou um observatório em Flagstaff, no Arizona, em 1894, e doze anos depois decidiu esclarecer de uma vez por todas as anomalias na órbita de Urano, dando início a um projeto que denominou Planeta X. Aqui X é a incógnita matemática, não o numeral romano (que, de qualquer maneira, teria sido IX). Lowell tinha de certa forma arruinado sua reputação científica promovendo a ideia de "canais" em Marte, e queria restaurá-la: um novo planeta seria ideal. Empregou métodos matemáticos para prever onde esse mundo hipotético deveria estar e fez então uma busca sistemática – sem resultado. Tentou novamente de 1914 a 1916, porém mais uma vez não achou nada.

Enquanto isso, Edward Pickering, diretor do Observatório da Universidade Harvard, tinha apresentado sua própria previsão: o Planeta O, a uma distância de 52 UA. A essa altura, o astrônomo britânico Philip Cowell havia declarado que toda aquela busca era uma perda de tempo: as supostas anomalias no movimento de Urano podiam ser explicadas por outros meios.

Em 1916 Lowell morreu. Uma disputa legal entre sua viúva e o observatório pôs fim a qualquer nova busca pelo Planeta X até 1925, quando o irmão de Lowell, George, bancou um novo telescópio. Clyde Tombaugh recebeu a incumbência de fotografar regiões do céu noturno duas vezes, com um intervalo de duas semanas. Um dispositivo óptico comparava as duas imagens, e qualquer coisa que tivesse mudado de posição piscaria, chamando atenção para o movimento. Ele tirou uma terceira série de imagens para resolver incertezas. No começo de 1930, estava examinando uma área em Gêmeos e algo piscou. Estava dentro de seis graus de uma localização sugerida por Lowell, cuja previsão pareceu se sustentar. Uma vez o objeto identificado como um novo planeta, uma busca nos arquivos mostrou que ele havia sido fotografado em 1915, mas na ocasião não reconhecido como planeta.

O novo mundo recebeu o nome de Plutão, sendo suas duas primeiras letras as iniciais de Lowell.

Plutão acabou se revelando muito menor que o esperado, com uma massa de apenas um décimo da massa da Terra. Isso implicava que ele não podia, de fato, explicar as anomalias que levaram Lowell e outros a prever sua existência. Quando a baixa massa foi confirmada em 1978, alguns astrônomos retomaram a busca pelo Planeta X, acreditando que Plutão era alarme falso e um planeta desconhecido mais massivo devia estar por lá em algum lugar. Quando Myles Standish usou dados do sobrevoo de 1989 da *Voyager* por Netuno para refinar o valor da massa do planeta, as anomalias na órbita de Urano sumiram. A previsão de Lowell fora só uma feliz coincidência.

Plutão é esquisito. Sua órbita tem uma inclinação de dezessete graus em relação à eclíptica, e é tão excêntrica que durante um período Plutão chega mais perto do Sol que Netuno. No entanto, não há chance de colidirem, por dois motivos. Um é o ângulo entre os planos orbitais: suas órbitas só se cruzam na linha onde esses planos se encontram. Mesmo assim, seria preciso que ambos os mundos passassem pelo mesmo ponto dessa linha concomitantemente. É aí que entra o segundo motivo. Plutão está travado com Netuno numa ressonância 2:3. Os dois corpos repetem portanto os mesmos movimentos a cada duas órbitas de Plutão e três de Netuno, ou seja, a cada 495 anos. Como não colidiram no passado, não o farão no futuro – pelo menos, não até que a reorganização em grande escala de outros corpos do sistema solar perturbe sua confortável relação.

Os ASTRÔNOMOS CONTINUARAM vasculhando o sistema solar externo em busca de novos corpos. Descobriram que Plutão tem uma lua relativamente grande, Caronte, mas nada mais foi localizado além da órbita de Netuno até 1992, quando um pequeno corpo batizado de (15760) 1992 $QB_1$ deu as caras. Era tão obscuro que esse ainda é seu nome (uma proposta de chamá-lo de "Smiley" foi rejeitada porque esse nome já tinha sido usado para um asteroide), mas ele provou ser o primeiro de um bando de objetos trans-netunianos (TNOs, na sigla em inglês), dos quais são conhecidos agora mais de 1.500. Entre eles estão alguns corpos mais avantajados, embora ainda menores que Plutão: o maior é Éris, seguido de Makemake, Haumea e 2007 $OR_{10}$.

Todos esses objetos são leves demais e estão distantes demais para poderem ser previstos a partir de seus efeitos gravitacionais sobre outros corpos, e foram descobertos por meio de busca em imagens. No entanto, há algumas características matemáticas dignas de nota, relacionadas com os efeitos de outros corpos *sobre eles*. Entre trinta e 55 UA encontra-se o cinturão de Kuiper, cujos membros, em sua maioria, estão em órbitas aproximadamente circulares perto da eclíptica. Alguns desses TNOs estão em órbitas de ressonância com Netuno. Os que estão em ressonância 2:3 são chamados plutinos, porque incluem Plutão. Os que estão em ressonância 1:2 – cujo período é o dobro do de Netuno – são chamados twotinos (de *two* – dois). O restante são objetos clássicos do cinturão de Kuiper, ou cubewanos;[4] eles também têm órbitas aproximadamente circulares, mas não experimentam perturbações significativas causadas por Netuno. Mais para fora está o disco disperso. Ali, corpos semelhantes a asteroides movem-se em órbitas excêntricas, frequentemente inclinadas em grandes ângulos em relação à eclíptica. Entre eles estão Éris e Sedna.

À medida que foram sendo encontrados mais e mais TNOs, alguns astrônomos começaram a sentir que fazia pouco sentido chamar Plutão de planeta sem dar o mesmo tratamento a Éris, que julgavam ser ligeiramente maior. Ironicamente, imagens da *New Horizons* mostraram que Éris é ligeiramente menor que Plutão.[5] Porém, uma vez que outros TNOs fossem classificados como planetas, alguns seriam menores que o asteroide (ou planeta menor) Ceres. Depois de debates muito acalorados, a União Astronômica Internacional rebaixou Plutão para o status de planeta anão, no que foi acompanhado por Ceres, Haumea, Makemake e Éris. Novas definições dos termos "planeta" e "planeta anão" foram cuidadosamente confeccionadas para servir sob medida aos corpos abarcados por essas duas classificações. No entanto, não está claro se Haumea, Makemake e Éris efetivamente se encaixam na definição. Também se suspeita que algumas centenas de planetas anões mais distantes existam no cinturão de Kuiper, e até 10 mil no disco disperso.

Quando um novo artifício científico dá certo, é mais que sensato experimentá-lo em problemas similares. Usado para prever a existência e localização de Netuno, o artifício da perturbação funcionou brilhantemente. Tentado em Plutão, também pareceu funcionar magnificamente, até que os astrônomos perceberam que Plutão é pequeno demais para criar as anomalias usadas para prevê-lo.

O artifício falhou desanimadoramente no caso de um planeta chamado Vulcano. Não é o planeta ficcional de *Jornada nas estrelas*, o mundo natal do senhor Spock, que, de acordo com o autor de ficção científica James Blish, orbita a estrela 40 Eridani A. Não, trata-se do planeta ficcional que orbita uma estrela obscura e bastante ordinária conhecida por escritores de ficção científica como Sol. Ou, mais familiarmente, o nosso Sol. Vulcano nos dá vários ensinamentos sobre ciência: não apenas a lição óbvia de que erros podem ser cometidos, mas o sentido mais geral de que a consciência de erros passados pode nos impedir de repeti-los. Sua previsão está ligada à introdução da relatividade como aperfeiçoamento da física de Newton. Mas essa é outra história, que fica para adiante.

Netuno foi descoberto por causa de anomalias na órbita de Urano. Vulcano foi proposto como explicação para as anomalias na órbita de Mercúrio – e o autor da proposta foi ninguém menos que Le Verrier, num trabalho que antecede Netuno. Em 1840 o diretor do Observatório de Paris, François Arago, quis aplicar a gravitação newtoniana à órbita de Mercúrio, e pediu a Le Verrier que fizesse os cálculos necessários. Quando Mercúrio passasse diante do Sol, um evento chamado trânsito, a teoria poderia ser testada observando os instantes em que o trânsito começasse e terminasse. Houve um trânsito em 1843, e Le Verrier completou seus cálculos um pouquinho antes, possibilitando prever os momentos exatos. Para seu desapontamento, as observações não concordaram com a teoria. Então, Le Verrier voltou à prancheta de desenhos, preparando um modelo mais acurado com base em numerosas observações e catorze trânsitos. E, em 1859, ele havia notado, e publicado, um pequeno mas surpreendente aspecto do movimento de Mercúrio que explicava seu erro original.

O ponto em que a elipse orbital de Mercúrio mais se aproxima do Sol, conhecido como periélio (*peri* = perto, *helios* = Sol), é bem definido. Com o passar do tempo, o periélio de Mercúrio vagarosamente gira em relação ao fundo de estrelas distantes ("fixas"). Com efeito, a órbita inteira lentamente gira, com o Sol no seu foco; o termo técnico para isso é precessão. Um resultado matemático conhecido como teorema de Newton de órbitas em revolução[6] prevê esse efeito como consequência de perturbações causadas por outros planetas. Entretanto, quando Le Verrier inseriu as observações nesse teorema, verificou que os números resultantes estavam levemente errados. A teoria newtoniana previa que o periélio de Mercúrio deveria sofrer uma precessão de 532" (segundos de arco) a cada cem anos; o ângulo observado foi de 575". Algo estava causando uma precessão adicional de 43" por século. Le Verrier sugeriu que algum planeta não descoberto, orbitando mais perto do Sol que Mercúrio, fosse o responsável, e lhe deu o nome de Vulcano, o deus romano do fogo.

O brilho do Sol ofuscaria qualquer luz refletida por um planeta que orbitasse tão perto, então a única maneira prática de observar Vulcano seria durante um trânsito, quando ele deveria ficar visível na forma de um pontinho escuro. O astrônomo amador Edmond Lescarbault rapidamente anunciou que tinha encontrado tal ponto, que não era uma mancha solar porque se movia na velocidade errada. Le Verrier anunciou a descoberta de Vulcano em 1860, e por força disso foi agraciado com a Legião de Honra.

Infelizmente para Le Verrier e Lescarbault, um astrônomo mais bem-equipado, Emmanuel Liais, também estivera observando o Sol a pedido do governo brasileiro, e não vira nada daquilo. Sua reputação estava em jogo, e ele negou a ocorrência de tal trânsito. As discussões tornaram-se confusas e acaloradas. Quando Le Verrier morreu em 1877, ainda acreditava que havia descoberto outro planeta. Sem o respaldo de Le Verrier, a teoria de Vulcano perdeu impulso, e logo se estabeleceu um franco consenso: Lescarbault se enganara. A previsão de Le Verrier continuou sem confirmação observada, e houve disseminado ceticismo. O interesse desapareceu quase totalmente em 1915, quando Einstein usou sua nova teoria da relatividade geral para deduzir uma precessão de 42" 98" sem qualquer premissa de um novo planeta. A relatividade estava justificada e Vulcano foi jogado no ferro-velho.

Ainda não temos certeza de que não existem corpos entre Mercúrio e o Sol; porém, se houver algum, terá de ser muito pequeno. Henry Courten reanalisou imagens do eclipse solar de 1970, declarando ter detectado pelo menos sete desses corpos. Suas órbitas não podiam ser determinadas, e as alegações não foram confirmadas. Mas a busca por vulcanoides, como são chamados, continua.[7]

# 5. Polícia celeste

> Os dinossauros não tinham um programa espacial, então não estão aqui para falar desse problema. Nós estamos, e temos o poder de fazer alguma coisa em relação a ele. Eu não quero ser o constrangimento da Galáxia – ter o poder de desviar um asteroide, não fazê-lo e acabar extinto.
>
> NEIL DEGRASSE TYSON, *Space Chronicles*

PERSEGUIDO POR UMA FROTA de naves de guerra interestelares disparando crepitantes raios de pura energia, um pequeno bando de corajosos combatentes pela liberdade busca refúgio num cinturão de asteroides, enfrentando uma violenta tempestade de rochas do tamanho de Manhattan que constantemente se chocam umas com as outras. As naves de guerra vêm atrás, vaporizando as rochas menores com feixes de laser enquanto recebem numerosos golpes de fragmentos. Numa astuciosa manobra, a nave em fuga dá uma volta sobre si mesma e mergulha num profundo túnel no centro da cratera. Mas suas preocupações apenas começaram...

É uma imagem cinematográfica de tirar o fôlego...

E é também um absurdo total. Não a frota de naves de guerra, os raios de energia ou os rebeldes galácticos. Nem mesmo o monstruoso verme à espreita no fim do túnel. Tudo isso *poderia* acontecer um dia. É a tempestade de rochas se chocando. De jeito nenhum.

Acho que tudo é culpa daquela metáfora mal escolhida. Cinturão.

Era uma vez um tempo em que o sistema solar, como era entendido então, sentia falta de um cinturão. Em lugar dele, existia um vazio. Segundo a lei de Titius-Bode, deveria haver um planeta entre Marte e Júpiter, mas não havia. Se tivesse existido, os antigos o teriam visto e associado a ele algum outro deus.

Quando Urano foi descoberto, ele se encaixou tão bem no padrão matemático da lei de Titius-Bode que os astrônomos foram encorajados a preencher o vazio entre Marte e Júpiter. Como vimos no capítulo anterior, tiveram êxito. O barão Franz Xaver von Zach iniciou a Vereinigte Astronomische Gesellschaft (Sociedade Astronômica Unida) em 1800, com 25 membros – entre eles Maskelyne, Charles Messier, William Herschel e Heinrich Olbers. Por causa da sua dedicação a arrumar o desregrado sistema solar, o grupo ficou conhecido como *Himmelspolizei* (polícia celeste). A cada observador coube uma fatia de quinze graus da eclíptica, sendo ele encarregado de buscar nessa região o planeta que faltava.

Como é muito comum em tais assuntos, essa abordagem sistemática e organizada foi vencida por um sortudo não associado: Giuseppe Piazzi, professor de astronomia na Universidade de Palermo, na Sicília. Ele não estava buscando um planeta; estava procurando uma estrela, "a 87ª do catálogo do senhor La Caille". No começo de 1801, perto da estrela que estava buscando, ele viu um ponto de luz que não correspondia a nada nos catálogos estelares existentes. Continuando a observar esse intruso, descobriu que ele se movia. Sua descoberta estava exatamente onde a lei de Titius-Bode requeria que estivesse. Deu-lhe o nome de Ceres, a deusa romana das colheitas e também a deusa padroeira da Sicília. De início pensou ter localizado um novo cometa, mas faltava-lhe a cauda característica. "Ocorreu-me diversas vezes que poderia ser algo melhor que um cometa", escreveu. Em outras palavras, um planeta.

Ceres é bastante pequeno pelos padrões planetários, e os astrônomos quase o perderam de novo. Dispunham de muito poucos dados sobre sua órbita e, antes de conseguirem obter mais medições, o movimento da Terra carregou a linha de visão do novo corpo para perto demais do Sol, de modo que sua luz tênue foi engolida pelo brilho solar. Esperava-se que reaparecesse alguns meses depois, mas as observações foram tão esparsas que a posição provável seria muito incerta. Não querendo começar toda a busca de novo, os astrônomos pediram à comunidade científica que fornecesse uma previsão mais confiável. Carl Friedrich Gauss, então mais ou menos desconhecido aos olhos do público, dispôs-se a enfrentar o desafio. Inventou um novo jeito de deduzir uma órbita a partir de três ou mais observações, agora conhecido como método de Gauss. Quando Ceres reapareceu devidamente dentro de meio grau da posição prevista, a reputação de Gauss como grande matemático foi selada. Em 1807 foi nomeado professor de astronomia e diretor do Observatório da Universidade de Göttingen, onde permaneceu pelo resto da vida.

Para prever onde Ceres reapareceria, Gauss inventou diversas técnicas importantes de aproximação numérica. Entre elas estava uma versão do que agora chamamos de transformada rápida de Fourier, redescoberta em 1965 por James Cooley e John Tukey. As ideias de Gauss sobre o tópico foram encontradas em meio aos seus papéis não publicados e apareceram postumamente em suas obras reunidas. Ele via esse método como uma forma de interpolação trigonométrica, inserindo novos pontos de dados entre pontos existentes de maneira suave. Hoje é um algoritmo vital em processamento de sinais, usado em equipamentos médicos de imagem e câmeras digitais. Tal é o poder da matemática, e o que o físico Eugene Wigner chamou de sua "irrazoável efetividade".[1]

Elaborando a partir desse sucesso, Gauss desenvolveu uma teoria abrangente do movimento de pequenos asteroides perturbados por planetas grandes, que apareceu em 1809 como *Theoria motus corporum coelestium in sectionibus conicis solem ambientum* (Teoria do movimento de corpos celestes movendo-se em seções cônicas ao redor do Sol). Nessa obra, Gauss refinou e aperfeiçoou um método estatístico introduzido por Legendre em 1805, agora chamado de método dos mínimos quadrados. Também afirmou ter tido a ideia primeiro, em 1795, mas (típico de Gauss) não tê-la publicado. Esse método é usado para deduzir valores mais acurados a partir de uma série de medições, cada uma sujeita a erros aleatórios. Na sua forma mais simples ela escolhe o valor que minimiza o erro total. Variações mais elaboradas são usadas para encaixar a melhor linha reta em dados sobre como uma variável está relacionada a outra, ou lidar com questões semelhantes para muitas variáveis. Os estatísticos usam o método no dia a dia.

Quando os elementos orbitais de Ceres já estavam seguros na gaveta, de modo que pudessem ser encontrados sempre que necessário, descobriu-se que Ceres não estava só. Corpos semelhantes, de tamanho similar ou menor, tinham órbitas parecidas. Quanto melhor o telescópio, mais corpos desses podiam ser vistos, e menores iam ficando.

Mais tarde, em 1801, um dos integrantes da "polícia celeste", Olbers, localizou um desses corpos, dando-lhe o nome de Palas. Rapidamente apresentou uma engenhosa explicação para a ausência de um planeta grande mas a presença de dois (ou mais). Havia no passado um planeta grande nessa órbita, mas ele se fragmentara numa colisão com um cometa ou numa explosão vulcânica. Por algum tempo essa ideia pareceu plausível, porque mais e mais "fragmentos" foram sendo encontrados: Juno (1804), Vesta (1807), Astreia (1845), Hebe, Íris e Flora (1847), Métis (1848), Hígia (1849), Partênope, Victória e Egéria (1850), e assim por diante.

Vesta pode ser visto às vezes a olho nu, em condições favoráveis de observação. Os antigos poderiam tê-lo descoberto.

Tradicionalmente, cada planeta tem seu próprio símbolo, então a princípio cada um dos corpos recém-descobertos também recebeu um símbolo arcano. Com a inundação de novos corpos, esse sistema se mostrou incômodo e foi substituído por outros mais prosaicos, evoluindo até chegar ao de hoje – basicamente um número que indica a ordem da descoberta, um nome ou designação temporária e uma data de descoberta, tal como 10 Hígia 1849.

Num telescópio potente o bastante, um planeta tem a aparência de um disco. Esses objetos eram tão pequenos que apareciam como pontos, assim como as estrelas. Em 1802 Herschel sugeriu um nome provisório para eles:

> Eles se parecem tanto com pequenas estrelas que mal podem se distinguir delas. A partir disso, da sua aparência asteroidal, utilizo meu nome, e as chamo de asteroides, reservando-me porém a liberdade de mudar esse nome, caso ocorra outro, mais expressivo da sua natureza.

Por algum tempo, uma porção de astrônomos continuou a chamá-los de "planetas" ou "planetas menores", mas o nome "asteroide" acabou prevalecendo.

A teoria de Olbers não sobreviveu ao teste do tempo. A composição química dos asteroides não é consistente com a ideia de que sejam fragmentos de um único corpo grande, e sua massa combinada é pequena demais. É mais provável que sejam detritos cósmicos deixados por um candidato a planeta que não se formou devido a uma perturbação excessiva produzida por Júpiter. Colisões entre planetesimais nessa região eram mais comuns que em outras partes, e os rompiam mais depressa do que conseguiam agregá-los. Isso era causado pela migração de Júpiter rumo ao Sol, sobre a qual falaremos um pouco mais no fim deste capítulo.

O problema não era Júpiter em si, mas as órbitas ressonantes. Estas ocorrem, conforme comentado anteriormente, quando o período de um corpo executando uma órbita é uma fração simples do período de outro corpo – aqui Júpiter. Ambos os corpos então seguem um ciclo no qual acabam exatamente na mesma posição relativa que ocuparam no começo. E isso *se repete*, causando grande perturbação. Se a razão entre os períodos não for uma fração simples, tais efeitos se diluem. O que acontece exatamente depende da fração, mas há duas possibilidades principais. Ou a distribuição de asteroides perto dessa órbita se adensa, de modo que haja mais deles do que é típico em outras partes, ou a órbita se esvazia totalmente deles.

Se Júpiter tivesse permanecido na mesma órbita, esse processo acabaria por se estabilizar, com os asteroides concentrados perto de ressonâncias estáveis, evitando as instáveis. Mas se Júpiter tivesse começado a se mover, como os astrônomos acreditam que haja acontecido, as zonas de ressonância varreriam todo o cinturão de asteroides, causando o caos. Antes que qualquer coisa conseguisse se assentar numa bela ressonância estável, a órbita em questão deixaria de ser ressonante e tudo ficaria perturbado novamente. O movimento de Júpiter, portanto, causou agitação entre os asteroides, mantendo sua dinâmica errática e aumentando as chances de colisão. Os planetas internos são evidência de que os planetesimais se agregaram na parte interna das órbitas dos planetas gigantes, implicando que um dia existiram montes de planetesimais. Vários gigantes teriam propensão a se perturbar mutuamente, como de fato aconteceu com Júpiter e Saturno, o que modificaria suas órbitas; mudar de órbita implica varrer zonas de ressonância, o que provoca a ruptura de quaisquer planetesimais que estejam exatamente dentro da órbita do gigante mais interno. Em suma, planetas internos somados dois ou mais gigantes implicam asteroides.

CINTURÃO.

Até onde posso determinar, ninguém sabe precisamente quem foi o primeiro a usar o termo "cinturão de asteroides", mas ele já estava em uso em 1850, quando a tradução de Elise Otté da obra *Cosmos*, de Alexander von Humboldt, discutindo chuvas de meteoritos, observou que alguns desses "provavelmente fazem parte de um cinturão de asteroides que está em intersecção com a órbita da Terra". *A Guide to the Knowledge of the Heavens* (Um guia para o conhecimento dos céus), de 1852, de Robert Mann, afirma: "As órbitas dos asteroides estão colocadas num largo cinturão de espaço." E de fato estão. A figura mostra a distribuição dos principais asteroides, junto com as órbitas dos planetas até Júpiter. Um enorme anel difuso composto de milhares de asteroides domina a imagem. Voltarei aos Hildas, Troianos e Gregos mais tarde.

Esta imagem, reforçada pelo termo "cinturão", é provavelmente o motivo pelo qual os filmes de *Guerra nas estrelas* – e, o que é pior, os programas de ciência popular na TV, cujos produtores realmente deviam saber mais – rotineiramente descrevem os asteroides como um enxame de rochas estreitamente agrupadas, chocando-se continuamente umas contra as outras. As imagens de cinema ficam empolgantes, mas é um absurdo.

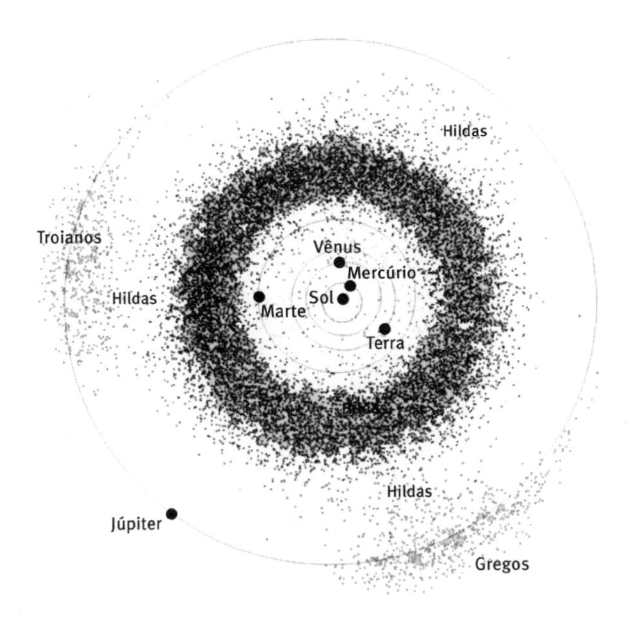


O cinturão de asteroides, junto com três grupos de asteroides: Hildas, Troianos e Gregos. Desenhados num quadro giratório em que Júpiter permanece fixo.

Sim, há montes de rochas lá... mas há também uma quantidade realmente enorme de *espaço vazio*. Um cálculo num guardanapo mostra que a distância típica entre asteroides com cem metros ou mais de extensão é de cerca de 60 mil quilômetros. Isso é aproximadamente cinco vezes o diâmetro da Terra.[2] Então, apesar dos filmes de Hollywood, se você estivesse no cinturão de asteroides não veria centenas de rochas flutuando ao redor. Provavelmente não veria nada.

O problema real é essa imagem difusa. Num diagrama, com pontos representando os vários corpos, os asteroides formam um anel densamente pontilhado. Então esperamos que a coisa real seja igualmente densa. Mas cada ponto na imagem representa uma região do espaço de aproximadamente *3 milhões de quilômetros* de extensão. O mesmo vale para características semelhantes do sistema solar. O cinturão de Kuiper não é um cinturão, e a nuvem de Oort não é uma nuvem. Ambos são quase inteiramente constituídos por espaço vazio. Mas é *tanto* espaço que a ínfima proporção que não é espaço consiste em números realmente grandes de corpos celestes – principalmente rocha e gelo. Chegaremos a essas duas regiões mais tarde.

Encontrar padrões em dados é uma arte, mas técnicas matemáticas podem ajudar. Um princípio básico é que diferentes maneiras de apresentar ou colocar dados em gráficos podem evidenciar características distintas.

A ilustração sugere que os asteroides estão distribuídos de forma bastante uniforme dentro do cinturão principal. O anel de pontos parece ter mais ou menos a mesma densidade em todo lugar, sem buracos. Porém, mais uma vez, a figura é enganosa. Sua escala é comprimida demais para apresentar os verdadeiros detalhes, mas o mais importante é que mostra as *posições* dos asteroides. Para ver estruturas interessantes – fora os dois aglomerados com os rótulos de Gregos e Troianos, aos quais voltaremos depois – temos de observar distâncias. Na verdade, o que realmente conta são os períodos de revolução, mas estes estão relacionados com a distância pela terceira lei de Kepler.

Em 1866 um astrônomo amador chamado Daniel Kirkwood notou lacunas no cinturão de asteroides. Mais precisamente, asteroides raramente orbitam a certas distâncias do Sol, conforme medidas pelo semieixo maior da elipse orbital. A figura a seguir mostra um gráfico mais moderno e extensivo do número de asteroides a uma dada distância, no núcleo do cinturão, que varia de 2 a 3,5 UA. Três fendas agudas, onde o número de asteroides cai a zero, são evidentes. Outra ocorre perto de 3,3 UA, mas não é tão óbvia porque há menos asteroides tão distantes. Essas fendas são chamadas lacunas de Kirkwood.

As lacunas de Kirkwood não são tão visíveis na figura anterior por dois motivos. Os pixels que representam os asteroides são grandes em comparação com o tamanho dos asteroides na escala da imagem, e as "lacunas" ocorrem em distâncias, não em localizações. Cada asteroide segue uma órbita elíptica, e sua distância em relação ao Sol varia ao longo da órbita.

Então os asteroides *cruzam* as lacunas; só que simplesmente não permanecem do outro lado por muito tempo. Os eixos principais das elipses apontam em muitas direções diferentes. Esses efeitos tornam as lacunas tão borradas que não podem ser vistas naquela figura. No entanto, faça um gráfico das distâncias e as lacunas imediatamente saltam aos olhos.

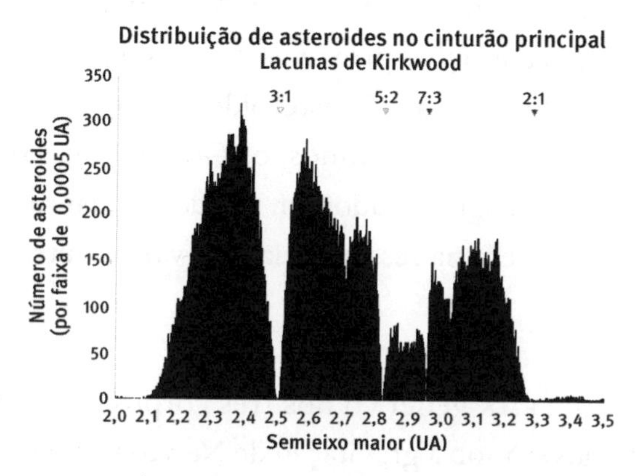


Lacunas de Kirkwood no cinturão de asteroides
e ressonâncias associadas a Júpiter.

Kirkwood sugeriu, corretamente, que as lacunas são causadas pelo massivo campo gravitacional de Júpiter. Isso afeta todo asteroide no cinturão, mas há uma diferença significativa entre órbitas ressonantes e não ressonantes. A fenda muito profunda no lado esquerdo da figura corresponde a uma distância orbital na qual o asteroide está em ressonância 3:1 com Júpiter. Ou seja, ele dá três voltas ao redor do Sol para cada volta dada por Júpiter. Esse alinhamento repetido torna o efeito de longo prazo da gravidade de Júpiter mais forte. Nesse caso a ressonância esvazia regiões do cinturão. As órbitas de asteroides em ressonância com Júpiter tornam-se mais alongadas e caóticas, a tal ponto que cruzam as órbitas dos planetas internos, principalmente Marte. Encontros ocasionais mais próximos com Marte alteram as órbitas ainda mais, lançando-os em direções aleatórias. Como esse efeito faz com que a zona próxima da órbita ressonante perca cada vez mais asteroides, ali são criadas as lacunas.

As principais lacunas, com as correspondentes ressonâncias entre parênteses, estão a distâncias de 2,06 UA (4:1); 2,5 UA (3:1); 2,82 UA (5:2); 2,95 UA (7:3); e 3,27 UA (2:1). Há lacunas mais fracas ou mais estreitas em 1,9 UA (9:2); 2,25 UA (7:2); 2,33 UA (10:3); 2,71 UA (8:3); 3,03 UA (9:4); 3,08 UA (11:5); 3,47 UA (11:6); e 3,7 UA (5:3). Desse modo, as ressonâncias controlam a distribuição dos semieixos maiores das órbitas dos asteroides.

Assim como lacunas, há concentrações. Mais uma vez, esse termo em geral se refere a concentrações próximas de uma determinada distância, não a aglomerados locais reais de asteroides. No entanto, chegaremos a seguir a dois aglomerados genuínos, os Gregos e os Troianos. Ressonâncias às vezes geram aglomerados em vez de lacunas, dependendo das quantidades que ocorrem na ressonância e de vários outros fatores.[3]

Ainda que o problema genérico dos três corpos – como três massas puntiformes se movem sob a gravitação de Newton – seja extremamente difícil de resolver matematicamente, alguns resultados proveitosos podem ser obtidos focando soluções particulares. Primordial entre elas é o "problema dos dois corpos e meio", uma brincadeira matemática com um conteúdo sério. Nesse esquema, dois dos corpos têm massa diferente de zero, mas o terceiro corpo é tão minúsculo que sua massa efetivamente é zero. Um exemplo é um grão de poeira movendo-se sob a influência da Terra e da Lua. A ideia por trás do modelo é que o grão de poeira responde às forças gravitacionais exercidas pela Terra e pela Lua, mas é tão leve que efetivamente não exerce força alguma sobre nenhum dos outros dois corpos. A lei da gravitação de Newton nos diz que o grão de poeira na realidade exerceria uma força muito pequena, mas ela é tão pequena que pode ser ignorada no modelo. Na prática, o mesmo vale também para um corpo mais pesado, tal como uma pequena lua ou um asteroide, contanto que a escala temporal seja breve o bastante para excluir efeitos caóticos significativos.

Há uma simplificação adicional: os dois corpos grandes se movem em órbitas circulares. Isso nos permite transformar todo o problema num sistema de referência giratório, em relação ao qual os corpos maiores são estacionários e estão num plano fixo. Imagine uma enorme mesa giratória. Prenda a Terra e a Lua a essa mesa giratória de modo que estejam numa linha reta passando pelo pino central, em lados opostos. A massa da Terra é cerca de oitenta vezes maior que a da Lua; se colocarmos a Lua a uma distância do pino central oitenta vezes maior que a da Terra, o centro de massa dos dois corpos coincidirá com o pino central. Se agora a mesa se mover exatamente com a velocidade certa, carregando junto a Terra e a Lua, elas seguirão órbitas circulares consistentes com a gravidade newtoniana. Em relação a um sistema de coordenadas preso à mesa giratória, ambos os corpos são estacionários, mas experimentam a rotação como "força centrífuga". Não se trata de uma força física genuína: ela surge porque os corpos estão grudados à mesa giratória e não podem se mover em linha reta. No entanto, ela tem o mesmo efeito sobre a sua dinâmica que uma força nesse sistema de coordenadas. Por esse motivo muitas vezes ela é referida como "força fictícia", mesmo que seu efeito seja real.

Em 1765 Euler provou que em tal modelo pode-se colar uma partícula de poeira em certo ponto da reta que passa pelos outros dois corpos, de modo que todos três se movam em órbitas circulares consistentes com a gravidade newtoniana. Em tal ponto, as forças gravitacionais exercidas pela Terra e pela Lua são exatamente canceladas pela força centrífuga

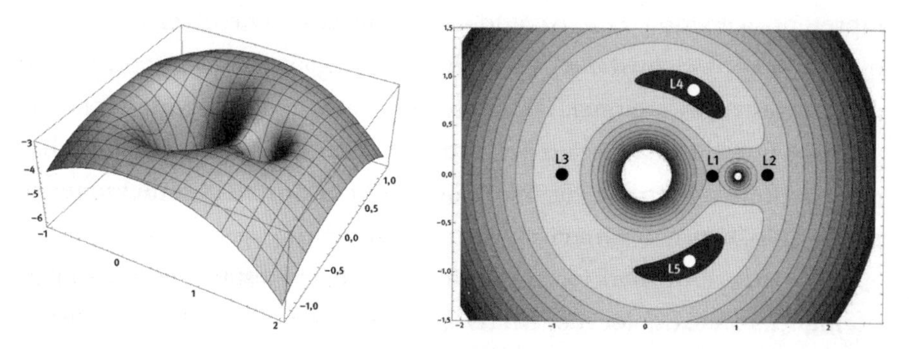


Paisagem gravitacional para o problema dos dois corpos e meio num sistema giratório. *Esquerda:* A superfície. *Direita:* Suas curvas de nível.[4]

experimentada pelo grão de poeira. Na verdade, Euler encontrou três desses pontos. Um deles, agora chamado $L_1$, fica entre a Terra e a Lua. $L_2$ fica do lado oposto da Lua quando vista da Terra; e $L_3$ fica do lado oposto da Terra quando vista da Lua.

Esses símbolos usam a letra L em vez de E porque em 1772 Lagrange encontrou mais dois locais possíveis para o grão de poeira. Estes não ficam sobre a linha Terra-Lua, mas nos vértices de dois triângulos equiláteros, cujos outros dois vértices são a Terra e a Lua. Nesses pontos, o grão de poeira permanece estacionário em relação à Terra e à Lua. O ponto $L_4$ de Lagrange está sessenta graus à frente da Lua e $L_5$ está sessenta graus atrás. Lagrange provou que, para dois corpos quaisquer, existem precisamente cinco desses pontos.

Tecnicamente as órbitas correspondentes a $L_4$ e $L_5$ em geral têm raios diferentes daqueles dos dois outros corpos. Entretanto, se um deles tiver massa muito maior – por exemplo, quando um é o Sol e o outro é um planeta – então o centro de massa comum e o corpo de massa maior quase coincidem. As órbitas correspondentes a $L_4$ e $L_5$ são então quase as mesmas que a do corpo de massa menor.

A geometria dos pontos de Lagrange pode ser calculada a partir da energia do grão de poeira. Esta consiste na sua energia cinética ao rodar junto com a mesa giratória mais as energias potenciais gravitacionais correspondentes à atração pela Terra e pela Lua. A figura mostra a energia total do grão de poeira de duas maneiras: como superfície curva, cuja altura representa a energia total, e como sistema de curvas de nível, curvas nas quais a energia é constante. Pode-se pensar na superfície como um tipo de paisagem gravitacional. O grão se move através dessa paisagem, mas, a menos que alguma força o perturbe, a conservação da energia implica que ele precisa permanecer numa única curva de nível. Pode mover-se para o lado, mas não para cima e para baixo.

Se a "curva" de nível for um único ponto, o grão estará em equilíbrio – permanece onde é colocado, em relação à mesa giratória. Há cinco desses pontos, marcados na figura das curvas de nível como $L_1$ a $L_5$. Em $L_1$, $L_2$ e $L_3$ a superfície tem a forma de uma sela: em algumas direções a paisagem se curva para cima, em outras se curva para baixo. Em contraste, tanto $L_4$ como $L_5$ são picos na paisagem de energia. A diferença importante é que picos (e vales, que não ocorrem aqui) são cercados de pequenas curvas de nível fechadas, que ficam muito próximas do próprio pico. Selas são diferentes: as curvas de nível perto da sela se perdem na distância, e embora possam eventualmente se fechar, fazem primeiro um grande passeio.

Se o grão é deslocado levemente, ele se afasta uma pequena distância e então segue a curva de nível em que pousa. Para uma sela, todas essas curvas de nível o levam para longe da sua posição inicial. Por exemplo, se o grão começa em $L_2$ e se move um pouquinho para a direita, pousa numa enorme curva de nível fechada que o conduz para toda uma volta ao redor da Terra, do lado externo oposto de $L_3$. Então, equilíbrios de sela são *instáveis*: a perturbação inicial cresce e fica muito maior. Picos e vales são *estáveis*: curvas de nível são fechadas e *permanecem* nas proximidades. Uma pequena perturbação continua pequena. O grão, porém, não está mais em equilíbrio: seu movimento real é uma combinação de pequenas oscilações em torno da curva de nível fechada e a rotação geral da mesa giratória. Tal movimento é chamado órbita-girino. O ponto-chave é: o grão de poeira permanece perto do pico.

(Aqui trapaceei um pouco, porque a figura mostra posições mas não velocidades. Mudanças de velocidade tornam o movimento real mais complicado, mas a estabilidade permanece válida. Ver capítulo 9.)

Os pontos de Lagrange são características especiais da paisagem gravitacional que podem ser exploradas no planejamento de missões espaciais. Na década de 1980 houve um surto de interesse em colônias espaciais: gigantescos hábitats artificiais para os humanos viverem, cultivarem seu próprio alimento, funcionando à base da luz solar. As pessoas poderiam viver no interior de um cilindro oco se ele girasse em torno de seu eixo, criando gravidade artificial por meio de força centrífuga. Um ponto de Lagrange é um local atraente, porque tem equilíbrio. Mesmo numa daquelas selas instáveis em $L_1$, $L_2$ e $L_3$, um impulso ocasional do motor de um foguete impediria que o hábitat vagasse para longe. Os picos $L_4$ e $L_5$ são ainda melhores – tal correção não é necessária.

A NATUREZA TAMBÉM conhece os pontos de Lagrange, no sentido de que há configurações reais bastante similares às consideradas por Euler e Lagrange para seus resultados funcionarem. Frequentemente esses exemplos reais violam algumas das condições técnicas do modelo; por exemplo, a partícula de poeira não precisa estar no mesmo plano que os outros dois corpos. As características principais dos pontos de Lagrange são relativamente robustas, e continuam a valer para qualquer coisa razoavelmente semelhante ao modelo idealizado.

O caso mais espetacular é Júpiter, com suas próprias colônias espaciais: asteroides conhecidos como Troianos e Gregos. A figura é desenhada num momento específico num sistema giratório que segue Júpiter dando a volta ao longo de sua órbita. Max Wolf encontrou o primeiro, 588 Aquiles, em 1906. Cerca de 3.898 Gregos e 2.049 Troianos eram conhecidos em 2014. Acredita-se que exista cerca de 1 milhão de Gregos e Troianos com mais de um quilômetro de extensão. Os nomes desses corpos são tradicionais: Johann Palisa, que calculou muitos de seus elementos orbitais, sugeriu batizá-los com nomes dos participantes da Guerra de Troia. Quase todos os Gregos estão perto de $L_4$, e a maioria dos Troianos perto de $L_5$. No entanto, por um acidente da história, o grego Pátroclo está colocado entre os Troianos, e o troiano Heitor está cercado de Gregos. Embora esses corpos formem aglomerados relativamente pequenos na figura, os astrônomos pensam que há tantos deles quanto asteroides regulares.

Os Gregos seguem praticamente a mesma órbita que Júpiter, mas sessenta graus à frente do planeta; os Troianos estão sessenta graus atrás. Conforme foi explicado na seção anterior, as órbitas não são idênticas à de Júpiter; apenas próximas. Além disso, a aproximação de órbitas circulares no mesmo plano é irrealista; muitos desses asteroides têm órbitas com inclinação de até quarenta graus em relação à eclíptica. Os aglomerados permanecem amontoados porque os pontos $L_4$ e $L_5$ são estáveis no modelo dos dois corpos e meio, e a massa grande de Júpiter os mantém bastante estáveis na dinâmica real de muitos corpos, uma vez que perturbações de outras partes – especialmente Saturno – são relativamente pequenas.

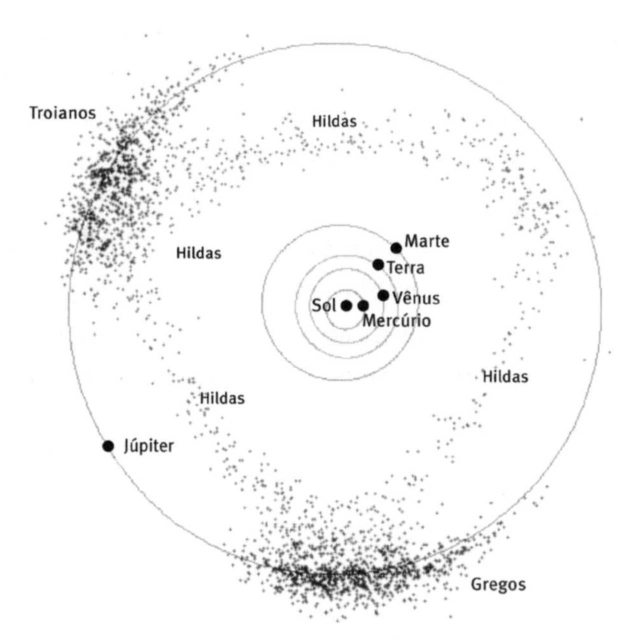


Os asteroides Gregos e Troianos formam aglomerados.
A família Hilda forma um triângulo equilátero difuso,
com dois vértices em $L_4$ e $L_5$.

Contudo, no longo prazo alguns asteroides podem ser ganhos ou perdidos por qualquer um dos aglomerados.

Por razões semelhantes, pode-se esperar que outros planetas também tenham seus próprios Troianos (em terminologia genérica os Gregos de Júpiter são considerados Troianos honorários). Vênus tem um temporário, 2013 $ND_{15}$. A Terra tem um Troiano mais permanente, o 2010 $TK_7$, no seu ponto $L_4$. Marte ostenta cinco, Urano tem um, e Netuno tem pelo menos doze – provavelmente mais que Júpiter, talvez dez vezes mais.

E quanto a Saturno? Não é conhecido nenhum asteroide Troiano, mas há dois satélites Troianos – os únicos conhecidos. Sua lua Tétis tem duas luas Troianas próprias, Telesto e Calipso. Outra das luas de Saturno, Dione, também tem duas luas Troianas, Helena e Polideuces.

Os Troianos de Júpiter estão intimamente associados a outro fascinante grupo de asteroides, a família Hilda. Estes estão numa ressonância

3:2 com Júpiter, e num sistema giratório que ocupa uma região com o formato aproximado de um triângulo equilátero de vértices em $L_4$, $L_5$ e um ponto na órbita de Júpiter diametralmente oposto ao planeta. Os Hildas "circulam" vagarosamente em relação aos Troianos e Júpiter.[5] Ao contrário da maioria dos asteroides, eles têm órbitas excêntricas. Fred Franklin sugeriu que as órbitas atuais fornecem evidência adicional de que Júpiter inicialmente se formou cerca de 10% mais longe do Sol, migrando depois para dentro.[6] Asteroides a essa distância com órbitas circulares teriam sido eliminados à medida que Júpiter migrava para dentro, ou teriam mudado para órbitas mais excêntricas.[7]

# 6. O planeta que engoliu seus filhos

> A estrela de Saturno não é uma estrela sozinha, mas um composto de três, que quase se tocam entre si, nunca mudam ou se movem umas em relação às outras, e estão arranjadas em fila ao longo do zodíaco, a do meio sendo três vezes maior que as laterais, e situadas desta forma: oOo.
>
> GALILEU GALILEI, carta a Cosme de Medici, 30 de julho de 1610

QUANDO GALILEU apontou pela primeira vez seu telescópio para Saturno e desenhou o que viu, o aspecto foi o seguinte:

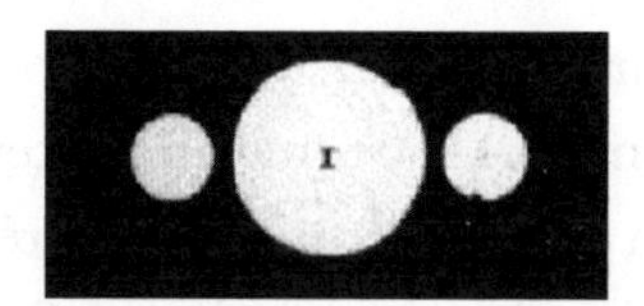

Desenho de Saturno feito por Galileu em 1610.

Pode-se entender por que ele o descreveu como oOo em sua empolgada carta para seu patrono Cosme de Medici. Ele também mandou notícias de sua descoberta para Kepler, mas, como era comum na época, escreveu sob a forma de um anagrama: *smaismrmilmepoetaleumibunenugttauiras*. Se alguém posteriormente fizesse a mesma descoberta, Galileu poderia reivindicar primazia decifrando-o como *"Altissimum planetam tergeminum observavi"*: "Observei que o mais distante planeta tem forma tripla."

Infelizmente, Kepler decifrou a mensagem como *"Salve umbistineum geminatum Martia proles"*: "Salve, botões gêmeos, filhos de Marte." Ou seja,

Marte tem duas luas. Kepler já havia previsto isso com base em que Júpiter tem quatro e a Terra uma, então no meio deviam ser duas, porque 1, 2, 4 formam uma série geométrica. E, presumivelmente, Saturno teria oito luas. Meia lua para Vênus? Às vezes a habilidade de Kepler de detectar padrões era bastante forçada. Mas devo economizar o meu desdém, pois, milagrosamente, Marte *tem* duas luas, Fobos e Deimos.

Quando Galileu olhou novamente em 1616, percebeu que o seu telescópio rudimentar o tinha enganado com uma imagem borrada, que ele interpretara como três discos. Mas, ainda assim, era bem estarrecedor. Galileu anotou que Saturno parecia ter orelhas.

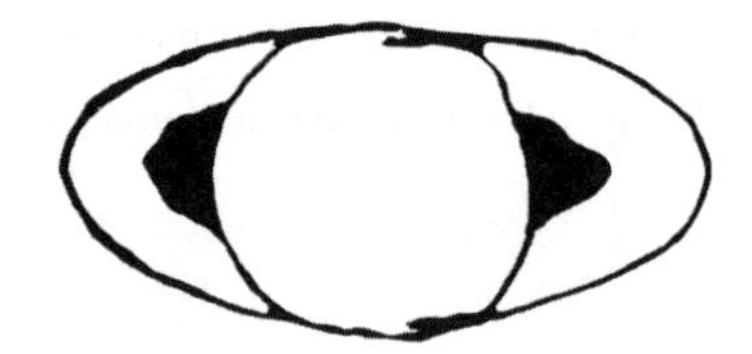

Desenho de Saturno feito por Galileu em 1616.

Alguns anos mais tarde, ao olhar de novo, as orelhas ou luas ou fossem o que fossem tinham sumido. Meio como um gracejo, Galileu perguntou-se se Saturno teria comido seus filhos. Era uma referência oblíqua a um mito grego bastante sangrento segundo o qual o titã Cronos, aterrorizado com a possibilidade de um de seus filhos derrubá-lo, comia cada um deles ao nascer. O equivalente romano de Cronos é Saturno.

Quando as orelhas retornaram, Galileu ficou ainda mais intrigado.

É claro, agora conhecemos a realidade por trás das observações de Galileu. Saturno é cercado por um gigantesco sistema de anéis circulares. Eles estão inclinados em relação à eclíptica, de maneira que, enquanto Saturno gira em torno do Sol, às vezes vemos a "face plena" dos anéis, e eles parecem maiores que o planeta, como o desenho das "orelhas". Em outros momentos os vemos de lado, e eles somem totalmente, a menos que usemos um telescópio bem melhor que o de Galileu.

Esse fato por si só já indicaria que os anéis são muito finos em comparação com o planeta, mas sabemos agora que realmente são, com meros vinte metros. Seu diâmetro, em contraste, é de 360 mil quilômetros. Se os anéis fossem grossos como uma pizza, teriam o tamanho da Suíça. Galileu não sabia nada disso. Mas sabia, sim, que Saturno era estranho, misterioso e bastante diferente de qualquer outro planeta.

Christiaan Huygens tinha um telescópio melhor, e em 1655 escreveu que Saturno "está cercado por um anel fino, achatado, que não encosta em nenhum lugar, inclinado em relação à eclíptica". Hooke chegou a enxergar sombras, tanto do globo sobre o anel como do anel sobre o globo, o que torna mais compreensível a geometria tridimensional, mostrando-nos quem está na frente de quem.

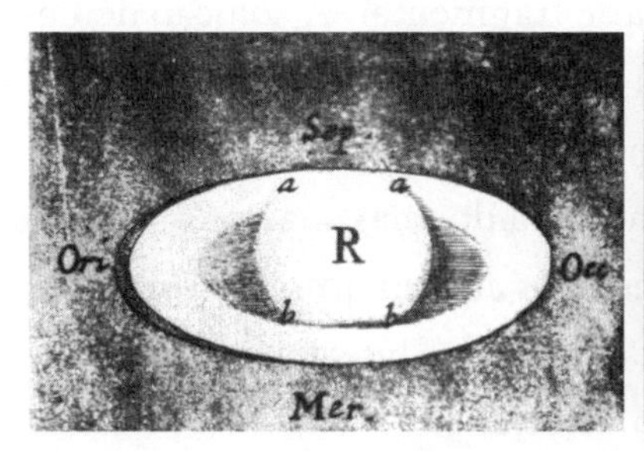

*Esquerda:* Desenho de Saturno feito por Hooke em 1666, mostrando sombras. *Direita:* Imagem moderna mostrando a Divisão de Cassini, uma destacada lacuna escura nos anéis.

Será que os anéis de Saturno são sólidos, como a aba de um chapéu, ou são compostos de uma miríade de pedacinhos de rocha ou gelo? Se sólidos, de que material são feitos? Se não, por que parecem ser rígidos, com uma forma imutável?

As respostas foram chegando aos poucos, numa mistura de observações e análise matemática.

Os primeiros observadores viram um único anel largo. Em 1675, porém, Giovanni Cassini obteve observações melhores que revelaram uma quantidade de lacunas circulares, dividindo a totalidade do anel numa série de subanéis concêntricos. A lacuna mais destacada é conhecida como Divisão de Cassini. A faixa mais interna é o anel B, a externa é o anel A. Cassini também tinha conhecimento de um anel C mais tênue dentro do anel A. Essas descobertas aprofundaram o mistério, mas pavimentaram o caminho para sua eventual solução.

Laplace, em 1787, alertou que um anel sólido largo apresentaria um problema dinâmico. A terceira lei de Kepler nos diz que quanto mais distante um corpo está do centro de um planeta, mais devagar ele gira. No entanto, as bordas interna e externa de um anel sólido giram com a mesma velocidade angular. Então, ou a borda externa está se movendo depressa demais, ou a interna devagar demais, ou ambas as coisas. Essa discrepância cria tensões no material do anel e, a menos que ele seja feito de um material extremamente forte, irá se fragmentar. A solução de Laplace para essa dificuldade foi elegante: ele sugeriu que os anéis fossem compostos de um grande número de aneizinhos muito estreitos, um encaixado dentro do outro. Cada anelzinho é sólido, mas suas velocidades de revolução decrescem à medida que os raios aumentam. Isso superava belamente o problema da tensão, porque as bordas interna e externa de um anel estreito giram quase na mesma velocidade.

Era uma solução elegante, mas enganadora. Em 1859, o físico matemático James Clerk Maxwell provou que um anelzinho sólido girando é instável. Laplace resolvera o problema da tensão causada pelas bordas girando em velocidades diferentes, mas essas eram tensões de "cisalhamento", como as forças entre cartas de um baralho se você as desliza lateralmente mantendo-as numa pilha. Mas outras tensões podem entrar em jogo – por exemplo, curvar as cartas. Maxwell provou que, no caso de um anelzinho sólido, qualquer ligeira perturbação causada por forças externas cresce, fazendo o anel ondular e se vergar, e então se romper, como um fio seco de espaguete que quebra assim que você tenta dobrá-lo.

Maxwell deduziu que os anéis de Saturno deviam ser compostos de inúmeros corpos minúsculos, todos se movendo de modo independente em círculos, com a velocidade matematicamente consistente com a atração gravitacional exercida sobre eles. (Recentemente alguns problemas desse tipo de modelo simplificado tornaram-se aparentes: ver capítulo 18. As implicações para modelos de anéis não estão claras. Vou adiar a discussão até aquele capítulo e relatar aqui os resultados convencionais.)

Como tudo se move em círculos, o esquema todo tem simetria rotacional, de modo que a velocidade de cada partícula depende apenas da sua distância ao centro. Assumindo que a massa do material do anel seja desprezível em comparação à massa de Saturno (o que agora sabemos ser verdadeiro), a terceira lei de Kepler leva a uma fórmula simples. A velocidade da partícula de um anel em quilômetros por segundo é de 29,4 dividido pela raiz quadrada de seu raio orbital, medido como múltiplo do raio de Saturno.

Alternativamente, os anéis poderiam ser líquidos. Porém, em 1874 Sofia Kovalevskaya, uma das grandes mulheres matemáticas, mostrou que um anel líquido também é instável.

Em 1895, veio o veredicto dos astrônomos observacionais. Os anéis de Saturno são compostos por um vasto número de pequenos corpos. Observações posteriores conduziram a diversos subanéis novos, mais tênues, criativamente chamados de D, E, F e G. Eles foram nomeados por ordem de descoberta, e sua sequência espacial, lida para fora a partir do planeta, é DCBAFGE. Não tão confuso quanto o anagrama de Galileu, mas quase lá.

NENHUM PLANO MILITAR sobrevive ao contato com o inimigo. Nenhuma teoria astronômica sobrevive ao contato com observações melhores.

Em 1977 a Nasa enviou duas sondas espaciais, as *Voyager 1* e *2*, a uma grande viagem planetária. Os planetas do sistema solar haviam casualmente se alinhado, de modo que era possível ir aos quatro externos. A *Voyager 1* visitou Júpiter e Saturno; a *Voyager 2* passou por Urano e Netuno.

As *Voyager* continuaram suas viagens, rumando para o espaço interestelar, definido como a região além da heliopausa, onde o vento solar perde força. Então "interestelar" significa que o Sol não tem mais qualquer influência significativa além de uma atração gravitacional muito fraca. A *Voyager 1* chegou a essa zona de transição em 2012, e a *Voyager* 2 em 2018. Ambas continuam enviando de volta dados. Devem ser as missões espaciais mais bem-sucedidas que já houve.

No fim de 1980, as ideias da humanidade sobre Saturno mudaram para sempre quando a *Voyager 1* começou a mandar imagens dos anéis, seis semanas antes da sua maior aproximação do planeta. Detalhes finos nunca vistos antes mostravam que há centenas, se não milhares, de anéis distintos, minimamente espaçados, como sulcos num velho disco de vitrola. Isso em si não foi uma surpresa tão grande, mas outros aspectos eram inesperados e, de início, desconcertantes. Muitos teóricos esperavam que as principais características do sistema de anéis coincidissem com ressonâncias dos satélites (conhecidos) mais internos do planeta, mas de forma geral isso não acontece. Acabou se verificando que a Divisão de Cassini não está vazia; há pelo menos quatro finos anéis dentro dela.

Rich Terrile, um dos cientistas que trabalham com as imagens, notou algo totalmente inesperado: sombras escuras como os raios difusos de uma roda, que giram. Ninguém tinha visto antes qualquer coisa nos anéis que não tivesse simetria circular. Uma análise cuidadosa dos raios dos anéis revelou outro quebra-cabeça: um anel não é exatamente circular.

A *Voyager 2*, que fora lançada antes da *Voyager 1* mas viajava muito mais devagar para poder prosseguir até Urano e Netuno, confirmou essa visão ao passar por Saturno nove meses depois. Com a enxurrada de mais e mais informações chegando, surgiram novos enigmas. Há anéis que pareciam ter tranças, outros com estranhas dobras ou incompletos, formados por vários arcos separados, com vazios entre eles. Foram localizadas dentro dos anéis luas de Saturno desconhecidas. Antes dos encontros das *Voyager*, astrônomos na Terra haviam detectado nove das luas de Saturno. Logo esse número subiu para mais de trinta. Hoje são 62, mais uma centena ou mais de minúsculos corpos nos anéis. Desses satélites, 53 têm agora

Imagens, da esquerda para a direita, dos anéis D, C, B, A e F
de Saturno, tiradas em 2007 pela sonda orbital *Cassini*.

nomes oficiais. A sonda *Cassini*, em órbita de Saturno, forneceu um fluxo de dados sobre o planeta, seus anéis e suas luas.*

As luas explicam algumas das características dos anéis. A principal influência gravitacional sobre as partículas dos anéis é do próprio Saturno. A seguir, por ordem de importância, estão forças gravitacionais exercidas pelas várias luas, especialmente as mais próximas. Assim, embora as características dos anéis não pareçam estar associadas a ressonâncias com os *principais* satélites, poderíamos esperar que estivessem associadas a satélites menores, porém mais próximos. Essa previsão matemática é espetacularmente sustentada na estrutura fina da região mais externa do anel A. Praticamente cada característica ocorre a uma distância cor-

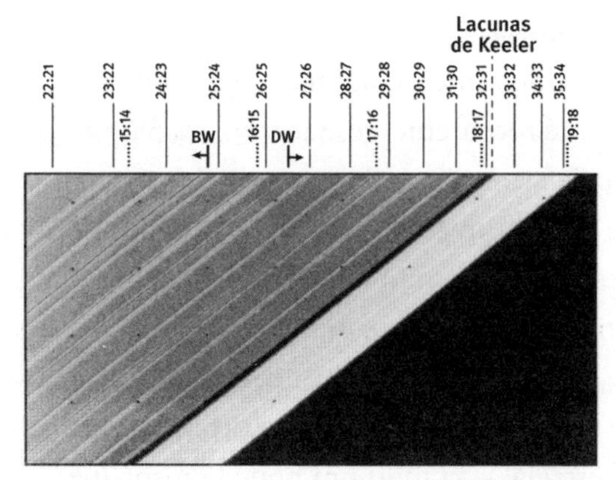


Parte externa do anel A, mostrando características
associadas a ressonâncias com Pandora (linhas pontilhadas)
e Prometeu (linhas cheias). A grade de pontos é imposta
pelo processo de captação e construção das imagens.

* A *Cassini* entrou em órbita de Saturno em 2004 e continuou a operação até 2017. (N.R.T.)

respondente a uma ressonância com as luas Pandora e Prometeu, que se encontram uma de cada lado do anel F, nas proximidades – uma relação à qual voltaremos em breve. As ressonâncias relevantes, por razões matemáticas, envolvem dois inteiros consecutivos – por exemplo, 28:27.

O diagrama mostra a borda externa do anel A, e as linhas brancas inclinadas são regiões onde a densidade de partículas é maior que a média. As linhas verticais etiquetam essas órbitas com as correspondentes ressonâncias: linhas pontilhadas para Pandora, cheias para Prometeu. Essencialmente todas as linhas que se destacam correspondem a órbitas ressonantes. Também mostrados na figura estão os locais de uma onda espiral de flexão (BW, na sigla em inglês) e uma onda de densidade espiral (DW, na sigla em inglês), que correspondem a uma ressonância 8:5 com outra lua, Mimas.

O ANEL F é muito estreito, o que é intrigante porque anéis estreitos, se deixados por si sós, são instáveis e lentamente se alargarão. A explicação corrente envolve Pandora e Prometeu, mas algumas das características ainda são insatisfatórias.

Essa questão inicialmente apareceu em conexão com um diferente planeta, Urano. Até recentemente, Saturno era o único planeta no sistema solar (ou, sob esse aspecto, qualquer outro lugar) conhecido por possuir um sistema de anéis. Em 1977, porém, James Elliot, Edward Dunham e Jessica Mink estavam fazendo observações com o Observatório Aéreo Kuiper, um avião de transporte equipado com telescópio e outros equipamentos. Sua intenção era descobrir mais sobre a atmosfera de Urano.

Conforme um planeta percorre sua órbita, ocasionalmente passa na frente de uma estrela, cortando um pouco da sua luz, um evento conhecido como ocultação. Após medir a emissão aparente de luz da estrela à medida que vai se reduzindo e voltando a aumentar, os astrônomos podem obter informações sobre a atmosfera do planeta estudando a curva de luz – como a quantidade de luz (de vários comprimentos de onda) varia. Em 1977 haveria uma ocultação da estrela SAO 158687 por Urano, e era então que Elliot, Dunham e Mink estavam planejando observar. A técnica fornece informação não só sobre a atmosfera, mas sobre qualquer coisa que orbite o planeta – se ele obscurecer a estrela. A curva de luz mostrou uma série de cinco pequenos *blips* antes do evento principal, quando a luz da estrela começou a ficar mais fraca, e uma série correspondente de *blips* depois de Urano ter passado pela estrela. Um *blip* desses poderia ser causado por uma pequena lua, mas ela teria de estar exatamente no lugar certo e na hora certa – duas vezes. Um anel, por outro lado, passaria continuamente pela estrela, então não haveria necessidade de nenhuma coincidência para afetar a curva de luz. Portanto, a interpretação mais razoável dos dados era: Urano teria cinco anéis, muito finos, muito tênues.

Quando as *Voyager* encontraram Urano, confirmaram essa teoria observando diretamente os anéis de Urano. (Treze anéis são conhecidos agora.) Elas revelaram também que os anéis não têm mais que dez quilômetros de largura. Isso parece notavelmente estreito, pois, como já foi observado, um anel estreito deveria ser instável, alargando-se lentamente com o passar do tempo. Entendendo o mecanismo que levou a esse alargamento, podemos estimar a duração provável de um anel estreito. Descobriu-se que os anéis de Urano não deveriam durar mais que 2.500 anos. Os anéis poderiam ter se formado há menos de 2.500 anos, mas parece improvável que tantos deles tivessem surgido num intervalo tão pouco espaçado no tempo. A alternativa é que algum outro fator estabilize os anéis e os impeça de se alargar. Em 1979 Peter Goldreich e Scott Tremaine[1] propuseram um notável mecanismo para conseguir exatamente isso: as luas pastoras.

Imagine que o anel estreito em questão esteja por acaso exatamente dentro da órbita de uma pequena lua. Pela terceira lei de Kepler, a lua gira em torno do planeta ligeiramente mais devagar do que a borda externa do anel. Cálculos mostram que isso faz com que a órbita elíptica de uma partícula do anel se torne levemente menos excêntrica – mais gorda –, de modo que sua distância máxima em relação ao planeta diminua ligeiramente. Parece que a lua está repelindo o anel, mas na realidade o efeito é o resultado de forças gravitacionais que reduzem a velocidade das partículas do anel.

Tudo muito bem, mas essa lua também perturba o resto do anel, especialmente a borda interna. Solução: acrescente outra lua, orbitando exatamente dentro do anel. Esta tem um efeito similar na borda interna, mas agora a lua gira mais rápido que o anel, então tende a acelerar as partículas do anel. Portanto, estas se afastam do planeta, e mais uma vez parece que a lua está repelindo o anel.

Se um anel fino está ensanduichado entre duas pequenas luas, esses efeitos se combinam para mantê-lo espremido entre suas órbitas. Isso cancela qualquer outra tendência que, de outra maneira, levaria o anel a se alargar. Tais luas são conhecidas como luas pastoras porque mantêm o anel na sua trilha, muito como um pastor controla seu rebanho. Uma análise detalhada mostra que a porção do anel que segue atrás da lua interna e à frente da lua externa formará ondulações, mas estas acabam morrendo como consequência das colisões entre as partículas do anel.

Quando a *Voyager 2* chegou a Urano, uma de suas imagens mostrava que o anel ε de Urano se assenta perfeitamente entre as órbitas de duas luas, Ofélia e Cordélia. (Os anéis de Urano recebem letras minúsculas gregas como nome, e ε é a letra épsilon.) A teoria de Goldreich e Tremaine estava comprovada. Ressonâncias também estão envolvidas. A borda externa do anel ε de Urano corresponde a uma ressonância 14:13 com Ofélia e a borda interna corresponde a uma ressonância 24:25 com Cordélia.

O anel F de Saturno está similarmente situado entre as órbitas de Pandora e Prometeu, e acredita-se que esse é um segundo exemplo de luas pastoras. No entanto, há complicações, porque o anel F é surpreendentemente dinâmico. As imagens da *Voyager 1* de novembro de 1980 mostram o anel F com amontoados, dobras e um segmento aparentemente trançado. Quando a *Voyager 2* passou em agosto de 1981 mal se podia perceber qualquer uma dessas características, apenas uma seção com formato de trança. Agora se acredita que as outras características desapareceram entre os dois encontros, implicando que mudanças na forma do anel F podem ocorrer em poucos meses.

A sugestão é que esses efeitos dinâmicos transitórios também são causados por Pandora e Prometeu. Ondas geradas pela proximidade das luas não desaparecem, então vestígios delas continuam existindo da vez seguinte que a lua passar. Isso torna a dinâmica do anel mais complexa, e também significa que a elegante explicação de um anel estreito mantido no lugar por luas pastoras é simplista demais. Além disso, a órbita de Prometeu é caótica por causa de uma ressonância 121:118 com Pandora, mas só Prometeu contribui para o confinamento do anel F. Assim, embora a teoria da lua pastora ofereça alguma compreensão para a estreiteza do anel F, essa não é a história toda.

Como evidência adicional, as bordas interna e externa do anel F não correspondem a ressonâncias. Na verdade, as ressonâncias mais fortes perto do anel F estão associadas a duas outras luas completamente diferentes, Jano e Epimeteu. Estas luas têm seu comportamento bizarro próprio: são coorbitais. Ao pé da letra, esse termo deveria significar "compartilham a mesma órbita", e num certo sentido isso acontece. A maior parte do tempo, uma delas tem uma órbita alguns quilômetros maior que a outra. Como a mais interna se move mais rápido, ela colidiria com a lua externa se se prendessem a suas órbitas elípticas. Em vez disso, elas interagem, e *trocam de lugar* uma com a outra a cada quatro anos. É por essa razão que eu disse "a mais interna" e a "externa". Depende apenas da data.

Esse tipo de troca de lugar difere totalmente das elipses bem-arrumadas que Kepler visualizou. Isso acontece porque elipses são as órbitas naturais para a dinâmica de *dois corpos*. Quando um terceiro corpo entra na jogada, as órbitas assumem formas novas. Aqui, o efeito de um terceiro corpo é em sua maior parte pequeno o suficiente para ser ignorado, de modo que cada lua segue basicamente uma elipse, como se a outra não existisse. Porém, quando elas se aproximam, essa abordagem fracassa. Elas interagem, e nesse caso giram uma ao redor da outra, de maneira que cada lua se move para a órbita anterior da outra. Num certo sentido a verdadeira órbita de cada lua pode ser descrita como uma elipse alternando-se com a outra, com breves trajetos de transição entre ambas. As duas luas percorrem essa órbita, baseada nas mesmas duas elipses. Elas simplesmente fazem a transição em sentidos opostos ao mesmo tempo.

Os anéis de Saturno são conhecidos desde os tempos de Galileu, mesmo que ele não tivesse certeza do que eram. Os anéis de Urano chamaram a atenção humana em 1977. Sabemos agora que Júpiter e Netuno também têm sistemas de anéis muito fracos. A lua Reia, de Saturno, talvez tenha seu próprio sistema de anéis muito tênue.

Mais ainda, Douglas Hamilton e Michael Skrutskie descobriram em 2009 que Saturno tem um anel absolutamente gigantesco, porém muito tênue, muito maior que aqueles que Galileu e as *Voyager* viram. Ele não foi percebido antes, em parte, porque é visível apenas sob luz infravermelha. Sua borda interna está a cerca de 6 milhões de quilômetros do planeta, e a borda externa está 18 milhões de quilômetros distante. A lua Febe orbita em seu interior, e pode muito bem ser responsável por ele. O anel é muito tênue, feito de gelo e poeira, e poderá ajudar a resolver um antigo mistério: o lado escuro de Jápeto. Metade da lua Jápeto é mais clara que a outra, uma observação que tem intrigado os astrônomos desde cerca de 1700, quando Cassini a notou pela primeira vez. A sugestão é que Jápeto está sugando material escuro do anel gigante.

Em 2015 Matthew Kenworthy e Eric Mamajek anunciaram[2] que um exoplaneta distante, em órbita da estrela J 1407, tem um sistema de anéis que reduz o de Saturno a pálida insignificância, mesmo levando em conta o mais recente. A descoberta, como a dos anéis de Urano, baseia-se em flutuações observadas numa curva de luz – o principal método para localizar exoplanetas (ver capítulo 13). Quando o planeta cruza a frente da estrela (transita), a luz desta diminui. Neste caso, ela se reduziu repetidamente durante um período de dois meses, mas cada episódio de redução luminosa era bastante rápido. A inferência é que algum exoplaneta com numerosos anéis devia estar passando pela trajetória da luz da estrela até a Terra. O melhor modelo tem 37 anéis e estende-se por um raio de 0,6 UA (90 milhões de quilômetros). O exoplaneta em si não foi detectado, mas acredita-se que tenha uma massa de aproximadamente dez a quarenta vezes a massa de Júpiter. Uma lacuna clara no sistema de anéis é prontamente explicada pela presença de uma exolua, cujo tamanho também pode ser estimado.

Em 2014 outro sistema de anéis foi descoberto no sistema solar num lugar improvável: em volta de (10199) Chariklo, um tipo de corpo pequeno conhecido como centauro.[3] Sua órbita está entre Saturno e Urano, e é o maior centauro conhecido. Seus anéis se manifestaram como duas leves reduções de brilho numa série de observações nas quais Chariklo obscurecia (jargão: ocultava) várias estrelas. As posições relativas dessas reduções de brilho estão próximas da mesma elipse, com Chariklo perto do centro, sugerindo dois anéis próximos em órbitas bem circulares, cujo plano está sendo visto em ângulo. Um tem raio de 391 quilômetros e cerca de sete quilômetros de extensão; então há uma lacuna de nove quilômetros até o segundo, no raio de 405 quilômetros.

Como os sistemas de anéis ocorrem repetidamente, não podem existir apenas por acidente. Então, como eles se formam? Há três teorias principais. Poderiam ter surgido quando o disco de gás original coalesceu para criar o planeta; poderiam ser relíquias de uma lua que foi fragmentada por uma colisão; poderiam ser restos de uma lua que chegou mais perto que o limite de Roche, no qual forças de maré excedem a resistência das rochas, e se fragmentou.

Captar um sistema de anéis durante a formação é improvável, embora a descoberta de Kenworthy e Mamajek mostre que é possível, mas o melhor que pode nos dar é uma foto instantânea. Observar o processo inteiro levaria centenas de existências. O que podemos fazer, porém, é analisar cenários matemáticos hipotéticos, fazer previsões e compará-las com observações. É como caçar fósseis nos céus. Cada "fóssil" fornece evidência do que aconteceu no passado, mas você precisa de uma hipótese para interpretar a evidência, e de simulações ou inferências matemáticas ou, melhor ainda, de teoremas para entender as consequências daquela hipótese.

# 7. Estrelas de Cosme

Como cabe a mim, o primeiro descobridor, dar nome a esses novos planetas, desejo, em imitação dos grandes sábios que colocaram os mais excelentes heróis daquela era entre as estrelas, inscrevê-los com o nome do sereníssimo grão-duque [Cosme II de Medici, grão-duque da Toscana].

GALILEU GALILEI, *Sidereus nuncius*

QUANDO GALILEU OBSERVOU Júpiter pela primeira vez através do seu novo telescópio, notou quatro minúsculos pontos de luz em volta do planeta; então, Júpiter tinha luas próprias. Tratava-se de uma evidência direta de que a teoria geocêntrica devia estar errada. Galileu esboçou suas posições num caderno. Observações mais detalhadas podem ser adicionadas, de modo a fazer um gráfico das trajetórias ao longo das quais os pontos parecem se mover. Quando fazemos isso, obtemos belíssimas curvas senoidais. A maneira natural de gerar uma curva senoidal é observar lateralmente um movimento circular uniforme. Então Galileu inferiu que as estrelas de Cosme giram em torno de Júpiter em círculos, no plano da eclíptica.

Telescópios aperfeiçoados revelaram que a maioria dos planetas do sistema solar têm luas. Mercúrio e Vênus são as únicas exceções. Nós temos uma, Marte duas, Júpiter pelo menos 67, Saturno pelo menos 62 mais centenas de pequenos corpos, Urano 27 e Netuno catorze. Plutão tem cinco. Os satélites variam de pequenas rochas irregulares até elipsoides quase esféricos suficientemente grandes para ser pequenos planetas. Suas superfícies podem ser principalmente de rocha, gelo, enxofre ou metano congelado.

Fobos e Deimos, as minúsculas luas de Marte, correm através do céu marciano, e Fobos está tão perto que sua órbita vem se aproximando do planeta, enquanto a de Deimos está se alargando. Ambos os corpos são irregulares, e provavelmente são asteroides capturados – ou, possivelmente, um asteroide capturado em forma de pato, como o cometa 67P, que se descobriu ser dois corpos que se juntaram delicadamente e ficaram grudados. Se assim for, aquele que Marte capturou desgrudou-se novamente por causa da gravidade do planeta; Fobos é um pedaço e Deimos outro.

Alguns satélites parecem totalmente mortos; outros estão ativos. A lua Encélado, de Saturno, produz imponentes gêiseres de gelo com quinhentos quilômetros de altura. A lua Io, de Júpiter, tem uma superfície sulfurosa e pelo menos dois vulcões ativos, Loki e Pele, que despejam compostos de enxofre. Deve haver enormes reservatórios subterrâneos de enxofre líquido, e a energia para aquecê-los provavelmente provém da compressão gravitacional provocada por Júpiter. A lua Titã, de Saturno, tem uma atmosfera de metano, muito mais densa do que deveria ser. A lua Tritão, de Netuno, circula ao redor do planeta no sentido errado, indicando que foi capturada. Ela está espiralando lentamente para dentro, e daqui a 3,6 bilhões de anos irá se romper ao atingir o limite de Roche,

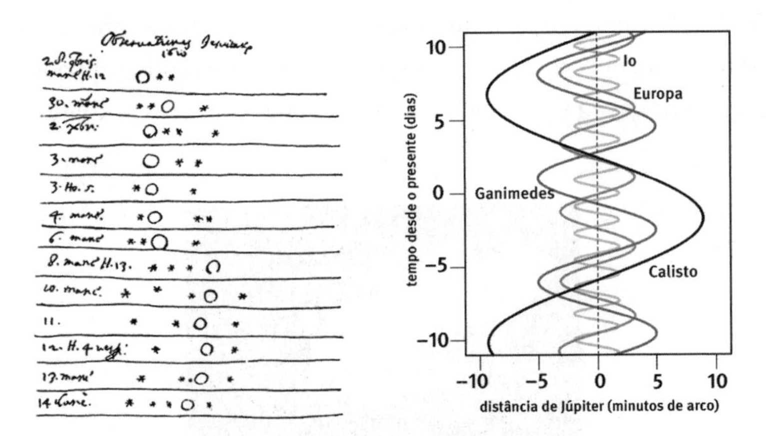


*Esquerda:* Registros de Galileu das luas. *Direita:* Posições das luas de Júpiter conforme vistas da Terra, formando curvas senoidais.

a distância dentro da qual as luas se rompem em pedaços sob a tensão gravitacional.

As luas dos planetas maiores muitas vezes exibem ressonâncias. Por exemplo, Europa tem o dobro do período de Io, e Ganimedes o dobro do período de Europa, portanto quatro vezes o de Io. Ressonâncias provêm da dinâmica dos corpos, obedecendo à lei da gravidade de Newton. Em planetas com sistemas de anéis há uma lenta acreção de luas nas bordas dos anéis, que depois "as cospem" uma por uma, como água pingando de uma torneira. Existem regularidades matemáticas nesse processo.

Várias linhas de evidência, algumas matemáticas, indicam que diversas luas geladas têm oceanos subterrâneos, derretidos por forças de maré. Pelo menos uma contém mais água que todos os oceanos da Terra combinados. A presença de água líquida as torna hábitats em potencial para formas de vida simples semelhantes às da Terra – ver capítulo 13. E a química incomum de Titã poderia torná-la um hábitat potencial para formas de vida distintas das da Terra.

Pelo menos um asteroide tem uma minúscula lua própria: Ida, em torno do qual orbita a diminuta Dactyl. As luas são fascinantes, um parque de diversões para modelagem gravitacional e especulação científica de todos os tipos. E tudo remonta a Galileu e às estrelas de Cosme.

Em 1612, quando já havia determinado os períodos orbitais das estrelas de Cosme, Galileu sugeriu que tabelas suficientemente precisas de seu movimento forneceriam um relógio no céu, resolvendo o problema da longitude em navegação. Naquela época os navegadores podiam estimar

Asteroide Ida (esquerda) e sua lua Dactyl (direita).

sua latitude observando o Sol (embora instrumentos acurados como o sextante estivessem distantes no futuro), mas a longitude se baseava em puro palpite – adivinhação informada. A principal questão prática era fazer observações do convés de um navio enquanto singrava as ondas, e Galileu trabalhou em dois dispositivos para estabilizar um telescópio. O método era usado em terra, mas não no mar. John Harrison ficou famoso por solucionar o problema da longitude com sua série de cronômetros muito precisos, acabando por receber um prêmio em dinheiro em 1773.

As luas de Júpiter presentearam os astrônomos com um laboratório celeste, permitindo-lhes observar sistemas de vários corpos. Eles tabularam seus movimentos e tentaram explicá-los e prevê-los teoricamente. Uma forma de obter medições precisas é observar o trânsito de uma lua ao longo da face do planeta, porque o início e o fim de um trânsito são eventos bem-definidos. Eclipses, em que a lua passa atrás do planeta, são igualmente bem-definidos. Giovanni Hodierna afirmou isso em 1656, e uma década depois Cassini começou uma longa série de observações sistemáticas, observando outras coincidências, como as conjunções, em que duas das luas parecem estar alinhadas. Para sua surpresa, os tempos de trânsito não pareciam consistentes com as luas se movendo em órbitas regulares, repetitivas.

O astrônomo dinamarquês Ole Rømer aceitou a sugestão de Galileu sobre a longitude, e em 1671 ele e Jean Picard observaram 140 eclipses de Io em Uraniborg, perto de Copenhague, enquanto Cassini fazia o mesmo a partir de Paris. Comparando os tempos, calcularam a diferença entre as longitudes daqueles dois locais. Cassini já havia notado algumas peculiaridades nas observações e se perguntou se resultariam do fato de a luz ter uma velocidade finita. Rømer combinou todas as observações e descobriu que o tempo entre eclipses sucessivos ficava mais curto quando a Terra estava mais perto de Júpiter, e mais longo quando estava mais distante. Em 1676 ele informou à Academia de Ciências o motivo: "A luz parece levar cerca de dez a onze minutos [para atravessar] uma distância igual ao raio da órbita terrestre." Esse número se baseava numa geometria cuidadosa, mas as observações eram inacuradas; o valor moderno é de oito minutos e doze segundos. Rømer nunca publicou seus resultados num artigo científico formal, mas a palestra foi resumida – muito mal – por um espectador desconhecido. Os cientistas não aceitavam que a luz tivesse uma velocidade finita até 1727.

Apesar das irregularidades, Cassini nunca observou uma conjunção tripla das luas internas, Io, Europa e Ganimedes – todas três simultaneamente alinhadas –, então alguma coisa devia impedir que isso acontecesse. Seus períodos orbitais estão aproximadamente na razão 1:2:4, e em 1743 Pehr Wargentin, diretor do Observatório de Estocolmo, mostrou que essa relação se torna impressionantemente acurada se for reinterpretada corretamente. Medindo suas posições em ângulos correspondentes a um raio fixo, ele descobriu uma relação notável:

ângulo para Io – 3 × ângulo para Europa + 2 × ângulo para Ganimedes = 180°

De acordo com suas observações, essa equação se sustenta quase exatamente durante longos intervalos de tempo, *apesar* das irregularidades nas órbitas das três luas. Uma conjunção tripla requer que os três ângulos sejam iguais, mas, se forem, o lado esquerdo da equação fica igual a zero grau, e não a 180 graus. Então uma conjunção tripla é impossível enquanto a relação se mantiver verdadeira. Wargentin afirmou que tal conjunção não aconteceria por pelo menos 1,3 milhão de anos.

A equação implica também um padrão específico para conjunções dessas luas, que ocorrem num ciclo repetido:

Europa com Ganimedes
Io com Ganimedes
Io com Europa
Io com Ganimedes
Io com Europa
Io com Ganimedes

Laplace concluiu que a fórmula de Wargentin não podia ser coincidência, então deveria haver alguma razão dinâmica. Em 1784 ele deduziu a fórmula, a partir da lei da gravitação de Newton. Seus cálculos implicam

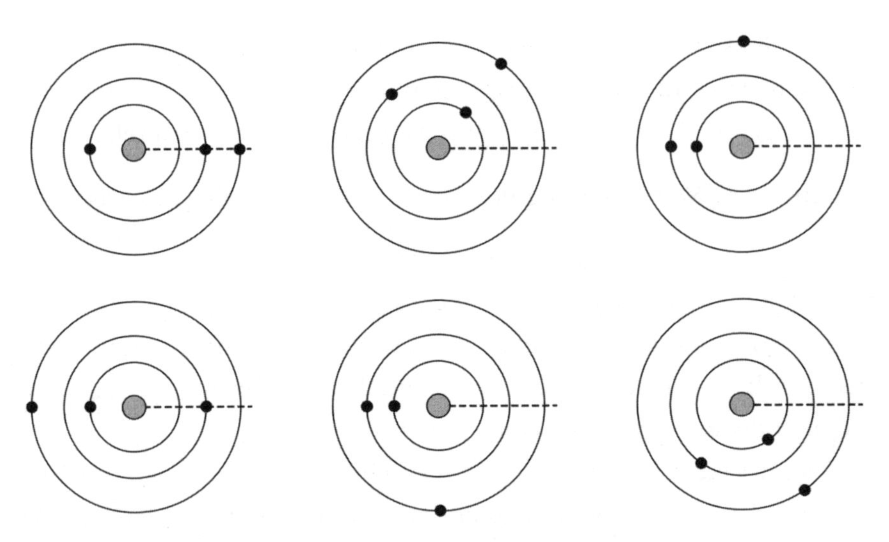

Conjunções sucessivas das três luas internas de Júpiter:
Io, Europa e Ganimedes (de dentro para fora).

que durante longos períodos a combinação de ângulos em questão não permanece exatamente igual a 180 graus. Em vez disso, ela sofre libração – oscila lentamente para um dos lados desse valor – de menos de um grau. Esse é um valor suficientemente pequeno para impedir uma conjunção tripla. Laplace previu que o período dessa oscilação seria de 2.270 dias. O número hoje observado é de 2.071 dias; nada mau. Em sua homenagem a relação entre os três ângulos é chamada de ressonância de Laplace. Seu sucesso foi uma confirmação significativa da lei de Newton.

Sabemos agora por que os tempos de trânsito são irregulares. A gravidade de Júpiter faz com que as órbitas aproximadamente elípticas de suas luas sofram precessão (como a órbita de Mercúrio em volta do Sol), de modo que a posição do perijove – o ponto mais próximo de Júpiter – muda com bastante rapidez. Na fórmula de ressonância de Laplace essas precessões se cancelam, mas têm um forte efeito em trânsitos individuais.

Qualquer relação semelhante também é chamada de ressonância de Laplace. A estrela Gliese 876 tem um sistema de exoplanetas, o primeiro dos quais foi encontrado em 1998. Agora são conhecidos quatro, e três deles – Gliese 876c, Gliese 876b e Gliese 876e – têm períodos orbitais de 30,008, 61,116 e 124,26 dias, suspeitosamente perto das razões 1:2:4. Em 2010, Eugenio Rivera e colegas[1] mostraram que nesse caso a relação é:

$$\text{ângulo para 876c} - 3 \times \text{ângulo para 876b} + 2 \times \text{ângulo para 876e} = 0°$$

mas a soma sofre libração em torno de 0°, chegando até 40°, uma oscilação bem maior. Agora conjunções triplas são possíveis, e quase conjunções triplas ocorrem uma vez a cada revolução do planeta mais externo. Simulações indicam que a oscilação em torno de 0° deveria ser caótica, com um período aproximado de cerca de dez anos.

Três das luas de Plutão – Nix, Estige e Hidra – exibem uma ressonância do tipo Laplace, mas com razões de períodos médias de 18:22:33 e razões orbitais médias de 11:9:6. A equação agora é:

$$3 \times \text{ângulo para Estige} - 5 \times \text{ângulo para Nix} + 2 \times \text{ângulo para Hidra} = 180°$$

Conjunções triplas são impossíveis, pelo mesmo raciocínio que para as luas de Júpiter. Há cinco conjunções Estige/Hidra e três conjunções Nix/Hidra para cada duas conjunções Estige/Nix.

Europa, Ganimedes e Calisto têm superfícies geladas. Várias linhas de evidência indicam que todas as três luas têm oceanos de água líquida sob o gelo. Europa foi a primeira lua que se suspeitou que abrigasse tal oceano. Alguma fonte de calor é necessária para derreter o gelo. Forças de maré de Júpiter comprimem Europa repetidamente, mas ressonâncias com Io e Ganimedes a impedem de escapar mudando de órbita. A compressão aquece o núcleo da lua, e cálculos sugerem que a quantidade de calor é suficiente para derreter grande parte do gelo. Como a superfície é de gelo sólido, a água líquida deve estar mais no fundo, provavelmente formando uma espessa casca esférica.

Como apoio adicional, a superfície é extensivamente rachada, com poucos sinais de crateras. A explicação mais provável é que o gelo forma uma grossa camada flutuante sobre o oceano. O intenso campo magnético de Júpiter induz um campo mais fraco em Europa; quando a sonda orbital *Galileo* mediu o campo magnético dessa lua, a análise matemática sugeriu que devia haver uma massa substancial de material condutor sob o gelo. A substância mais plausível, considerando os dados, é água salgada.

A superfície de Europa tem diversos trechos de "terreno caótico" – chamados por essa razão de "chaos" –, onde o gelo é muito irregular e misturado. Um deles é o Conamara Chaos, que parece ser formado por inúmeras plataformas de gelo que se quebraram e se moveram. Outros são Arran, Murias, Narbeth e Rathmore Chaos. Formações semelhantes ocorrem na Terra em plataformas de gelo que flutuam no mar, quando ocorre descongelamento. Em 2011 uma equipe liderada por Britney Schmidt explicou que terrenos caóticos se formam quando películas de gelo acima de lagos lenticulares de água líquida formados dentro do gelo colapsam. Esses lagos estão mais perto da superfície do que o oceano em si, talvez três quilômetros apenas sob a superfície.[2] Uma depressão desse tipo, chamada Thera Macula, tem um lago subterrâneo com tanta água quanto os Grandes Lagos da América do Norte.

Os lagos lenticulares de Europa estão mais próximos da superfície do que o principal oceano. As melhores estimativas neste momento são de que, à parte esses lagos, a superfície externa do gelo tenha cerca de dez a trinta quilômetros de espessura, e o oceano cem quilômetros de profundidade. Se assim for, o oceano de Europa tem o dobro do volume de todos os oceanos da Terra combinados.

Com base em evidência similar, Ganimedes e Calisto também têm oceanos sob a superfície. A camada de gelo externa de Ganimedes é mais grossa, com cerca de 150 quilômetros, e o oceano por baixo também tem cerca de cem quilômetros de profundidade. O oceano de Calisto provavelmente se encontra à mesma distância sob o gelo, com um oceano com profundidade de cinquenta a duzentos quilômetros. Todos esses números são especulativos, e diferenças químicas, tais como a presença de amônia, fariam com que fossem significativamente alterados.

Encélado, uma lua de Saturno, é muito fria, com uma temperatura média de superfície de 75 kelvin (cerca de *menos* duzentos graus célsius). Seria de esperar que não mostrasse muita atividade, e essa era a expec-

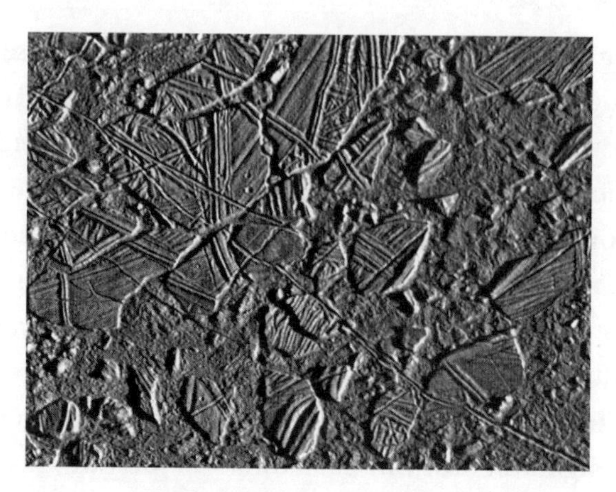

Conamara Chaos, em Europa.

tativa dos astrônomos, até que a sonda *Cassini* descobriu que Encélado emite enormes gêiseres de partículas de gelo, vapor de água e cloreto de sódio, com centenas de quilômetros de altura. Parte desse material escapa totalmente, e acredita-se que seja a fonte do anel E de Saturno, que contém 6% de cloreto de sódio. O restante cai de volta na superfície. A explicação mais plausível, um oceano subterrâneo salgado, foi confirmada em 2015 por uma análise matemática de dados colhidos durante sete anos sobre as pequeníssimas oscilações na orientação da lua (jargão: libração), medidas observando-se posições acuradas de suas crateras.[3] A lua oscila num ângulo de 0,12 grau. É um valor grande demais para ser consistente com uma conexão rígida entre o núcleo de Encélado e sua superfície gelada, e indica um oceano global em vez de um mar polar mais limitado. O gelo por cima tem provavelmente trinta a quarenta quilômetros de espessura, e o oceano dez quilômetros de profundidade – mais do que a média dos oceanos terrestres.

Sete das luas de Saturno orbitam um tantinho além da borda do principal anel externo do planeta, o anel A. São muito pequenas e sua densidade é extremamente baixa, sugerindo que tenham vazios internos. Várias têm formato de discos voadores, e algumas apresentam a superfície cheia de suaves remendos. São elas Pã, Dafne, Atlas, Prometeu, Pandora, Jano e Epimeteu.

Em 2010 Sébastian Charnoz, Julien Salmon e Aurélien Crida[4] analisaram como o anel poderia evoluir, junto com hipotéticos "corpos de teste" em sua borda, e concluíram que essas luas são cuspidas pelos anéis quando o material passa fora do limite de Roche. O limite de Roche é geralmente definido como a distância dentro da qual as luas se fragmentam sob tensão gravitacional, mas, inversamente, também é a distância fora da qual anéis se tornam instáveis, a menos que estabilizados por outros mecanismos, tais como luas pastoras. O limite de Roche de Saturno (140.000 ± 2.000 quilômetros) está um pouquinho além da borda externa do anel A (136.775 quilômetros). Pã e Dafne estão um tantinho para dentro do limite de Roche, os outros cinco um pouquinho fora.

Os astrônomos por muito tempo suspeitaram que devia haver uma conexão entre os anéis e essas luas, pelo fato de suas distâncias radiais serem tão próximas. O anel A tem uma fronteira muito definida, criada por uma ressonância 7:6 com Jano, o que impede que a maior parte do material do anel vá mais para fora. Essa ressonância é temporária; os anéis "empurram" Jano mais para fora enquanto eles próprios inicialmente se movem um pouco para dentro para conservar momento angular. Com Jano continuando a se mover para fora, os anéis podem voltar a se espalhar para fora, ultrapassando o limite de Roche.

O estudo de 2010 sustenta essa visão, mostrando que algum material do anel pode ser temporariamente empurrado para fora do limite de Roche por espalhamento viscoso – mais ou menos como uma porção de xarope sobre a mesa da cozinha lentamente se espalha e vai se tornando mais fina. O método combina um modelo analítico de corpos de teste com um modelo numérico de dinâmica dos fluidos dos anéis. O espalhamento viscoso contínuo faz com que o anel cuspa uma sucessão de pequeninas luas, cujas órbitas se assemelham bem de perto à realidade. Cálculos indicam que essas pequenas luas são agregados de partículas de gelo dos anéis, ligadas frouxamente entre si pela sua própria gravidade, explicando sua baixa densidade e formas curiosas.

Os resultados também lançam luz sobre uma antiga questão: a idade dos anéis. Uma teoria é que os anéis se formaram a partir do colapso da nebulosa solar, praticamente na mesma época em que Saturno surgiu. No entanto, uma lua pequena como Jano não deve levar mais que 100 milhões de anos para vagar para fora, do anel A para sua órbita atual, sugerindo uma teoria alternativa: ambos, anéis e luas, surgiram juntos quando uma lua maior passou dentro do limite de Roche e se fragmentou, cerca de dezenas de milhões de anos atrás. As simulações reduzem esse período a entre 1 e 10 milhões de anos; os autores dizem: "Os anéis de Saturno, como um minidisco protoplanetário, podem ser o último lugar onde houve recentemente acreção ativa no sistema solar, cerca de $10^6$ a $10^7$ anos atrás."

# 8. Viajando num cometa

> Pode-se dizer com perfeita verdade que um pescador parado na superfície do Sol, segurando uma vara suficientemente longa, não poderia jogar sua linha em nenhuma direção sem fisgar uma porção de cometas.
>
> JULES VERNE, *Heitor Servadac**

"QUANDO MENDIGOS MORREM, não se veem cometas; mas os próprios céus se incumbem de iluminar a morte de príncipes." Assim fala Calpúrnia no ato 2, cena II de *Júlio César* de Shakespeare, profetizando a morte de César. Das cinco referências a cometas em Shakespeare, três refletem a antiga crença de que cometas são arautos de desastre.

Esses objetos estranhos e intrigantes aparecem inesperadamente no céu noturno carregando uma brilhante cauda curva, movem-se lentamente contra o fundo de estrelas e desaparecem outra vez. São intrusos não anunciados que não parecem se encaixar nos padrões normais dos eventos celestes. É bastante razoável então que, em tempos nos quais ninguém os compreendia melhor, e quando padres e xamãs estavam sempre buscando ampliar sua influência, eles fossem interpretados como mensagens de mau agouro. Havia bastantes desastres naturais em volta para que, se você quisesse acreditar nisso, não fosse difícil achar alguma confirmação convincente. O cometa McNaught, que apareceu em 2007,

---

* O título deste capítulo faz referência a *Heitor Servadac*, obra de Jules Verne que, em inglês, recebeu o título *Off on a Comet!* (Viajando num cometa!). (N.T.)

*O Grande Cometa de 1577 sobre Praga*. Gravura de Jiri Daschitzky.

foi o mais brilhante em quarenta anos. Claramente ele pressagiou a crise financeira de 2007-08. Está vendo? Qualquer um pode fazer isso.

Os padres alegavam saber para que existiam os cometas, mas nem eles nem os filósofos sabiam onde estavam localizados. Seriam corpos celestes, como as estrelas e os planetas? Ou eram fenômenos meteorológicos, como as nuvens? Eles *se pareciam* um pouco com as nuvens; eram difusos, e não definidos como estrelas e planetas. No entanto, moviam-se mais como planetas, com exceção do fato de que surgiam e desapareciam repentinamente. Por fim, o debate foi resolvido pela evidência científica. Quando o astrônomo Tycho Brahe usou medições de precisão para estimar a distância ao Grande Cometa de 1577, demonstrou que ele estava bem mais longe que a Lua. Como nuvens escondem a Lua, mas não o contrário, os cometas pertencem ao hábitat celeste.

EM 1705 EDMOND HALLEY havia ido mais longe, mostrando que pelo menos um cometa é visitante regular dos céus noturnos. Os cometas são como os planetas: orbitam o Sol. Parecem desaparecer quando estão longe demais para serem vistos, e reaparecem quando chegam de novo bem perto. Por que desenvolvem caudas e depois as perdem?

Halley não tinha certeza, mas isso estava relacionado a sua proximidade do Sol.

A sacação de Halley sobre os cometas foi uma das primeiras grandes descobertas em astronomia a ser deduzidas de padrões matemáticos identificados por Kepler e reinterpretados de forma mais genérica por Newton. Como os planetas se movem em elipses, Halley raciocinou, por que não também os cometas? Se assim for, seu movimento seria periódico, e o mesmo cometa retornaria repetidamente aos céus terrestres em intervalos de tempo igualmente espaçados. A lei da gravidade de Newton modificava um pouco essa afirmação: o movimento seria *quase* periódico; a atração gravitacional de outros planetas, sobretudo os gigantes Júpiter e Saturno, aceleraria ou retardaria o retorno do cometa.

Para testar essa teoria, Halley mergulhou em registros arcanos de cometas avistados. Antes de Galileu inventar o telescópio, só podiam ser observados cometas visíveis a olho nu. Alguns eram especialmente brilhantes, com uma cauda impressionante. Petrus Apianus viu um em 1531; Kepler localizara outro em 1607; um cometa semelhante tinha aparecido durante a vida de Halley, em 1682. Os intervalos entre essas datas são de 76 e 75 anos. Poderiam todas as três observações ser do *mesmo* corpo? Halley estava convencido de que sim, e previu que o cometa voltaria em 1758.

E acertou, simples assim. No Natal daquele ano o astrônomo amador alemão Johann Palitzsch viu um débil borrão no céu, que logo desenvolveu sua cauda característica. Àquela altura, três matemáticos franceses, Alexis Clairaut, Joseph Lalande e Nicole-Reine Lepaute, já haviam realizado cálculos acurados, em que consideravam perturbações de Júpiter e Saturno, corrigindo para 13 de abril a data prevista para a posição do cometa mais próxima do Sol. A data real foi um mês antes, o que significou afinal um atraso de 618 dias devido a essas perturbações.

Halley morreu antes que sua previsão pudesse ser verificada. O que chamamos agora de cometa Halley (batizado em sua honra em 1759) foi o primeiro corpo diferente de um planeta a demonstrar-se que orbita o Sol. Comparando registros antigos com computações modernas de sua órbita passada, o cometa Halley pode ser rastreado até 240 a.C., quando foi visto na China. Sua aparição seguinte, em 164 a.C., foi anotada numa tabuleta de argila babilônica. Os chineses o viram novamente em 87 a.C., 12 a.C., 66 d.C., 141 d.C... e assim por diante. A previsão de Halley do retorno do cometa foi uma das primeiras previsões astronômicas verdadeiramente originais a se basear numa teoria matemática da dinâmica celeste.

Cometas não são apenas uma obscura charada astronômica. Na introdução mencionei uma teoria de longo alcance que envolve cometas: durante as últimas décadas eles têm sido a explicação preferida para a maneira com que a Terra ganhou seus oceanos. Cometas são basicamente compostos de gelo; a cauda se forma quando o cometa chega perto o bastante do Sol para que o gelo se "sublime", isto é, passe diretamente do estado sólido para o vapor. Há evidência circunstancial convincente de que montes de cometas colidiram com a Terra no seu início, e nesse caso o gelo teria derretido e se juntado para formar oceanos. A água também teria sido incorporada na estrutura molecular das rochas da crosta, que efetivamente contêm um bocado de água.

A água da Terra é vital para as formas de vida do planeta, então compreender cometas tem o potencial de nos contar algo importante sobre nós mesmos. O poema de Alexander Pope "An Essay on Man" (Um ensaio sobre o homem), de 1734, inclui o memorável verso "o estudo apropriado da humanidade é o Homem". No entanto, sem entrar nas intenções espirituais e poéticas do poema, qualquer estudo da humanidade deveria envolver também o *contexto* para os seres humanos, não apenas os seres em si. Esse contexto é o Universo inteiro – então, não obstante o dito de Pope, o estudo apropriado da humanidade é *tudo*.

Hoje, os astrônomos têm 5.253 cometas catalogados. Há dois tipos principais: cometas de longo período, a partir de duzentos anos, cujas órbitas se estendem além dos limites externos do sistema solar; e cometas de curto período, que permanecem mais perto do Sol e frequentemente têm órbitas mais arredondadas, ainda que elípticas. O cometa Halley, com seu período de 75 anos, é um cometa de curto período. Alguns cometas têm órbitas hiperbólicas: já fomos apresentados à hipérbole, outra seção cônica familiar aos antigos geômetras gregos, no capítulo 1. Ao contrário da elipse, ela não é fechada. Corpos que seguem tal órbita vêm de uma grande distância, passam pelo Sol e, se conseguirem não colidir com o astro, regressam ao espaço distante, para nunca mais serem vistos.

Uma órbita de formato hiperbólico sugere que esses cometas caem na direção do Sol vindo do espaço interestelar, mas atualmente os astrônomos pensam que a maioria deles, talvez todos, originalmente seguiam órbitas fechadas muito distantes antes de ser perturbados por Júpiter. A distinção entre elipses e hipérboles envolve a energia do corpo. Abaixo de um valor crítico de energia, a órbita é uma elipse fechada. Acima desse valor, é uma hipérbole. Nesse valor, é uma parábola. Um cometa numa órbita elíptica muito grande, perturbado por Júpiter, ganha energia adicional, que pode ser suficiente para ultrapassar o valor crítico. Um encontro próximo com um planeta externo pode adicionar mais energia por meio do efeito estilingue: o cometa rouba um pouco da energia do planeta, mas o planeta é tão massivo que não nota. Dessa maneira, a órbita pode se tornar uma hipérbole.

Uma órbita parabólica é improvável porque se equilibra no valor crítico de energia. Mas, apenas por essa razão, uma parábola era frequentemente usada como primeiro passo para computar os elementos orbitais de um cometa. Uma parábola é parecida tanto com a elipse quanto com a hipérbole.

ISSO NOS TRAZ DE VOLTA ao cometa de período curto que ganhou as manchetes, chamado 67P/Churyumov-Gerasimenko em homenagem a seus descobridores, Klim Churyumov e Svetlana Gerasimenko. Ele orbita o Sol a cada seis anos e meio. A existência cometária até então banal do 67P, passeando ao redor do Sol e expelindo jatos quentes de vapor de água ao se aproximar demais, chamou a atenção dos astrônomos, e a sonda espacial *Rosetta* foi enviada para um encontro com ele. Quando a *Rosetta* chegou perto de seu objetivo, o 67P revelou-se um pato de borracha cósmico: dois pedaços redondos unidos por um estreito pescoço. De início ninguém tinha certeza da origem desse formato: se surgiu de dois corpos arredondados que foram se juntando muito lentamente ou de um único corpo que foi erodido na região do pescoço.

No fim de 2015 essa questão foi resolvida por uma engenhosa aplicação de matemática a imagens detalhadas do cometa. À primeira vista o terreno do 67P parece misturado e irregular, com depressões planas e penhascos protuberantes reunidos ao acaso, mas detalhes da sua superfície fornecem pistas de suas origens. Imagine pegar uma cebola, fatiar pedaços ao acaso e arrancar nacos dela. Fatias finas paralelas à superfície deixariam regiões planas, talhos mais profundos mostrariam uma pilha de camadas separadas. As depressões planas do cometa são como as fatias finas, e seus penhascos e outras regiões frequentemente mostram estratos de gelo em camadas. Séries de camadas podem ser vistas no alto e no centro à direita, na foto que aparece na segunda página do Prólogo, por exemplo, e são visíveis muitas regiões planas.

Os astrônomos pensam que, quando os cometas começaram a aparecer no início do sistema solar, cresceram por acreção, de modo que uma camada de gelo foi sendo gradualmente acrescentada sobre outra, resultando num aspecto muito parecido com o de uma cebola. Sendo assim, podemos perguntar se as formações geológicas visíveis nas imagens do 67P são consistentes com essa teoria e, se forem, poderemos usar a geologia para reconstruir a história do cometa.

Matteo Massironi e colegas realizaram essa tarefa em 2015.[1] Seus resultados fornecem forte sustentação para a teoria de que o formato de pato foi criado por uma suave colisão. A ideia básica é que a história do cometa pode ser deduzida da geometria de suas camadas de gelo. Batendo os olhos nas imagens, a teoria dos dois corpos parece um palpite melhor, mas a equipe de Massironi empreendeu uma cuidadosa análise usando geometria tridimensional, estatística e modelos matemáticos do campo gravitacional do cometa. Começando por uma representação matemática da forma observada da superfície do cometa, a equipe deduziu primeiro as posições e orientações de 103 planos, cada uma provendo o melhor encaixe para uma característica geológica associada às camadas observadas, tais

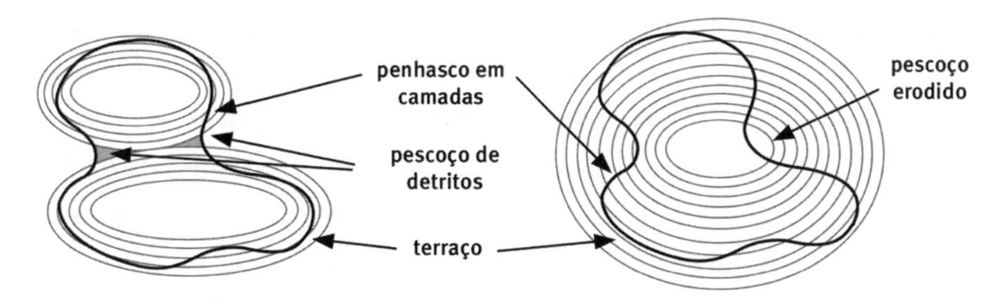


Dois cenários concorrentes para a estrutura do 67P.
*Esquerda:* Teoria da colisão. *Direita:* Teoria da erosão.

como um terraço (região plana) ou *cuesta* (um tipo de serra). Eles descobriram que esses planos se encaixavam consistentemente em torno de cada lóbulo, mas não no pescoço onde os lóbulos se juntam. Isso indica que cada lóbulo adquiriu camadas do tipo cebola à medida que foi crescendo, antes de os dois se juntarem e grudarem.

Quando as camadas se formam, são aproximadamente perpendiculares à direção local da gravidade – uma maneira técnica de dizer que o material adicional cai *para baixo*. Então, para posterior confirmação, a equipe computou o campo gravitacional do cometa para cada uma das duas hipóteses, e utilizou métodos estatísticos para mostrar que as camadas se encaixam melhor no modelo da colisão.

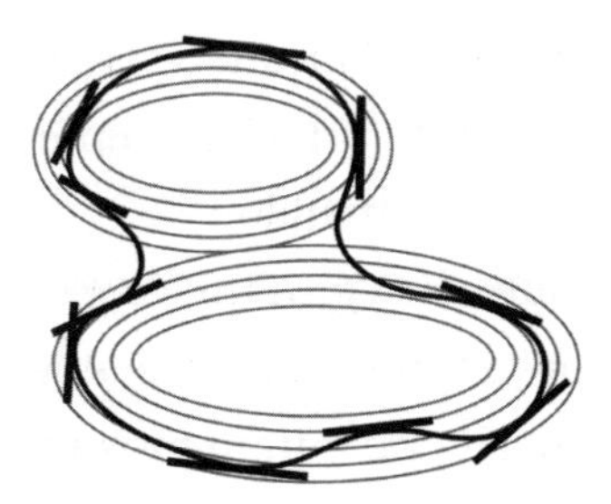

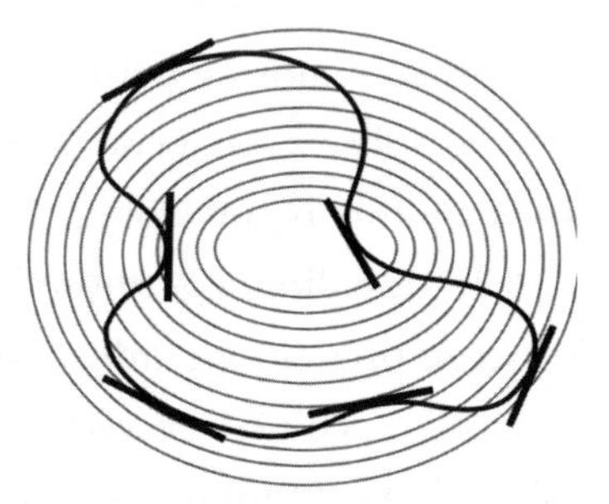

Ilustração esquemática para os planos de melhor encaixe para terraços e *cuestas*. *Esquerda:* Teoria da colisão. *Direita:* Teoria da erosão. O cálculo real foi realizado em três dimensões, usando uma medida estatística para o melhor encaixe, e utilizou 103 planos.

Apesar de ser feito principalmente de gelo, o 67P é negro como a meia-noite e salpicado com milhares de rochas. A sonda robótica *Philae* fez um pouso difícil e, como acabou acontecendo, temporário, na cabeça do pato. O pouso não saiu como se pretendia. O equipamento da *Philae* incluía um pequeno foguete, cavilhas rosqueadas, arpões e um painel solar. O plano era fazer um pouso suave, disparar o motor do foguete para manter o pousador pressionado contra a superfície do cometa, arpoar o cometa para segurar a sonda no lugar quando os foguetes fossem desligados e então usar o painel para captar energia da luz solar. Homens, planos, cálculos meticulosos... o motor do foguete não disparou, os arpões não se agarraram ao solo, as roscas não conseguiram se prender e, como resultado, o painel solar acabou numa enorme sombra, praticamente sem nenhuma luz solar para captar.

Apesar do seu proverbial "pouso perfeito de três pontos – dois joelhos e um nariz" –, a *Philae* atingiu quase todos os seus objetivos, enviando de volta informações vitais. Esperava-se que ela pudesse acrescentar outros dados à medida que o cometa chegasse mais perto do Sol, a luz ficasse mais forte e a sonda despertasse de seu sono eletrônico. A *Philae* renovou, sim, brevemente o contato com a ESA, mas a comunicação voltou a se perder, provavelmente porque a crescente atividade do cometa a tenha danificado. Antes de esgotar sua energia, a *Philae* confirmou que a superfície do cometa é de gelo, com uma capa de poeira preta. Como já foi mencionado, também enviou medições que mostraram que o gelo contém uma proporção maior de deutério que os oceanos terrestres, lançando sérias dúvidas sobre a teoria de que a água terrestre tenha sido principalmente trazida por cometas quando o sistema solar estava se formando.

Um trabalho engenhoso baseado nos dados que conseguiram chegar forneceu proveitosas informações adicionais. Por exemplo, a análise matemática de como as escoras de pouso da sonda se comprimiram mostra que há lugares em que o 67P tem crosta dura, mas em outros pontos a superfície é mais macia. Imagens feitas pela *Rosetta* incluem três marcas onde o pousador primeiro atingiu o cometa, profundas o bastante para mostrar que o material ali é relativamente mole. O martelo de bordo da

*Philae* foi incapaz de penetrar no gelo no local onde o pousador se assentou, então nesse local o chão é duro. Por outro lado, a maior parte do 67P é muito porosa: três quartos de seu interior são de espaço vazio.

A *Philae* enviou também alguns dados químicos intrigantes: a presença de diversos compostos orgânicos simples (isso significa baseados em carbono, e não que são indicativos de vida) e um mais complexo, polioximetileno, provavelmente criado a partir da molécula mais simples de formaldeído pela ação da luz solar. Os astrônomos ficaram estarrecidos com as descobertas químicas da *Rosetta*: um bocado de moléculas de oxigênio na nuvem de gás que cerca o cometa.[2] Eles se surpreenderam tanto que de início presumiram que tivessem cometido um erro. Em teorias convencionais sobre a origem do sistema solar, o oxigênio teria estado aquecido, fazendo com que reagisse com outros elementos para formar compostos tais como dióxido de carbono, de modo que não estaria mais presente como oxigênio puro. O sistema solar dos primeiros tempos deve ter sido menos violento do que se pensava anteriormente, permitindo que grãos de oxigênio sólido se estruturassem lentamente e evitando a formação de compostos.

Isso não entra em conflito com os eventos mais dramáticos que se acredita terem ocorrido durante a formação do sistema solar, tais como planetas migrando e planetesimais colidindo, mas sugere que tais eventos devem ter sido relativamente raros, pontuando um pano de fundo de crescimento mais lento e delicado.

## De onde vêm os cometas?

Cometas de longo período não podem permanecer indefinidamente em suas órbitas atuais. Quando passam pelo sistema solar, há o risco de colisão ou de um encontro próximo que os arremesse para longe no espaço, para nunca mais retornar. As chances podem ser pequenas, mas em milhões de órbitas as possibilidades de tais desastres se acumulam. Além disso, cometas se desfazem, perdendo massa toda vez que circundam o Sol e expelem gelo sublimado. Se ficarem perto tempo demais, derretem até sumir.

Em 1932 Ernst Öpik sugeriu uma saída: devia haver um enorme reservatório de planetesimais gelados nos confins externos do sistema solar, que reabastecem o suprimento de cometas. Jan Oort teve a mesma ideia independentemente em 1950. De tempos em tempos um desses corpos de gelo é deslocado, talvez por passar muito perto de outro, ou simplesmente por perturbações gravitacionais caóticas. Ele então muda de órbita, caindo na direção do Sol, se aquece e nascem a coma e a cauda características. Oort investigou esse mecanismo com considerável detalhe matemático, e em sua homenagem agora chamamos essa fonte de nuvem de Oort. (Como foi explicado anteriormente no caso dos asteroides, o nome não deve ser levado ao pé da letra. É uma nuvem muito esparsa.)

Acredita-se que a nuvem de Oort ocupe uma vasta região ao redor do Sol entre cerca de 5 mil UA e 50 mil UA (0,03 a 0,79 anos-luz). A nuvem interna, até 20 mil UA, é um toro aproximadamente alinhado com a eclíptica; o halo externo é esférico. Há trilhões de corpos de um quilômetro ou mais no halo externo, e a nuvem interna contém cem vezes mais. A massa total da nuvem de Oort é cerca de cinco vezes a da Terra. Essa estrutura não foi observada: ela é deduzida a partir de cálculos teóricos.

Simulações e outras evidências sugerem que a nuvem de Oort veio a existir quando o disco protoplanetário local começou a colapsar. Já discutimos a evidência de que os planetesimais resultantes estavam originalmente mais perto do Sol e foram então arremessados para as regiões externas pelos planetas gigantes. A nuvem de Oort poderia ser remanescente do sistema solar primordial, formada por restos de detritos. Alternativamente, pode ser resultado de uma competição entre o Sol e estrelas vizinhas para atrair material que sempre esteve distante, perto da fronteira onde os campos gravitacionais das estrelas se cancelam. Ou, como foi proposto em 2010 por Harold Levison e colegas, o Sol roubou detritos dos discos protoplanetários do aglomerado de duzentas e tantas estrelas de sua vizinhança.

Se a teoria da ejeção estiver correta, as órbitas iniciais dos corpos da nuvem de Oort eram elipses muitas longas e finas. No entanto, como esses corpos na sua maioria permanecem na nuvem, suas órbitas agora devem ser muito mais largas, quase circulares. Acredita-se que as órbitas foram engordadas pela interação com estrelas próximas e marés galácticas – o efeito gravitacional total da Via Láctea.

COMETAS DE CURTO PERÍODO são diferentes, e acredita-se que tenham uma origem diversa: o cinturão de Kuiper e o disco disperso.

Quando Plutão foi descoberto e se percebeu que era muito pequeno, muitos astrônomos se perguntaram se não poderia ser considerado outro Ceres – o primeiro corpo novo num cinturão enorme, com milhares de corpos. Um desses astrônomos foi Kenneth Edgeworth, que sugeriu em 1943 que quando o sistema solar externo depois de Netuno se condensou a partir da nuvem de gás primordial, a matéria não era densa o bastante para formar planetas grandes. Ele também viu esses corpos como uma potencial fonte de cometas.

Em 1951 Gerald Kuiper propôs que um disco de pequenos corpos poderia ter se juntado nessa região durante a formação do sistema solar, mas pensou (como muitos na época) que Plutão tivesse o tamanho da Terra, tendo então perturbado o disco e espalhado seu conteúdo para longe, em todas as direções. Quando se descobriu que tal disco ainda existe, Kuiper recebeu a dúbia honraria de ter essa região astronômica batizada com seu nome por *não* tê-la previsto.

Diversos corpos individuais foram descobertos nessa região: já travamos conhecimento com eles como TNOs. O que encerrou a discussão sobre o cinturão de Kuiper foram, mais uma vez, cometas. Em 1980, Julio Fernández realizou um estudo estatístico de cometas de curto período. Há demasiados cometas desses para que tenham vindo todos da nuvem de Oort. Em cada seiscentos cometas que emanam da nuvem de Oort, 599 se tornariam cometas de longo período e apenas um seria capturado por um planeta gigante, passando a ter uma órbita de curto período. Talvez, disse Fernández, haja um reservatório de corpos gelados entre 35 e cinquenta UA do Sol. Suas ideias receberam forte sustentação de uma série de simulações realizadas por Martin Duncan, Tom Quinn e Scott Tremaine em 1988, que também notaram que cometas de curto período permanecem próximos à eclíptica, mas os de longo período chegam praticamente de qualquer direção. A proposta foi aceita, com o nome de "cinturão de Kuiper". Alguns astrônomos preferem "cinturão de Edgeworth-Kuiper" e outros não atribuem crédito a nenhum dos dois.

As origens do cinturão de Kuiper são turvas. Simulações do sistema solar primevo indicam o cenário mencionado antes, no qual os quatro planetas gigantes se formaram originalmente em outra ordem (de dentro para fora a partir do Sol), diferente da de hoje, e então migraram espalhando planetesimais aos quatro ventos. A maior parte do cinturão de Kuiper primevo foi lançado para longe, mas um corpo em cada cem permaneceu. Como a região interna da nuvem de Oort, o cinturão de Kuiper é um toro maldefinido.

A distribuição de matéria no cinturão de Kuiper não é uniforme; como o cinturão de asteroides, ela é modificada por ressonâncias, neste caso com Netuno. Há um penhasco de Kuiper a mais ou menos cinquenta UA, onde o número de corpos cai subitamente. Isso ainda não foi explicado, embora Patryk Lyakawa tenha especulado que ele possa ser resultado de um corpo grande não detectado – um genuíno Planeta X.

O disco disperso é ainda mais enigmático e bem menos conhecido. Ele se sobrepõe ligeiramente ao cinturão de Kuiper, a cerca de cem UA, e é fortemente inclinado em relação à eclíptica. Corpos no disco disperso têm órbitas altamente elípticas e são frequentemente desviados para o sistema solar interno. Ali ficam pairando por um bom tempo como centauros, antes que a órbita mude de novo e voltem a se transformar em cometas de curto período. Centauros são corpos cuja órbita cruza a eclíptica entre as de Júpiter e Netuno. Eles persistem por apenas alguns milhões de anos, e é provável que haja cerca de 45 mil deles com mais de um quilômetro de extensão. Os cometas de curto período provavelmente provêm mais do disco disperso que do cinturão de Kuiper.

Em 1993 Carolyn e Eugene Shoemaker e David Levy descobriram um novo cometa, chamado mais tarde de Shoemaker-Levy 9. De modo inusitado, ele tinha sido capturado por Júpiter e estava em órbita ao redor

Shoemaker-Levy 9, em 17 de maio de 1994.

do planeta gigante. Análises de sua órbita indicavam que a captura havia ocorrido vinte a trinta anos antes. O Shoemaker-Levy 9 era incomum por duas razões: tratava-se do único cometa observado que orbitava um planeta e parecia ter se quebrado em pedaços.

O motivo foi descoberto em uma simulação de sua órbita. Calculando para trás, em 1992 o cometa devia ter passado dentro do limite de Roche de Júpiter. Forças gravitacionais de maré haviam fragmentado o cometa, criando uma fileira de vinte fragmentos. O cometa havia sido capturado por Júpiter mais ou menos entre 1960 e 1970 e essa aproximação distorcera sua órbita, tornando-a longa e estreita.

A simulação da órbita para o futuro previa que na passagem seguinte do cometa, em julho de 1994, ele colidiria com Júpiter. Os astrônomos nunca tinham observado uma colisão celeste antes, então essa descoberta causou considerável empolgação. O choque agitaria a atmosfera de Júpiter, possibilitando descobrir mais sobre suas camadas mais profundas, normalmente escondidas pela nuvem acima. Quando o evento ocorreu, o impacto foi ainda mais impressionante que o esperado, deixando uma corrente de cicatrizes gigantescas ao longo do planeta, que foram sumindo lentamente, permanecendo visíveis por meses. Foram observados 21 impactos ao todo; o maior produziu seiscentas vezes mais energia que todas as armas nucleares da Terra se fossem detonadas simultaneamente.

Os impactos ensinaram aos cientistas muitas coisas novas sobre Júpiter. Uma delas é o seu papel como aspirador celeste. O Shoemaker-Levy 9 pode ter sido o único cometa a orbitar Júpiter observado, mas pelo me-

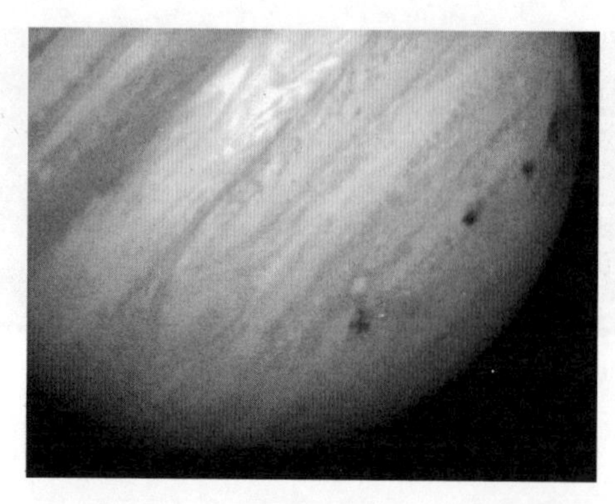

Os pontos escuros são alguns dos locais de
impacto de fragmentos do Shoemaker-Levy 9.

nos outros cinco devem tê-lo feito no passado, a julgar por suas órbitas atuais. Todas essas capturas são temporárias: ou o cometa é recapturado pelo Sol ou acaba colidindo com alguma coisa. Treze cadeias de crateras em Calisto e três em Ganimedes sugerem que às vezes o alvo da colisão não é Júpiter. Reunida, essa evidência mostra que Júpiter varre cometas e outros detritos cósmicos, capturando-os e depois colidindo com eles. Tais acontecimentos são raros pelos nossos padrões, mas frequentes em escala temporal cósmica. Um cometa com 1,6 quilômetro de extensão atinge Júpiter aproximadamente a cada 6 mil anos; já os menores colidem com mais frequência.

Essa característica de Júpiter ajuda a proteger os planetas internos de impactos com cometas e asteroides, conduzindo à sugestão feita por Peter Ward e Donald Brownlee em *Sós no Universo?*[3] de que um planeta grande como Júpiter torna seus mundos internos mais habitáveis para vida. Infelizmente para essa sedutora linha de raciocínio, Júpiter também perturba asteroides do cinturão principal, que podem vir a colidir com planetas internos. Se Júpiter fosse ligeiramente menor, seu efeito geral seria prejudicial para a vida na Terra.[4] Com seu tamanho atual, não parece haver nenhuma vantagem significativa para a vida terrestre. De toda maneira, *Sós no Universo?* é ambivalente em relação a impactos: saúda Júpiter como nosso salvador de choques com cometas, ao mesmo tempo em que louva sua tendência a lançar asteroides por aí como meio de sacudir ecossistemas e incentivar uma evolução mais rápida.

O Shoemaker-Levy 9 fez muitos congressistas americanos entenderem a extraordinária violência do choque com um cometa. A maior cicatriz do impacto em Júpiter tinha o tamanho da Terra. Não há como nos proteger contra algo dessa magnitude com a tecnologia atual ou a que se antevê, mas serviu para focalizar a mente em impactos menores, seja de um cometa, seja de um asteroide, em que poderíamos ser capazes de impedir uma colisão se déssemos os passos necessários para ser avisados com antecedência suficiente. O Congresso instruiu rapidamente a Nasa a catalogar todos os asteroides próximos da Terra com mais de um quilômetro de extensão. Até agora foram detectados 902.* Estimativas sugerem a existência de outros setenta e tantos, mas ainda não foram vistos.

* Dados atualizados em janeiro de 2020. (N.R.T.)

# 9. Caos no cosmo

Isto é altamente irregular.

*Apertem os cintos, o piloto sumiu – parte 2*

As luas de Plutão são bamboleantes.

Plutão tem cinco satélites. Caronte é esférico e inusitadamente grande em comparação com seu planeta primário, enquanto Nix, Hidra, Cérbero e Estige são pequenos caroços irregulares. Caronte e Plutão estão travados por efeito de maré, de modo que cada um apresenta sempre a mesma face para o outro. O mesmo não se passa com as outras quatro luas. Em 2015, o telescópio Hubble observou variações irregulares na luz refletida por Nix e Hidra. Usando um modelo matemático de corpos girando, os astrônomos deduziram que essas duas luas estavam dando viravoltas, mas não de bela forma regular. Em vez disso, seu movimento é caótico.[1]

Em matemática, "caótico" não é só uma palavra rebuscada para "errático e imprevisível". Refere-se ao caos *determinista*, que é um comportamento aparentemente irregular resultante de leis inteiramente regulares. Isso provavelmente soa paradoxal, mas muitas vezes essa combinação é inevitável. O caos parece aleatório – e sob certos aspectos ele é –, mas provém das mesmas leis matemáticas que produzem comportamento regular, previsível, como o sol nascendo todas as manhãs.

Medições adicionais do Hubble sugerem que Estige e Cérbero também giram caoticamente. Uma das tarefas executadas pela *New Horizons* ao visitar Plutão foi verificar essa teoria. Seus dados deveriam ser transmitidos de volta para a Terra durante um período de dezesseis meses e, enquanto escrevo, os resultados ainda não chegaram.*

As luas bamboleantes de Plutão são a grande novidade em termos de dinâmica caótica no cosmo, mas os astrônomos descobriram muitos exemplos de caos cósmico, desde detalhes finos sobre luas minúsculas até o futuro de longo prazo do sistema solar. A lua Hipérion, de Saturno, é outra que se move caoticamente aos trambolhões – o primeiro satélite a ser surpreendido comportando-se mal. O eixo da Terra é inclinado de forma bastante estável em 23,4 graus, dando-nos a sucessão regular das estações, mas a inclinação axial de Marte varia caoticamente. Mercúrio e Vênus também costumavam ser assim, mas efeitos de maré causados pelo Sol os estabilizaram.

Há uma ligação entre caos e a lacuna 3:1 de Kirkwood no cinturão de asteroides. Júpiter se livra dos asteroides dessa região, arremessando-os por bem ou por mal por todo o sistema solar. Alguns cruzam a órbita de Marte, que pode redirecioná-los praticamente para qualquer lugar. Talvez tenha sido por essa razão que os dinossauros encontraram seu aniquilamento. Os asteroides Troianos de Júpiter foram provavelmente capturados como consequência de dinâmica caótica. Por outro lado, ela chegou mesmo a fornecer aos astrônomos um meio de estimar a idade de uma família de asteroides.

Longe de ser um gigantesco mecanismo de relógio, o sistema solar joga roleta com seus planetas. O primeiro indício nessa linha, identificado por Gerry Sussman e Jack Wisdom em 1988, foi a descoberta de que elementos orbitais de Plutão variam erraticamente em consequência das forças gravitacionais exercidas sobre ele pelos outros planetas. Um ano depois, Wisdom e Laskar mostraram que a órbita da Terra também é caótica, embora de maneira mais branda: a órbita em si não varia muito, mas a posição da Terra ao longo dela é imprevisível no longo prazo – daqui a 100 milhões de anos.

Sussman e Wisdom também mostraram que, se não houvesse planetas internos, Júpiter, Saturno, Urano e Netuno se comportariam caoticamente no longo prazo. Esses planetas externos têm um efeito significativo sobre todos os outros, o que os torna a principal fonte de caos no sistema solar.

* Em 2020, esses dados já foram analisados e o movimento caótico comprovado. (N.R.T.)

No entanto, o caos não está confinado ao nosso quintal celeste. Cálculos indicam que muitos exoplanetas em torno de estrelas distantes provavelmente seguem órbitas caóticas. Existe um caos astrofísico: a emissão de luz de algumas estrelas varia caoticamente.[2] O movimento de estrelas nas galáxias pode muito bem ser caótico, mesmo que os astrônomos geralmente modelem suas órbitas como círculos (ver capítulo 12).

O caos, ao que parece, rege o cosmo. Todavia, os astrônomos descobriram que, com muita frequência, a principal causa de caos são as órbitas ressonantes, padrões numéricos simples. Como aquela lacuna 3:1 de Kirkwood. Por outro lado, o caos também é responsável por padrões – as espirais das galáxias podem constituir um bom exemplo, como também veremos no capítulo 12.

A ordem cria o caos, e o caos cria a ordem.

SISTEMAS ALEATÓRIOS NÃO têm memória. Se você joga um dado duas vezes, o número que aparece na primeira jogada não nos diz nada sobre o que acontecerá na segunda. Pode ser o mesmo número que na primeira ou não. Não acredite em ninguém que tente lhe dizer que, se um dado não deu 6 por um bom tempo, então a "lei das médias" torna o 6 mais provável. Não existe essa lei. É verdade que no longo prazo a proporção de 6 para um dado honesto deve ser muito próxima de um sexto, mas isso ocorre porque grandes números de novos lançamentos aplainam quaisquer discrepâncias, não porque o dado de repente resolve compensar e se colocar onde uma média teórica diz que deveria estar.[3]

Sistemas caóticos, em contraste, têm, sim, uma espécie de memória de curto prazo. O que estão fazendo agora fornece dicas sobre o que farão num futuro bem próximo. Ironicamente, se os dados fossem caóticos, então não ter saído 6 por um longo tempo seria evidência de que provavelmente isso *não* aconteceria em breve.[4] Sistemas caóticos têm montes de repetições aproximadas em seu comportamento, então o passado é um guia razoável – porém longe de infalível – para o futuro próximo.

A duração de tempo para o qual esse tipo de previsão permanece válida é chamada horizonte de previsão (jargão: tempo de Liapunov). Quanto mais acurado o conhecimento do estado atual de um sistema dinâmico caótico, mais longo se torna o horizonte de previsão – mas o horizonte aumenta muito mais devagar que a precisão das medições. Por mais precisas que sejam, porém, o mais leve erro no estado atual acaba crescendo até se tornar tão grande que supera a previsão. O meteorologista Edward Lorenz descobriu esse comportamento num modelo simples com base no clima, e o mesmo vale para os sofisticados modelos climáticos usados nas previsões do tempo. O movimento da atmosfera obedece a regras matemáticas específicas sem nenhum elemento de aleatoriedade, e no entanto todos sabemos quão pouco confiáveis as previsões do tempo podem se tornar após apenas alguns dias.

Esse é o famoso (e largamente malcompreendido) efeito borboleta de Lorenz: o bater das asas de uma borboleta pode causar um furacão um mês depois, na outra metade do globo.[5]

Se você pensa que isso parece implausível, não o culpo. É verdade, mas só num sentido muito especial. A principal fonte potencial de má-compreensão é a palavra "causa". É difícil imaginar como a minúscula quantidade de energia do bater das asas de uma borboleta pode criar a enorme energia de um furacão. A resposta é: não cria. A energia do furacão não vem do bater das asas: ela é redistribuída a partir de outros lugares, quando o bater de asas interage com o restante do sistema climático que, de outro modo, permaneceria sem mudança.

Após o bater de asas, não temos exatamente o mesmo tempo que antes, sem contar o furacão adicional. Em vez disso, todo o padrão do tempo muda, no mundo inteiro. No começo a mudança é pequena, mas vai crescendo – não em energia, mas em *diferença* daquilo que de outra maneira teria sido. E essa diferença rapidamente se torna maior e imprevisível. Se a borboleta tivesse batido as asas dois segundos depois, poderia ter "causado", em vez disso, um tornado nas Filipinas, compensado por nevascas sobre a Sibéria. Ou um mês de tempo estável no Saara, por outro lado.

Os matemáticos chamam esse efeito de "sensível dependência das condições iniciais". Num sistema caótico, estímulos ligeiramente distintos levam a resultados que diferem enormemente. Esse efeito é real, e muito comum. Por exemplo, é por isso que amassar uma massa mistura completamente os ingredientes. Toda vez que a massa é esticada, os grãos de farinha próximos se afastam. Quando a massa é então dobrada para impedir que fuja pela porta da cozinha, os grãos que estão distantes podem (ou não) acabar perto. Esticar localmente em combinação com dobrar cria o caos.

Isso não é apenas uma metáfora: é a descrição em linguagem comum do mais básico mecanismo matemático que gera dinâmica caótica. Matematicamente, a atmosfera é como uma massa. As leis físicas que governam o clima "esticam" localmente o estado da atmosfera, mas ela não escapa do planeta, então seu estado "se dobra de volta" sobre si mesmo. Portanto, *se* pudéssemos fazer correr duas vezes o clima da Terra, com a única diferença sendo um *bater* ou *não bater* de asas inicial, os comportamentos resultantes divergiriam exponencialmente. O tempo ainda teria cara de tempo, mas seria outro tempo.

Na realidade não podemos fazer o clima correr duas vezes, mas é exatamente isso o que acontece nas previsões meteorológicas que usam modelos para refletir a genuína física atmosférica. Mudanças muito pequenas nos números que representam o estado corrente do tempo, quando inseridas nas equações que preveem o estado futuro, levam a mudanças em grande escala na previsão. Por exemplo, uma área de alta pressão sobre Londres em uma simulação pode ser substituída por uma área de baixa pressão em outra. O modo corrente de contornar esse incômodo efeito é rodar muitas simulações com pequenas variações aleatórias nas condições iniciais, e usar os resultados para quantificar as probabilidades das diferentes previsões. É isso o que significa "20% de chance de tempestades com trovoadas".

Na prática, não é possível causar um furacão específico empregando uma borboleta convenientemente treinada, porque a previsão do efeito de um bater de asas também está sujeita ao mesmo horizonte de previsões. Não obstante, em outros contextos, tais como batimentos cardíacos, esse tipo de "controle caótico" pode prover um caminho eficiente para comportamento dinâmico desejável. Veremos diversos exemplos astronômicos no capítulo 10, no contexto das missões espaciais.

Não está convencido? Uma descoberta recente acerca dos primeiros tempos do sistema solar coloca o assunto em relevo. Suponha que alguma superpotência celeste pudesse dirigir novamente a formação do sistema solar a partir de uma nuvem de gás primordial, usando exatamente o mesmo estado inicial com exceção de *uma única molécula adicional* de gás. Quão diferente seria o sistema solar de hoje?

Não muito, você poderia pensar. Mas lembre-se do efeito borboleta. Os matemáticos provaram que o movimento das moléculas ricocheteando num gás é caótico, então não seria surpresa se o mesmo valesse para nuvens de gás em colapso, ainda que os detalhes sejam tecnicamente diferentes. Para descobrir, Volker Hoffmann e colegas simularam a dinâmica de um disco de gás num estágio em que contém 2 mil planetesimais, acompanhando como as colisões levam esses corpos a se agregar em planetas.[6] Eles compararam os resultados com simulações que incluíam dois gigantes gasosos, com duas escolhas distintas para suas órbitas. Fizeram doze simulações para cada um desses três cenários, com condições iniciais ligeiramente diferentes. Cada sequência levou cerca de um mês num supercomputador.

Eles descobriram que colisões de planetesimais são caóticas, como era esperado. O efeito borboleta é drástico: mudando-se a posição inicial de um único planetesimal em apenas um milímetro, obtém-se um sistema de planetas completamente diferente. Extrapolando a partir desse resultado, Hoffmann pensa que adicionando uma única molécula de gás a um modelo exato do sistema solar nascente (se uma coisa dessas fosse possível) o resultado seria tão diferente que a Terra deixaria de se formar.

E lá se vai o Universo como um mecanismo de relógio.

Antes de sermos arrastados pelo incrível grau de improbabilidade que isso confere à nossa existência e invocarmos a divina mão da Providência, devemos levar em conta outro aspecto dos cálculos. Embora cada simulação leve a planetas com diferentes tamanhos e diferentes órbitas, *todos* os sistemas solares que surgem para um dado cenário são muito semelhantes entre si. Sem nenhum gigante gasoso, obtemos cerca de onze mundos rochosos, a maioria deles menor que a Terra. Adicionando-se os gigantes gasosos – um modelo mais realista –, obtemos quatro planetas rochosos, com massas entre metade da massa da Terra e um pouco mais que a massa da Terra. Isso é muito perto do que realmente temos. Embora o efeito borboleta modifique os elementos orbitais, a estrutura geral é muito parecida com a de antes.

O mesmo ocorre em modelos climáticos. *Bata as asas*... e o clima global é diferente do que teria sido – mas continua sendo *clima*. Não se obtém repentinamente enchentes de nitrogênio líquido ou uma borrasca de sapos gigantes. Ainda que nosso sistema solar não tivesse surgido *exatamente* na forma presente se a nuvem de gás inicial fosse um pouco diferente, surgiria algo notavelmente similar. Então organismos vivos teriam tido semelhante probabilidade de se desenvolver.

O horizonte de previsão pode às vezes ser usado para estimar a idade de um sistema caótico de corpos celestes, porque governa a rapidez com que o sistema se fragmenta e se dispersa. As famílias de asteroides são exemplos. Podem ser identificadas porque seus membros têm elementos orbitais semelhantes. Cada família é considerada como tendo sido criada pela fragmentação de um único corpo maior em algum momento do passado. Em 1994, Andrea Milani e Paolo Farinella usaram esse método para deduzir que a família de asteroides Veritas tem no máximo 50 milhões de anos de idade.[7] Trata-se de um aglomerado compacto de asteroides associados a 490 Veritas, perto da região externa do cinturão principal e dentro da órbita ressonante 2:1 com Júpiter. Seus cálculos mostram que dois dos asteroides dessa família têm órbitas fortemente caóticas, criadas por uma ressonância temporária 21:10 com Júpiter. O horizonte de previsão implica que esses dois asteroides não deveriam ter permanecido juntos por mais de 50 milhões de anos, e outra evidência sugere que ambos são membros originais da família Veritas.

A PRIMEIRA PESSOA A RECONHECER a existência de caos determinista e a ter uma vaga ideia de por que ele ocorre foi o grande matemático Henri Poincaré. Ele estava competindo por um prêmio oferecido pelo rei Oscar II da Noruega e Suécia a quem solucionasse o problema de *n* corpos da gravitação newtoniana. As regras de premiação especificavam que tipo de solução era requerida. Não uma fórmula como a elipse de Kepler, porque todo mundo estava convencido de que não existia tal coisa, mas "uma representação das coordenadas de cada ponto como uma série [infinita] numa variável que seja alguma função conhecida de tempo e para cujos valores, em sua totalidade, a série convirja uniformemente".

Poincaré descobriu que a tarefa é essencialmente impossível, mesmo para três corpos sob condições muito restritivas. A forma como provou isso foi demonstrar que as órbitas podem ser o que agora chamamos de "caóticas".

O problema geral para qualquer número de corpos provou ser demais até mesmo para Poincaré. Ele adotou $n = 3$. Na verdade, trabalhou naquele que chamei de problema dos dois corpos e meio no capítulo 5. Os dois corpos são, digamos, um planeta e uma de suas luas; o meio corpo é um grão de poeira, tão leve que, embora responda aos campos gravitacionais dos outros dois corpos, não tem absolutamente nenhum efeito *sobre eles*. O que emerge desse modelo é uma simpática combinação de dinâmica regular de dois corpos para os corpos massivos e um comportamento altamente errático para a partícula de poeira. Ironicamente, é o comportamento regular dos corpos massivos que faz com que a partícula enlouqueça.

"Caos" faz parecer que as órbitas de três ou mais corpos são aleatórias, desestruturadas, imprevisíveis e desregradas. Na realidade, a partícula de poeira fica dando voltas e voltas em trajetórias suaves próximas a arcos de elipses, mas o formato da elipse fica variando sem qualquer padrão óbvio. Poincaré deparou com a possibilidade de caos ao pensar sobre a dinâmica do grão de poeira quando este está perto de uma órbita periódica. O que ele esperava era alguma complicada combinação de movimentos periódicos com períodos diferentes, mais ou menos como uma cápsula em órbita dá uma volta na Lua, dá uma volta na Terra, dá uma volta no Sol – tudo em períodos de tempo diferentes. No entanto, como já tinha sido especificado nas regras para o prêmio, esperava-se que a resposta fosse uma "série", o que combina muitos movimentos periódicos infinitamente, não apenas três.

Poincaré encontrou essa série. Como, então, o caos aparece? Não como consequência da série, mas por causa de uma falha na ideia toda. As regras declaravam que a série precisa *convergir*. Essa é uma exigência técnica matemática para que uma conta infinita faça sentido. Essencialmente, a conta da série deve ir se aproximando mais e mais de um número específico à medida que vão sendo incluídos mais termos. Poincaré estava atento a armadilhas, e percebeu que sua série não convergia. De início, parecia estar chegando cada vez mais perto de um número específico, mas aí a conta começava a divergir daquele número por valores cada vez maiores. Esse comportamento é característico de uma série "assintótica". Às vezes uma série assintótica é útil para propósitos práticos, mas aqui indicava um obstáculo para obter uma solução genuína.

Para descobrir qual era esse obstáculo, Poincaré abandonou fórmulas e séries e voltou-se para a geometria. Ele considerou tanto posição como velocidade, de modo que as curvas de nível da figura da página 99 sejam na verdade objetos tridimensionais, não curvas. Isso gera complicações adicionais. Quando pensou no arranjo geométrico de todas as órbitas possíveis perto de uma particular que fosse periódica, percebeu que muitas delas deviam ser bastante emaranhadas e erráticas. O motivo residia num par de curvas especial, que comprometia a maneira como as órbitas nas proximidades ou se aproximavam da periódica ou divergiam dela. Se essas curvas se cruzassem em algum ponto, então as características matemáticas básicas da dinâmica (soluções únicas de uma equação diferencial para dadas condições iniciais) implicam que elas deveriam se cruzar em infinitos pontos, formando uma rede emaranhada. Logo depois, em *Les méthodes nouvelles de la mécanique celeste* (Os novos métodos da mecânica celeste), ele descreveu essa geometria como

> uma espécie de treliça, uma rede de trama infinitamente estreita; cada uma das duas curvas não deve cruzar sobre si mesma, mas dobrar-se sobre si mesma de maneira muito complicada para que haja intersecção com todas

as malhas do tecido infinitas vezes. É impressionante a complexidade dessa figura, que nem tentarei desenhar.

Hoje chamamos essa figura de emaranhado homoclínico. Ignore "homoclínico" (jargão: uma órbita que junta um ponto de equilíbrio a si mesma) e se concentre no "emaranhado", que é mais evocativo. A figura seguinte explica a geometria numa analogia simples.

Ironicamente, Poincaré quase deixou de fazer essa descoberta épica. Enquanto examinava documentos no Instituto Mittag-Leffler, em Oslo, a historiadora da matemática June Barrow-Green descobriu que a versão publicada de seu trabalho premiado não foi a que ele apresentou.[8] Depois que o prêmio foi concedido e o memorial oficial já havia sido impresso mas não distribuído, Poincaré descobriu um erro – havia desconsiderado órbitas caóticas. Ele então recolheu seu memorial e pagou por uma versão "oficial" revista para discretamente substituir a primeira.

LEVOU ALGUM TEMPO até que as novas ideias de Poincaré fossem absorvidas. O grande avanço seguinte veio em 1913, quando George Birkhoff provou o "Último Teorema Geométrico", uma conjectura não provada que Poincaré usara para deduzir a ocorrência, em circunstâncias adequadas, de órbitas periódicas. Hoje chamamos esse resultado de teorema do ponto fixo de Poincaré-Birkhoff.

Matemáticos e outros cientistas tomaram plena consciência do caos cerca de cinquenta anos atrás. Seguindo os passos de Birkhoff, Stephen Smale fez um estudo mais profundo da geometria do emaranhado homoclínico, após haver encontrado o mesmo problema em outra área da dinâmica. Ele inventou um sistema dinâmico com uma geometria praticamente igual, mas muito mais fácil de analisar, conhecido como ferradura de Smale. Esse sistema começa com um quadrado, estica-o de modo a formar um retângulo comprido e fino, dobra-o criando uma forma de ferradura e o encaixa de volta em cima do quadrado original. Repetir a transformação é mais ou menos como preparar massa, e tem as mesmas

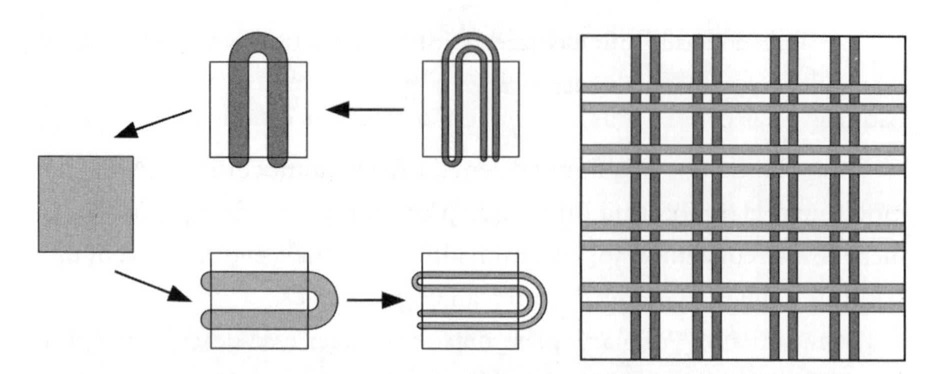

*Esquerda:* Ferradura de Smale. O quadrado é dobrado repetidamente, criando uma série de listras horizontais. Reverter o tempo e desdobrá-lo converte essas listras em similares verticais. *Direita:* Quando os dois conjuntos de listras se cruzam, obtemos um emaranhado homoclínico. A dinâmica – obtida pelo dobrar repetido – faz pontos saltarem pelo emaranhado, aparentemente ao acaso. O emaranhado completo envolve infinitas linhas.

consequências caóticas. A geometria da ferradura permite uma prova rigorosa de que esse sistema é caótico, e que sob alguns aspectos ele se comporta como uma sequência aleatória de lançamentos de moedas – apesar de ser completamente determinista.

Quando a extensão e riqueza da dinâmica caótica ficaram evidentes, a crescente empolgação deflagrou um bocado de interesse na mídia, que apelidou toda a empreitada de "teoria do caos". Realmente, o tópico é uma parte – uma parte significativa e fascinante, com toda a certeza – de uma área ainda mais importante da matemática, conhecida como dinâmica não linear.

O ESTRANHO COMPORTAMENTO das luas de Plutão é apenas um exemplo de caos no cosmo. Em 2015, Mark Showalter e Douglas Hamilton publicaram uma análise matemática respaldando as intrigantes observações das luas de Plutão feitas pelo Hubble.[9] A ideia é que Plutão e Caronte atuam como os corpos dominantes da análise de Poincaré, e as outras luas, bem menores, fazem um pouco o papel da partícula de poeira. Entretanto, como não são partículas puntiformes, mas têm um formato semelhante a bolas de rúgbi ou até mesmo batatas, sua loucura se manifesta como viravoltas caóticas. Suas órbitas, e as posições em que as luas estarão nessas órbitas num dado instante, também são caóticas: previsíveis apenas estatisticamente. Ainda menos previsível é a direção em que cada lua apontará.

As luas de Plutão não foram as primeiras descobertas a se mover aos trambolhões. Essa honra vai para o satélite Hipérion, de Saturno, e na época pensou-se que era a única lua que se movia dessa maneira. Em 1984 Hipérion atraiu a atenção de Wisdom, Stanton Peale e François Mignard.[10] Quase todas as luas do sistema solar recaem em duas categorias. Na primeira, a rotação axial da lua foi intensamente modificada por interações de maré com seu planeta-pai, de modo que ela apresenta sempre a mesma face ao planeta, numa ressonância rotação-órbita 1:1, também conhecida como rotação síncrona. Na segunda categoria, muito pouca interação teve lugar e a lua ainda gira de forma muito parecida com a da época em que se formou. Hipérion e Jápeto são exceções: segundo a teoria, ambas deveriam perder a maior parte de sua rotação inicial e sincronizá-la com sua revolução orbital, mas não por muito tempo – cerca de 1 bilhão de anos.

Apesar disso, Jápeto já gira sincronicamente. Somente Hipérion parecia estar fazendo algo mais interessante. A pergunta era: o quê?

Wisdom e seus colegas compararam dados sobre Hipérion com um critério teórico para caos, a condição de sobreposição da ressonância. Esta previa que a órbita de Hipérion devia interagir caoticamente com sua rotação, o que é confirmado pela resolução numérica das equações do movimento. O caos na dinâmica de Hipérion se manifesta principalmente como viravoltas erráticas. A órbita em si não varia barbaramente. É como uma bola de futebol americano rolando ao longo de uma pista de atletismo, mantendo-se numa raia mas seguindo em frente aos trambolhões.

Em 1984, a única lua conhecida de Plutão era Caronte, descoberta em 1978, e ninguém conseguiu medir sua taxa de rotação. As outras quatro foram descobertas entre 2005 e 2012. Todas cinco estão espremidas numa zona inusitadamente pequena, e acredita-se que fossem originalmente parte de um único corpo maior, que colidiu com Plutão durante os primeiros tempos de formação do sistema solar – uma versão em miniatura da teoria do grande impacto da formação da nossa própria Lua. Caronte é grande, redonda e travada por efeito de maré numa ressonância 1:1, então apresenta a mesma face para Plutão, exatamente como a Lua com a Terra. No entanto, ao contrário da Terra, Plutão também apresenta a mesma face para sua lua. A trava por efeito de maré e a forma redonda impedem trambolhões caóticos. As outras quatro luas são pequenas, irregulares e são agora conhecidas pelos seus trambolhões caóticos, como Hipérion.

A numerologia plutoniana não para na ressonância 1:1. Para uma boa aproximação, Estige, Nix, Cérbero e Hidra têm respectivamente ressonâncias orbitais 1:3, 1:4, 1:5 e 1:6 com Caronte; isto é, seus períodos são aproximadamente 3, 4, 5 e 6 vezes mais que Caronte. No entanto, esses números são apenas médias. Os reais períodos orbitais variam significativamente de uma revolução para a seguinte.

Mesmo assim, em termos astronômicos tudo isso parece muito ordeiro. Como a ordem pode dar origem ao caos, é comum que ambos coincidam no mesmo sistema: ordeiro sob alguns aspectos, caótico em outros.

Os DOIS PRINCIPAIS GRUPOS de pesquisa que trabalham com caos e a dinâmica de longo prazo do sistema solar são chefiados por Wisdom e Laskar. Em 1993, com uma semana de diferença, ambos os grupos publicaram artigos descrevendo um novo contexto cósmico para o caos: a inclinação axial dos planetas.

No capítulo 1 vimos que um corpo rígido gira em torno de um eixo, uma reta que atravessa o corpo e que é instantaneamente estacionária. O eixo de rotação pode se mover com o tempo, mas no curto prazo permanece razoavelmente fixo. Então o corpo gira como um pião, com o eixo passando pelo pino. Planetas, sendo quase esféricos, giram num ritmo bastante regular em torno do eixo, que parece não variar, mesmo no decorrer de séculos. Em particular, o ângulo entre o eixo e o plano da eclíptica, tecnicamente conhecido como ângulo complementar, permanece constante. Para a Terra ele vale 23,4 graus.

No entanto, as aparências enganam. Por volta de 160 a.C. Hiparco descobriu um efeito conhecido como precessão dos equinócios. No *Almagesto*, Ptolomeu afirma que Hiparco observou as posições no céu noturno da estrela Spica (Alfa Virginis) e de outras. Dois predecessores tinham feito o mesmo: Aristilo, por volta de 280 a.C., e Timocares, por volta de 300 a.C. Comparando os dados, Ptolomeu concluiu que Spica havia se desviado em cerca de dois graus quando observada no equinócio de outono – o momento em que noite e dia têm a mesma duração. Ele deduziu que os equinócios estavam se movendo ao longo do zodíaco em cerca de um grau por século, e acabariam voltando aonde tinham começado após 36 mil anos.

Hoje sabemos que ele estava certo, e por quê. Corpos em rotação sofrem precessão: seu eixo de rotação muda de direção, com a ponta do eixo descrevendo um círculo lento. Piões girando frequentemente fazem isso. Remontando a Lagrange, a matemática explica a precessão como a dinâmica típica de um corpo com certo tipo de simetria – dois eixos de inércia iguais. Planetas são aproximadamente elipsoides em rotação, então satisfazem essa condição. O eixo da Terra sofre precessão com um período de 25.772 anos. Isso afeta como vemos o céu noturno. No momento, a estrela polar, Polaris, na Ursa Maior, está alinhada com o eixo e portanto dá a impressão de estar fixa, enquanto o restante das estrelas parece girar em torno dela. Na verdade, é a Terra que está girando. Mas no antigo Egito, 5 mil anos atrás, Polaris dava a volta num círculo, e a débil estrela Batn al Thuban (Phi Draconis) estava fixa no lugar. Escolhi essa data porque é uma questão de sorte uma estrela brilhante aparecer perto do polo ou não, e a maior parte das vezes não é uma brilhante.*

Quando o eixo de um planeta sofre precessão, sua obliquidade não muda. As estações vão se alterando lentamente, mas tão devagar que apenas um Hiparco notaria, e mesmo assim só com o auxílio das gerações anteriores. Um determinado local no planeta experimenta mais ou menos as mesmas

---

* No hemisfério sul celeste, a estrela polar é a Sigma Octantis, que quase não pode ser vista a olho nu. Há cerca de 2.200 anos a estrela Beta Hydri ocupa essa posição. (N.R.T.)

variações sazonais, mas seu momento de ocorrência mudaria muito lentamente. Tanto o grupo de Laskar como o de Wisdom descobriram que Marte é diferente. Sua obliquidade também sofre variação, em alguma medida provocada por mudanças na sua órbita. Se a precessão de seu eixo ressoa com o período de qualquer elemento orbital variável, a obliquidade pode mudar. Os dois grupos calcularam qual é esse efeito analisando a dinâmica do planeta.

Os cálculos de Wisdom mostram que a obliquidade de Marte varia caoticamente numa faixa que vai de onze a 49 graus. Ela pode mudar em vinte graus em cerca de 100 mil anos, e oscila de maneira caótica em torno dessa faixa aproximadamente nesse ritmo. Há nove milhões de anos a obliquidade variava entre trinta e 47 graus, e isso continuou até 4 milhões de anos atrás, quando houve uma mudança relativamente abrupta para uma faixa entre quinze e 35 graus. Os cálculos incluem efeitos da relatividade geral, que nesse problema particular são importantes. Sem eles, o modelo não conduz a essa transição. O motivo da transição é – você já deve ter adivinhado – a passagem por uma ressonância rotação-órbita.

O grupo de Laskar usou um modelo diferente, sem efeitos relativistas, mas com uma representação mais acurada da dinâmica, e examinou um intervalo de tempo mais longo. O grupo obteve resultados semelhantes para Marte, mas descobriu que, considerados períodos de tempo mais longos, sua obliquidade varia entre zero e sessenta graus, uma faixa ainda maior.

Eles também estudaram Mercúrio, Vênus e a Terra. Hoje, Mercúrio gira muito devagar, uma vez a cada 58 dias, e dá a volta em torno do Sol em 88 dias – uma ressonância rotação-órbita de 3:2. É provável que isso tenha sido causado por interações de maré com o Sol, que desaceleraram a rotação primordial. O grupo de Laskar calculou que originalmente Mercúrio girava a cada dezenove horas. Antes de o planeta chegar ao estado atual, sua obliquidade variava entre zero e cem graus, levando cerca de 1 milhão de anos para cobrir a maior parte dessa faixa. Em particular, houve épocas em que seu polo ficava de frente para o Sol.

Vênus constitui um quebra-cabeça para os astrônomos porque, pela convenção usual sobre ângulos para corpos em rotação, sua obliquidade é de 177 graus – está essencialmente de cabeça para baixo. Isso faz com que gire muito devagar (um período de 243 *dias*) no sentido oposto ao de todos os outros planetas. A explicação para esse movimento "retrógrado" não é conhecida, mas nos anos 1980 pensava-se que fosse um motivo primordial, que remontasse à origem do sistema solar. A análise de Laskar sugere que talvez não seja esse o caso. Acredita-se que Vênus originalmente tinha um período de rotação de meras treze horas. Assumindo isso, o modelo mostra que a obliquidade de Vênus tinha a princípio uma variação caótica. Ao chegar a noventa graus, a obliquidade pode ter se tornado estável em vez de caótica e, a partir desse estado, evoluído gradualmente até o valor atual.

Os resultados para a Terra são diferentes e interessantes. A obliquidade da Terra é muito estável, variando em apenas um grau. A razão parece ser a nossa Lua, inusitadamente grande. Sem ela, a obliquidade da Terra vagaria em torno de zero a 85 graus. Nessa Terra alternativa, as condições climáticas seriam muito diferentes. Em vez de o equador ser quente e os polos frios, diferentes regiões experimentariam variações de temperatura inteiramente distintas. E isso afetaria os padrões do clima.

Alguns cientistas têm sugerido que sem a Lua as mudanças caóticas no clima teriam tornado mais difícil a evolução da vida aqui, especialmente a vida mais complexa. No entanto, a vida se desenvolveu nos oceanos. Não invadiu a terra até cerca de 500 milhões de anos atrás. A vida marinha não seria muito afetada por um clima variável. Quanto aos animais terrestres, as mudanças climáticas que resultariam da ausência da Lua são rápidas em escalas de tempo astronômicas, mas organismos terrestres migrariam à medida que o clima mudasse, porque suas escalas de tempo são lentas. A evolução continuaria largamente sem impedimentos. Poderia até mesmo ser acelerada por uma pressão maior para se adaptar.

EFEITOS ASTRONÔMICOS SOBRE os seres vivos da Terra que efetivamente ocorreram são mais interessantes do que efeitos hipotéticos que não ocorreram. O mais famoso é o asteroide que destruiu os dinossauros. Ou teria sido um cometa? E houve também outras influências envolvidas, tais como maciças erupções vulcânicas?

Os dinossauros surgiram há cerca de 231 milhões de anos, no Triássico, e desapareceram há cerca de 65 milhões de anos, no fim do Cretáceo. Nesse meio tempo, foram os vertebrados mais bem-sucedidos, no mar e em terra. Apenas para comparar, os humanos "modernos" estão aí há cerca de 2 milhões de anos. Entretanto, houve muitas espécies de dinossauros, então o confronto é um pouco injusto. A maioria das espécies individuais não sobrevive por mais que uns poucos milhões de anos.

O registro fóssil mostra que o fim dos dinossauros foi bastante repentino, pelos padrões geológicos. Seu desaparecimento foi acompanhado pelo dos mosassauros, plesiossauros, amonites, muitas aves, a maioria dos marsupiais, metade dos tipos de plâncton, muitos peixes, ouriços-do-mar, esponjas e caracóis. Essa "extinção K-T" (Cretáceo-Terciário) é um dos cinco ou seis eventos mais importantes nos quais enormes quantidades de espécies pereceram num piscar de olhos geológico.[11] Os dinossauros, porém, conseguiram deixar alguns descendentes modernos: os pássaros evoluíram dos dinossauros terópodes no Jurássico. Perto do fim de seu reinado os dinossauros conviveram com mamíferos, alguns bastante grandes, e o desaparecimento dos dinossauros parece ter deflagrado uma explosão de evolução mamífera, na medida em que o principal competidor foi removido de cena.

Há um amplo consenso entre os paleontólogos de que a principal causa da extinção K-T foi o impacto de um asteroide, ou possivelmente de um cometa, que deixou uma marca indelével na península de Yucatán, no México: a cratera de Chicxulub. Que essa tenha sido a única causa ainda é motivo de discussão, em parte porque há pelo menos mais uma candidata plausível: os massivos jorros vulcânicos de magma que formaram os Trapps do Decão, na Índia, que teriam enviado grandes quantidades de gases tóxicos para a atmosfera. O termo "*trapps*" vem do sueco, que por sua vez derivou do sânscrito "*trap*", escadaria, e designa os estratos basálticos que tendem a se desgastar, formando uma série de degraus. Talvez a mudança climática ou a alteração do nível dos mares também tenham tido uma participação. Mas o impacto ainda é o principal suspeito, e várias tentativas de provar outra coisa naufragaram à medida que novas evidências foram chegando.

O principal problema da teoria dos Trapps do Decão, por exemplo, é que eles se formaram durante um período de 800 mil anos. A extinção K-T foi muito mais rápida. Em 2013 Paul Renne usou a datação argônio-argônio (uma comparação das proporções de diferentes isótopos do gás argônio), definindo o impacto em 66,043 milhões de anos atrás, mais ou menos 11 mil anos. Acredita-se que a morte dos dinossauros tenha ocorrido dentro de 33 mil anos dessa data. Se correto, esse momento parece estar perto demais para ser uma coincidência. No entanto, certamente é possível que outras causas tenham forçado o ecossistema mundial, e o impacto tenha sido o *coup de grâce*. Na verdade, em 2015 uma equipe de geofísicos liderada por Mark Richards descobriu evidências claras de que, pouco depois do impacto, o fluxo de lava dos Trapps do Decão duplicou.[12] Isso adiciona peso a uma teoria mais antiga: o impacto mandou ondas de choque ao redor da Terra. Elas se concentraram na região diametralmente oposta a Chicxulub, que acontece de estar muito próxima dos Trapps do Decão.

Os astrônomos vêm tentando descobrir se o objeto que causou o impacto foi um cometa ou asteroide, e até mesmo de onde veio. Em 2007 William Bottke e outros[13] publicaram uma análise de semelhanças químicas que sugere que esse objeto se originou num grupo de asteroides conhecido como família Baptinista e que se fragmentou há cerca de 160 milhões de anos. Porém, pelo menos um asteroide desse grupo tem a química errada, e em 2011 o momento da fragmentação foi estimado em 80 milhões de anos, o que não deixa um intervalo de tempo suficientemente longo antes do impacto.

Uma coisa que foi estabelecida é como o caos faz com que os asteroides sejam arremessados para fora do seu cinturão e acabem atingindo a Terra. O culpado é Júpiter, habilmente assistido por Marte.

Lembre-se do capítulo 5, onde dissemos que o cinturão de asteroides tem lacunas – distâncias do Sol onde a população é inusitadamente esparsa – e que estas se correlacionam bem com órbitas em ressonância com

Júpiter. Em 1983 Wisdom estudou a formação da lacuna 3:1 de Kirkwood, buscando entender o mecanismo matemático que leva asteroides a serem ejetados de tal órbita. Matemáticos e físicos já haviam descoberto uma associação íntima entre ressonância e caos. No coração de uma ressonância está uma órbita periódica, na qual o asteroide faz um número inteiro de revoluções enquanto Júpiter dá outro número inteiro. Esses dois números são 3 e 1. No entanto, tal órbita mudará porque outros corpos perturbam o asteroide. A questão é: como?

Em meados do século XX três matemáticos – Andrei Kolmogorov, Vladimir Arnold e Jürgen Moser – obtiveram diferentes pedaços da resposta a essa pergunta, que foram reunidas no teorema KAM. Este afirma que órbitas próximas da periódica são de dois tipos. Algumas são quase periódicas, espiralando em torno da órbita original de maneira regular. Outras são caóticas. Além disso, os dois tipos estão aninhados de maneira intrincada. As órbitas quase periódicas espiralam em volta de tubos que circundam a órbita periódica. Há infinitos desses tubos. Entre eles há tubos mais complicados, espiralando em torno das órbitas espirais. Entre esses há tubos ainda mais complicados, espiralando em volta *desses*, e assim por diante. (É isso o que significa "quase periódico".) As órbitas caóticas preenchem as intrincadas lacunas entre todas essas espirais e múltiplas espirais, e são definidas pelos emaranhados homoclínicos de Poincaré.

Essa estrutura altamente complexa pode ser visualizada com mais facilidade tomando emprestado um recurso de Poincaré e olhando-a em seção transversal. A órbita periódica inicial corresponde ao ponto central, os tubos quase periódicos têm as curvas fechadas como seções transversais e as regiões sombreadas entre elas são trechos de órbitas caóticas. Uma órbita dessas passa através de um ponto na região sombreada, percorre todo o caminho perto da órbita periódica original e volta a encontrar a seção transversal num segundo ponto – cuja relação com o primeiro parece ser aleatória. O que se observaria não seria um asteroide num andar de bêbado; seria um asteroide cujos elementos orbitais variam caoticamente de uma órbita para a seguinte.

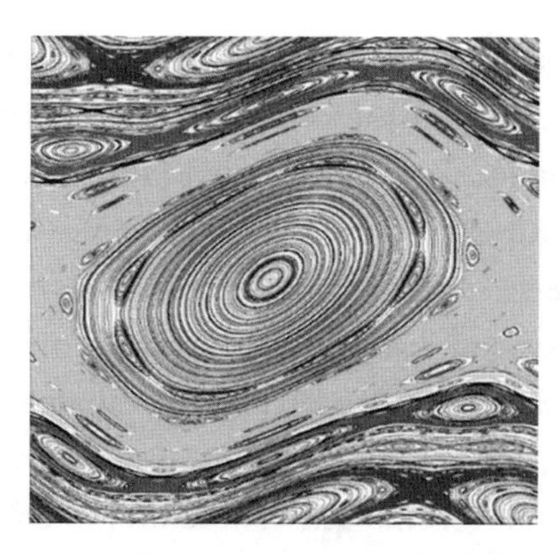

Seção transversal numericamente calculada de órbitas perto de uma periódica, de acordo com o teorema KAM.

Para realizar cálculos específicos para a lacuna 3:1 de Kirkwood, Wisdom inventou um novo método de modelagem da dinâmica: uma fórmula que está de acordo com a maneira como órbitas sucessivas atingem a seção transversal. Em vez de resolver uma equação diferencial para a órbita, você simplesmente fica aplicando a fórmula. Os resultados confirmam a ocorrência de órbitas caóticas e fornecem detalhes de sua aparência. Para as mais interessantes, a excentricidade da elipse aproximada subitamente fica muito maior. Assim, uma órbita razoavelmente próxima de um cír-

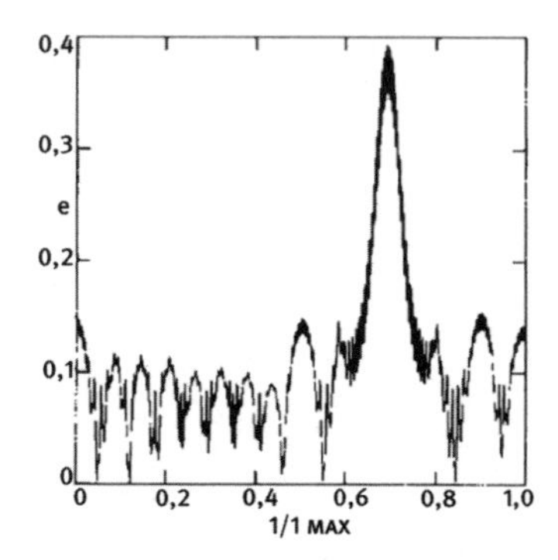


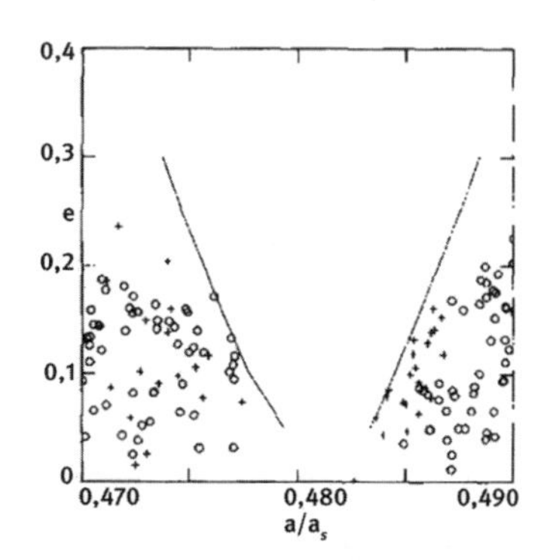


*Esquerda:* Pico de excentricidade (eixo vertical). O eixo horizontal é o tempo. *Direita:* Bordas externas da zona caótica (linhas cheias) e elementos orbitais de asteroides (bolinhas e cruzes). O eixo vertical é a excentricidade, o eixo horizontal é o raio maior em relação ao de Júpiter.

culo, talvez uma elipse gorducha, vira uma elipse fina e comprida. Longa o bastante, na verdade, para cruzar a órbita de Marte. Como continua a fazer isso, há uma boa chance de que o asteroide se aproxime de Marte e seja perturbado pelo efeito estilingue. E isso o arremessaria... para qualquer lugar. Wisdom sugeriu que esse é o mecanismo com que Júpiter esvazia a lacuna 3:1 de Kirkwood. Como confirmação, colocou num gráfico os elementos orbitais de asteroides perto da lacuna e os comparou com a zona caótica de seu modelo. O encaixe é quase perfeito.

Basicamente, um asteroide que está tentando orbitar na lacuna é sacudido pelo caos e passa por Marte, que o chuta para longe. Júpiter bate o escanteio, Marte marca o gol. E às vezes... só às vezes... Marte chuta na nossa direção. E se o chute por acaso for na direção certa –

Marte um, dinossauros zero.

# 10. A super-rodovia interplanetária

Viagem espacial é uma absoluta asneira.

RICHARD WOOLLEY, astrônomo real, 1956

QUANDO CIENTISTAS E ENGENHEIROS visionários começaram a pensar seriamente em fazer seres humanos pousarem na Lua, um dos primeiros problemas foi calcular a melhor rota. "Melhor" tem muitos sentidos. Neste caso, as exigências são uma trajetória rápida, minimizando o tempo que astronautas vulneráveis passam sendo sacudidos no vácuo dentro de uma lata metida a besta, e ligar e desligar o motor do foguete o mínimo possível de vezes para reduzir a chance de ele falhar.

Quando a *Apollo 11* pousou astronautas na Lua, sua trajetória obedeceu a esses dois princípios. Primeiro, a espaçonave foi injetada numa órbita terrestre baixa, onde tudo podia ser checado para assegurar que ainda funcionava. Então uma única explosão dos motores lhe deu a velocidade para seguir rumo à Lua. Quando se aproximou do satélite, algumas explosões adicionais voltaram a reduzir sua velocidade, injetando-a em órbita lunar. O módulo de pouso desceu então até a superfície, e sua metade superior voltou alguns dias depois com os astronautas. Ela foi então abandonada, e os tripulantes regressaram à Terra com outra explosão do motor para tirá-los da órbita lunar. Depois de costear o planeta natal eles chegaram à parte mais perigosa de toda a missão: usar o atrito com a atmosfera terrestre como freio, para desacelerar a cápsula de comando o suficiente para que pousasse usando paraquedas.

Durante algum tempo, esse tipo de trajetória, que na sua forma mais simples é conhecido como elipse de Hohmann, foi usado na maioria das missões. Num sentido a elipse de Hohmann é ideal. Ou seja, é mais rápida que a maioria das alternativas, para uma mesma quantidade de combustível do foguete. Porém, à medida que a humanidade foi ganhando experiência em missões espaciais, os engenheiros perceberam que outros tipos de missão têm exigências diferentes. Em particular, a velocidade é menos importante quando se está enviando uma máquina ou suprimentos.

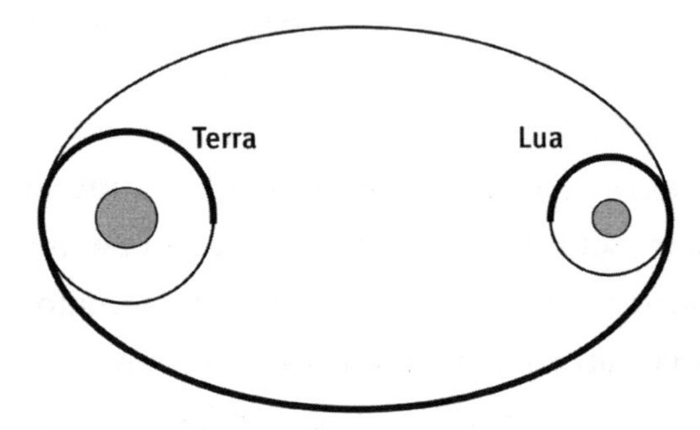


Elipse de Hohmann. A linha mais grossa mostra a órbita de transferência.

Até 1961 os planejadores das missões, convencidos de que a elipse de Hohmann era ideal, encaravam o campo gravitacional de um planeta como um obstáculo a ser superado usando impulsão extra. Então, Michael Minovitch descobriu o efeito estilingue numa simulação.[1] Em poucas décadas, novas ideias da matemática das órbitas de muitos corpos levaram à descoberta de que uma espaçonave pode chegar a seu destino usando muito menos combustível, seguindo uma trajetória bastante diferente da usada para o pouso na Lua. O preço é que ela é muito mais longa, e pode requerer uma série mais complexa de impulsões dos foguetes. Entretanto, os motores dos foguetes de hoje são mais confiáveis, e podem ser disparados repetidamente sem aumentar muito a probabilidade de falhas.

Em vez de considerar somente a Terra e o alvo final, os engenheiros começaram a pensar em todos os corpos que potencialmente poderiam afetar a trajetória da sonda espacial. Seus campos gravitacionais se combinam para criar um tipo de paisagem de energia, uma metáfora que encontramos em conexão com os pontos de Lagrange e os asteroides Gregos e Troianos. A espaçonave efetivamente vagueia ao longo das curvas de nível dessa paisagem. Uma sacada é que a paisagem se modifica à medida que os corpos se movem. Outra é que, matematicamente, trata-se de uma paisagem em muitas dimensões, não apenas as três habituais, porque a velocidade é tão importante quanto a posição. Uma terceira é que o caos desempenha um papel-chave: pode-se tirar proveito do efeito borboleta para obter grandes resultados para pequenas causas.

Essas ideias têm sido usadas em missões reais. Também implicam a existência, dentro do sistema solar, de uma rede de tubos matemáticos invisíveis ligando os planetas, um sistema de super-rodovia interplanetária oferecendo rotas especialmente eficientes entre eles.[2] A dinâmica que governa esses tubos pode até mesmo explicar como os planetas estão espaçados, um avanço moderno na lei de Titius-Bode.

Concepção artística da super-rodovia interplanetária. A fita representa uma trajetória possível ao longo de um tubo e os estreitamentos correspondem a pontos de Lagrange.

A MISSÃO *Rosetta* é um exemplo de novas maneiras de projetar trajetórias para sondas espaciais. Ela não utiliza o efeito borboleta, mas mostra como um planejamento imaginativo pode produzir resultados que à primeira vista parecem impossíveis, explorando atributos naturais da paisagem gravitacional do sistema solar. A *Rosetta* foi tecnicamente desafiadora, no mínimo por causa da distância e da velocidade do objetivo. Na época do pouso, o cometa 67P estava a 480 milhões de quilômetros da Terra e viajando a mais de 50 mil quilômetros por hora. Isso é sessenta vezes mais rápido que um jato de passageiros. Devido às limitações da atual fabricação de foguetes, o método *point-and-go* usado para o pouso na Lua não funciona.

Sair da órbita terrestre com velocidade suficiente é difícil e caro, mas é possível. De fato, a missão *New Horizons* para Plutão adotou a rota direta. Conseguiu tomar de empréstimo alguma velocidade adicional de Júpiter ao longo do trajeto, mas poderia ter chegado lá sem ela levando mais tempo. O grande problema era voltar a uma velocidade menor, o que foi resolvido sem nem sequer tentar. A *New Horizons*, o veículo espacial mais rápido já lançado, usou um foguete muito potente, com cinco impulsores de combustível sólido e um estágio extra final para atingir a velocidade necessária ao deixar a Terra. E deixou todos eles para trás assim que pôde: eram pesados demais e, de todo modo, estavam vazios de combustível. Quando a sonda chegou a Plutão atravessou o sistema a toda a velocidade, e precisou fazer todas as suas principais observações científicas dentro de um intervalo de cerca de um dia. Durante esse tempo, esteve ocupada demais para se comunicar com a Terra, causando um período de nervosismo enquanto cientistas e controladores da missão esperavam para ver se havia sobrevivido ao encontro – colidir com um único grão de areia poderia ter sido fatal.

Em contraste, a *Rosetta* tinha de se encontrar com o 67P e *ficar com ele* enquanto o cometa se aproximava do Sol, observando-o o tempo todo. Tinha de depositar a *Philae* na superfície do cometa. Em relação ao cometa, a *Rosetta* precisava se manter praticamente estacionária, mas o cometa estava a mais de 480 milhões de quilômetros de distância, movendo-se numa velocidade colossal – 55 mil quilômetros por hora. Então a trajetória da missão precisava ser projetada para levar a nave a acelerar, mas acabar na mesma órbita que o cometa. Até mesmo encontrar uma trajetória conveniente era difícil; e a mesma coisa para achar um cometa adequado.

Na missão real, a sonda seguiu uma rota altamente indireta,[3] que, entre outras coisas, retornou para perto da Terra *três vezes*. Foi um pouco como ir de Londres a Nova York viajando várias vezes ida e volta entre Londres e Moscou. Mas as cidades permanecem paradas em relação à Terra, enquanto planetas não, e isso faz toda a diferença. A sonda começou sua épica jornada movendo-se numa direção que ingenuamente parecia ser totalmente errada. Ela partiu *na direção* do Sol, mesmo que o cometa estivesse ainda longe da órbita de Marte, afastando-se. (Não estou dizendo *diretamente* na direção do Sol: apenas que a distância em relação ao Sol estava ficando menor.) A órbita da *Rosetta* a levou até depois do Sol e depois de volta para perto da Terra, de onde foi lançada para fora, para um encontro com Marte. Então oscilou de volta para encontrar a Terra uma segunda vez e em seguida *outra vez* para além da órbita de Marte. Naquele momento o cometa estava do lado distante do Sol e mais perto dele do que a *Rosetta*. Um terceiro encontro com a Terra lançou a sonda para fora de novo, perseguindo o cometa quando ele agora se afastava rapidamente do Sol. Enfim, a *Rosetta* teve o encontro com seu destino.

Por que uma rota tão complicada? A Agência Espacial Europeia não apontou simplesmente seu foguete para o cometa e disparou. Isso teria exigido combustível demais e, na época em que lá chegasse, o cometa já estaria em outro lugar. Em vez disso, a *Rosetta* executou uma dança cósmica cuidadosamente coreografada, puxada pelas forças gravitacionais combinadas do Sol, da Terra, de Marte e de outros corpos relevantes. Sua rota, calculada explorando-se a lei da gravidade de Newton, foi projetada para o máximo de eficiência de combustível. Cada voo de aproximação da Terra e de Marte dava à sonda um impulso grátis, na medida em que ela tomava emprestada energia do planeta. Uma rápida ativação ocasional dos quatro impulsores mantinha a nave na rota. O preço pago pela economia de combustível foi que a *Rosetta* levou dez anos para chegar a seu destino.

No entanto, sem pagar esse preço, a missão teria sido cara demais até mesmo para tirá-la do chão.

Esse tipo de trajetória, dando voltas e voltas, indo e voltando, buscando judiciosamente impulsões de velocidade de planetas e luas, tornou-se lugar-comum em missões espaciais em que o tempo não é essencial. Se uma sonda espacial passa perto de um planeta ao viajar ao longo de sua órbita, pode roubar alguma energia do planeta numa manobra de estilingue. O planeta na verdade *perde velocidade*, mas a redução é pequena demais até mesmo para ser observada pelo equipamento mais sensível. Então a sonda ganha um impulso em sua velocidade sem ter de usar nenhum combustível do foguete.

O diabo, como sempre, está nos detalhes. Para projetar tais trajetórias, os engenheiros precisam ser capazes de prever os movimentos de todos os corpos envolvidos, e devem fazer a viagem toda se encaixar para fazer a sonda chegar ao seu pretendido destino. Então, projetar a missão é uma mistura de cálculo e feitiçaria. Tudo depende de uma área da atividade humana cujo papel na exploração espacial raramente chega a ser insinuada, mas sem a qual nada seria conseguido. Sempre que a mídia começa a falar em "modelos computacionais" ou "algoritmos", você pode presumir que o que estão realmente querendo dizer é "matemática", mas ficam apavorados demais para mencionar a palavra, ou pensam que ela vai meter medo em *você*. Há sensatas razões para não esfregar na cara das pessoas complexos detalhes matemáticos, mas constitui um grave desserviço a uma das maneiras de pensar mais poderosas da humanidade fingir que ela não tem absolutamente nada com isso.

O PRINCIPAL TRUQUE DINÂMICO da *Rosetta* foi a manobra estilingue. Com exceção daqueles encontros repetidos, ela efetivamente seguiu uma série de elipses de Hohmann. Em vez de entrar em órbita ao redor do 67P, seguiu uma elipse próxima em torno do Sol. Mas há um truque muito mais intrigante, realmente capaz de mudar o jogo, e que revolucionou o projeto das trajetórias de missões espaciais. Estarrecedoramente, baseia-se no caos.

Conforme expliquei no capítulo 9, caos no sentido matemático não é simplesmente um termo rebuscado para comportamento aleatório ou errático. É um comportamento que *parece* aleatório e errático, mas na verdade é governado por um sistema oculto de regras deterministas explícitas. Para corpos celestes, essas regras são as leis do movimento e da gravidade. À primeira vista, as regras não ajudam muito, porque sua principal implicação é que o movimento caótico é imprevisível no longo prazo. Há um horizonte de previsão, além do qual qualquer movimento predito afundará devido a erros minúsculos mas inevitáveis na medição do estado atual. Além do horizonte, é impossível fazer apostas. Então, de modo geral o caos parece uma coisa ruim.

Uma das primeiras críticas à "teoria do caos" era que, como o caos é imprevisível, causa dificuldades para os humanos que tentam entender a natureza. De que adianta uma teoria que torna tudo mais difícil? Ela é pior que inútil. De algum modo, as pessoas que defendiam esse ponto de vista pareciam imaginar que a natureza, portanto, se arranjaria milagrosamente de maneira a evitar o caos e nos ajudar. Ou que, se não tivéssemos *notado* que alguns sistemas são imprevisíveis, em vez disso eles teriam sido previsíveis.

O mundo não funciona desse jeito. Ele não sente compulsão de satisfazer aos humanos. A tarefa das teorias científicas é nos ajudar a compreender a natureza; controle maior sobre a natureza é um subproduto comum, mas não é o objetivo principal. Sabemos, por exemplo, que o núcleo da Terra consiste em ferro fundido, então não há perspectiva séria de chegar lá, mesmo com uma máquina de escavação autônoma. Que teoria boba! Como é sem sentido! Exceto que – desculpe, mas isso é verdade. E, efetivamente, também é útil: ajuda a explicar o campo magnético da Terra, algo que colabora para nos manter vivos desviando radiação.

De modo semelhante, o principal ponto da teoria do caos é que o caos *está aí*, no mundo natural. Em circunstâncias comuns, apropriadas, ele é uma consequência tão inevitável das leis da natureza quanto aqueles padrões simples e bem-comportados como as órbitas elípticas periódicas que deram o pontapé inicial na revolução científica. E como está aí, temos de nos acostumar a ele. Mesmo que a única coisa que pudéssemos fazer com a teoria do caos fosse advertir as pessoas para esperar comportamento errático em sistemas baseados em regras, já valeria a pena conhecê-la. E isso nos impediria de ficar procurando influências externas inexistentes que de outra forma poderíamos presumir serem a causa de irregularidades.

Na realidade, a "teoria do caos" tem mais consequências úteis. Como o caos emerge a partir de regras, pode-se usá-lo para inferir as regras, testar as regras e fazer deduções a partir das regras. Como a natureza frequentemente se comporta de maneira caótica, é melhor tentarmos entender como o caos opera. Mas a verdade é ainda mais positiva. O caos pode ser bom para você, graças ao efeito borboleta. Pequenas diferenças iniciais podem causar mudanças enormes. Vamos inverter isso. Suponha que você queira causar um furacão. Parece uma tarefa imensa. Mas, como ressaltou Terry Pratchett em *Interesting Times*, tudo o que você precisa fazer é achar a borboleta certa e… *bater as asas*.

Isso é o caos não como obstáculo, mas como uma forma muito eficiente de controle. Se pudéssemos de alguma maneira aplicar a engenharia reversa no efeito borboleta, seríamos capazes de redirecionar um sistema caótico para um estado novo com muito pouco esforço. Poderíamos derrubar um governo e começar uma guerra apenas movendo um dedo. Improvável? Sim, mas lembre-se de Sarajevo. Se as circunstâncias estiverem certas, tudo o que é necessário é um dedo no gatilho de uma pistola.[4]

O problema dos muitos corpos em astronomia é caótico. Domar o efeito borboleta nesse contexto nos permite redirecionar uma sonda espacial quase sem usar combustível propulsor. Poderíamos, por exemplo, chutar uma sonda lunar quase gasta para fora da sua última órbita em torno da Lua, e mandá-la observar um cometa. Isso também parece improvável, mas em princípio o efeito borboleta deveria ser capaz de executá-lo.

Qual é o problema? (Sempre há um. Não existe almoço grátis.)

Achar a borboleta certa.

Uma elipse de Hohmann liga uma órbita terrestre a uma órbita em volta do mundo-alvo, e com um pouco de artimanha é uma escolha muito boa para missões tripuladas. Se você está transportando bens perecíveis (seres humanos), então precisa chegar rápido a seu destino. Se, todavia, o tempo não for essencial, há rotas alternativas, que levam mais tempo mas usam menos combustível. Para explorar o efeito borboleta, precisamos de uma fonte de caos. Uma elipse de Hohmann consiste em três diferentes órbitas de dois corpos (elipse e círculos) emendadas, usando impulsões de propulsores para mudar a sonda de uma para outra. Mas não há caos no problema dos dois corpos. Onde encontramos caos orbital? No problema dos três corpos. Então, devemos pensar em emendar órbitas de *três corpos*. Podemos introduzir também órbitas de dois corpos, se servirem para alguma coisa, mas não estamos restritos a elas.

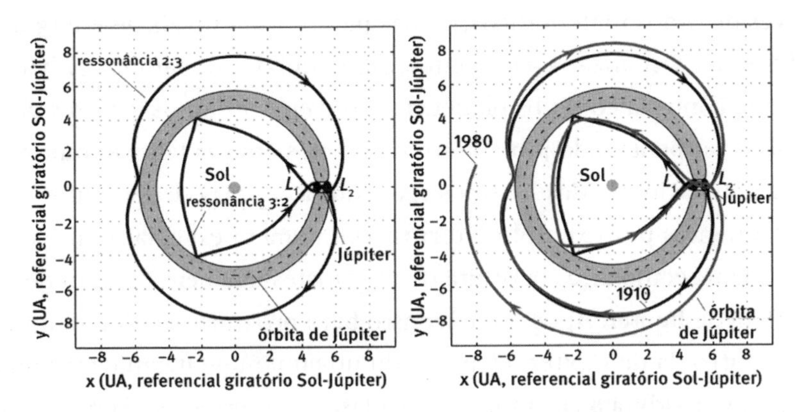


*Esquerda:* Paisagem gravitacional para a órbita de Oterma, mostrando órbita periódica em ressonância 3:2 com Júpiter.
*Direita:* A órbita real do cometa de 1910 a 1980.

No fim dos anos 1960 Charles Conley e Richard McGehee mostraram que cada um desses trajetos é cercado por um conjunto aninhado de tubos, um dentro do outro. Cada tubo corresponde a uma escolha particular de velocidade; quanto mais longe da velocidade ideal, mais largo é o tubo. Sobre a superfície de qualquer tubo dado, a energia total é constante. É

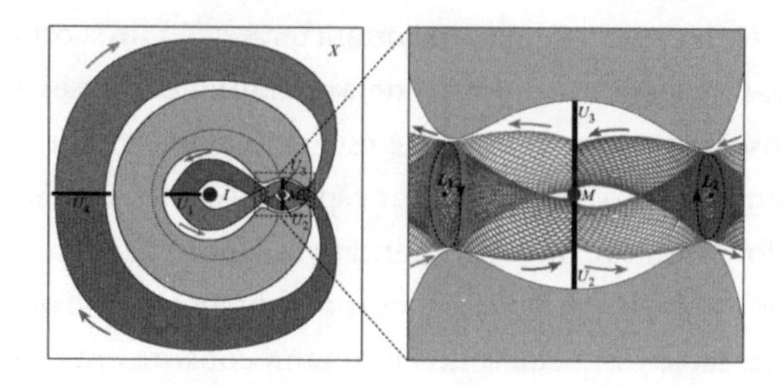

*Esquerda:* Sistema de tubos para Oterma. *Direita:* Close da região de troca.

uma ideia simples, com uma consequência extraordinária. Para visitar outro mundo com eficiência de combustível, vá de tubo.*

Os planetas, luas, asteroides e cometas estão ligados entre si por uma rede de tubos. Os tubos sempre estiveram ali, mas só podem ser vistos através de olhos matemáticos, e suas paredes são níveis de energia. Se pudéssemos visualizar a paisagem sempre mutável de campos gravitacionais que controla como os planetas se movem, seríamos capazes de ver os tubos, serpenteando junto com os planetas em sua lenta e imponente dança gravitacional. Mas sabemos agora que a dança pode ser imprevisível.

Peguemos por exemplo Oterma, um cometa especialmente desregrado. Um século atrás, a órbita de Oterma estava bem do lado de fora da órbita de Júpiter. Após um encontro bem próximo, sua órbita mudou para dentro da de Júpiter. Depois saiu novamente. Oterma continuará trocando de órbita a cada tantas décadas, não porque esteja quebrando a lei de Newton, mas porque a está obedecendo. A órbita de Oterma fica dentro de dois tubos que se encontram perto de Júpiter. Um tubo fica dentro da órbita de Júpiter, o outro fora. Na junção, o cometa troca de tubo, ou não, dependendo dos efeitos caóticos da gravidade joviana e solar. Mas uma vez dentro de um dos tubos, Oterma fica preso ali até retornar novamente à junção. Como um trem que precisa permanecer nos trilhos,

* O autor faz aqui um trocadilho com tube, tubo, que é também o apelido do metrô de Londres. (N.T.)

podendo mudar de direção para outro conjunto de trilhos se alguém mudar a chave do entroncamento, Oterma tem alguma liberdade para mudar seu itinerário, mas não muita.

Os CONSTRUTORES DE FERROVIAS vitorianos compreendiam a necessidade de explorar características naturais da paisagem. Faziam as ferrovias passar por vales e curvas de nível; cavavam túneis atravessando montanhas para evitar que o trem subisse até o cume. Subir um morro, contra a força da gravidade, custa energia. Esse custo se manifesta na forma de aumento de consumo de combustível, o que por sua vez implica gastos de dinheiro. O mesmo ocorre com viagens interplanetárias, mas a paisagem de energia se modifica à medida que os planetas se movimentam. Ela tem muito mais dimensões do que as duas que caracterizam a localização de um trem. Uma espaçonave viaja através de uma paisagem matemática que tem seis dimensões em vez de duas e que representam duas grandezas físicas distintas: posição e velocidade. Os tubos e suas junções são atributos especiais da paisagem gravitacional do sistema solar.

Uma paisagem natural tem montanhas e vales. É preciso energia para subir a montanha, mas um trem pode ganhar energia descendo livremente para um vale. Aqui entram em jogo dois tipos de energia. A altitude acima do nível do mar determina a energia potencial do trem, que acaba remontando à força da gravidade. Então há a energia cinética, que corresponde à velocidade. Quando um trem desce uma montanha e ganha velocidade, está trocando energia potencial por cinética. Quando sobe a montanha e reduz a velocidade, a troca é feita no sentido inverso. A energia total é constante, então o movimento corre ao longo de uma curva de nível na paisagem de energia. No entanto, trens tem uma terceira fonte de energia: combustível. Queimando diesel ou usando energia elétrica o trem pode subir uma ladeira ou acelerar, libertando-se de sua trajetória natural de movimento livre. Em qualquer instante, a energia total deve ser a mesma, mas todo o resto é negociável.

O mesmo acontece com uma espaçonave. Os campos gravitacionais do Sol, dos planetas e de outros corpos fornecem energia potencial. A velocidade da espaçonave corresponde à energia cinética. E sua potência motriz adiciona uma fonte de energia, que pode ser ligada e desligada à vontade. A energia desempenha o papel de altitude da paisagem, e o trajeto seguido pela espaçonave é um espécie de curva de nível, ao longo da qual a energia total permanece constante. E, muito importante, não é necessário prender-se a uma única curva: pode-se queimar algum combustível para mudar para outra diferente, movendo-se montanha "acima" ou "abaixo".

O truque é fazer isso no lugar certo. Os engenheiros ferroviários vitorianos estavam bem cientes de que a paisagem terrestre tem características especiais – os picos das montanhas, os fundos dos vales, a geometria em forma de sela das passagens entre montanhas. Essas características são importantes: formam uma espécie de esqueleto para a geometria geral das curvas de nível. Por exemplo, perto de um pico as curvas de nível formam curvas fechadas. Nos picos a energia potencial está localmente no máximo, no vale está num mínimo local. As passagens entre montanhas combinam características de ambas – máximo em algumas direções e mínimo em outras – e permitem passar as montanhas despendendo o mínimo de esforço.

De maneira semelhante, a paisagem de energia do sistema solar tem características especiais. As mais óbvias são o Sol, os planetas e as luas, que se assentam no fundo de poços de gravidade. Igualmente importantes, mas menos visíveis, são os picos das montanhas, fundos de vales e passagens entre montanhas na paisagem de energia. Essas características organizam a geometria geral, e é essa geometria que cria os tubos. As características mais conhecidas da paisagem de energia, além dos poços gravitacionais, são os pontos de Lagrange.

Edward Belbruno foi pioneiro no uso da dinâmica caótica no planejamento de missões, introduzindo por volta de 1985 o que na época era chamado de teoria da fronteira difusa. Ele percebeu que, quando acoplados ao caos, os tubos determinam novas rotas de um corpo celeste para outro com eficiência de energia. As rotas são formadas por trechos de órbitas naturais em sistemas de três corpos, que têm características como os pontos de Lagrange. Uma maneira de achá-los é começar no meio e trabalhar de dentro para fora. Imagine uma espaçonave situada no ponto $L_1$ Terra/Lua, entre os dois corpos. Se receber um mínimo empurrão, ela começará a correr "morro abaixo" à medida que perder energia potencial e ganhar energia cinética. Alguns empurrões a mandam na direção da Terra, e ela acaba por orbitar nosso planeta natal. Outros a mandam na direção da Lua, para ser capturada numa órbita lunar. Invertendo a trajetória de $L_1$ para a Terra e escolhendo uma trajetória conveniente de $L_1$ para a Lua, obtemos uma trajetória altamente eficiente da Terra à Lua com uma junção em $L_1$.

Como se constata, $L_1$ é um ótimo lugar para fazer pequenas alterações de curso. A dinâmica natural da espaçonave perto de $L_1$ é caótica, então alterações muito pequenas de posição ou velocidade criam grandes possibilidades para a trajetória. Explorando o caos, podemos redirecionar nossa nave para outros destinos com eficiência de combustível, ainda que de forma possivelmente vagarosa.

O truque do tubo foi usado pela primeira vez em 1985 para redirecionar o quase morto *ISEE-3 (International Sun-Earth Explorer* – Explorador

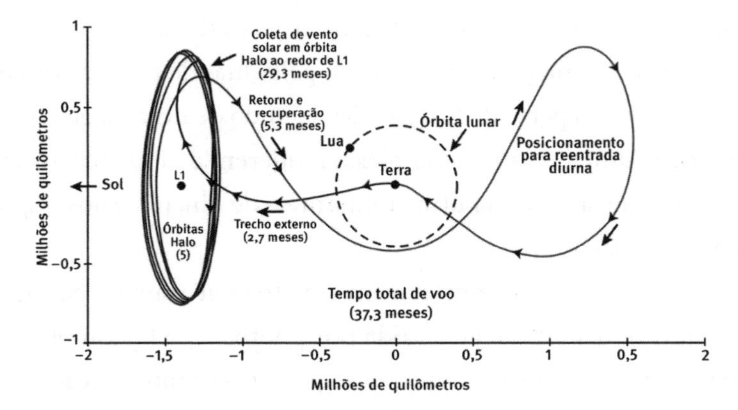


Trajetória da missão *Genesis*.

Internacional Sol-Terra) para um encontro com o cometa Giacobini-Zinner. Em 1990 Belbruno entrou em contato com a agência espacial japonesa para falar acerca de uma de suas sondas, *Hiten*, que havia completado sua missão principal e estava com pouco combustível. Ele apresentou uma trajetória que a estacionaria temporariamente em órbita lunar, e então a redirecionaria para os pontos $L_4$ e $L_5$ para procurar por partículas de poeira aprisionadas. O mesmo truque foi usado novamente com a missão *Genesis*, para trazer de volta amostras de partículas do vento solar.[5]

Matemáticos e engenheiros que quiseram repetir esse truque, e achar outros do mesmo tipo, tentaram entender o que realmente o fazia funcionar. Eles se concentraram naqueles lugares especiais na paisagem de energia análogos a passagens entre montanhas. Estes criam "gargalos" que eventuais viajantes precisam navegar. Há trajetos específicos "de entrada" e "de saída", análogos às rotas naturais através de uma passagem entre montanhas. Para seguir esses trajetos de entrada e saída com exatidão, é preciso viajar exatamente na velocidade certa. Mas se a velocidade for ligeiramente diferente, ainda assim é possível permanecer perto desses trajetos. Para planejar um perfil de missão eficiente, é preciso decidir quais tubos são relevantes. Projeta-se a rota da espaçonave ao longo do primeiro tubo de entrada, e quando ela chega ao ponto de Lagrange um rápido impulso dos motores a redireciona para percorrer um tubo de saída. Este flui para outro tubo de entrada... e assim por diante.

Em 2000, Wang Sang Koon, Martin Lo, Jerrold Marsden e Shane Ross usaram tubos para projetar uma viagem pelas luas de Júpiter, com um impulso gravitacional perto de Ganimedes seguido de uma viagem por tubo para Europa. Uma rota mais complexa, requerendo ainda menos energia, inclui também Calisto. Ela utiliza dinâmica de cinco corpos: Júpiter, as três luas e a espaçonave.

Em 2002 Lo e Ross computaram trajetos naturais na paisagem de energia, levando à entrada e à saída nos pontos $L_1$ e $L_2$ dos planetas do sistema solar, e descobriram que eles apresentam intersecção. A figura ilustra esses trajetos numa seção de Poincaré. A curva pontilhada que sai

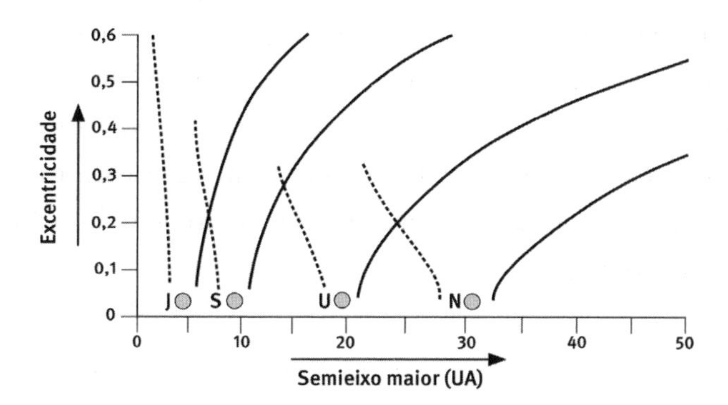


Trajetórias de baixa energia ligadas aos pontos $L_1$ (linhas pontilhadas) e $L_2$ (linhas cheias) para os quatro planetas externos (J, S, U, N). As trajetórias para os planetas internos são pequenas demais para ser vistas nesta escala. Intersecções, onde tubos vizinhos se encontram, fornecem pontos de troca para órbitas de transferência de baixa energia.

de Saturno (S) cruza a curva cheia que sai de Júpiter (J), possibilitando uma órbita de transferência de baixa energia entre os dois planetas em questão. O mesmo vale para as outras intersecções. Assim, começando em Netuno, uma espaçonave pode se transferir eficientemente para Urano, depois Saturno, depois Júpiter, fazendo as trocas entre os pontos $L_1$ e $L_2$ em cada planeta. O mesmo processo pode ser continuado para o sistema solar interno, ou invertido para viajar de dentro para fora, passo a passo. Esse é o esqueleto matemático da super-rodovia interplanetária.

Em 2005, Michael Dellnitz, Oliver Junge, Marcus Post e Bianca Thiere usaram tubos para planejar uma missão com eficiência energética da Terra a Vênus. O tubo principal liga o ponto $L_1$ Sol/Terra ao ponto $L_2$ Sol/Vênus. Como comparação, essa rota usa apenas um terço do combustível requerido pela missão *Venus Express* da Agência Espacial Europeia, porque pode utilizar motores de baixa impulsão; o preço é um aumento no tempo de viagem, de 150 dias para cerca de 650 dias.

A influência dos tubos pode ir mais longe. Dellnitz descobriu um sistema natural de tubos conectando Júpiter a cada um dos planetas internos. Esse é um indício de que Júpiter, o planeta dominante no sistema solar, desempenha o papel de uma Grande Estação Central celeste. Seus tubos podem muito bem ter organizado a formação do sistema solar inteiro, determinando os espaçamentos dos planetas internos. Isso não explica, nem mesmo sustenta, a lei de Titius-Bode; em vez disso, mostra que a verdadeira organização de sistemas planetários provém dos padrões sutis da dinâmica não linear.

# 11. Grandes bolas de fogo

> Podemos determinar as formas dos planetas, suas distâncias, seus tamanhos e seus movimentos – mas nunca poderemos saber coisa alguma sobre sua composição química.
>
> AUGUSTE COMTE, *A filosofia positiva*

COM UMA VISÃO RETROSPECTIVA aguda é fácil fazer troça do pobre Comte, mas em 1835 era inconcebível que pudéssemos algum dia descobrir do que é feito um planeta, muito menos uma estrela. A citação diz "planetas", mas em outro lugar ele afirmou que seria ainda mais difícil descobrir a química de uma estrela. Sua principal proposição era que existem limites para o que a ciência pode descobrir.

Como tantas vezes acontece quando eruditos de alta reputação declaram que alguma coisa é impossível, o argumento mais profundo de Comte estava correto, mas ele escolheu o exemplo errado. Ironicamente, a composição química de uma estrela, mesmo estando a milhares de anos-luz de distância, atualmente é uma das suas características mais fáceis de observar. Contanto que não se queiram muitos detalhes, o mesmo vale para galáxias, a distâncias de milhões de anos-luz. Podemos até mesmo ficar sabendo muita coisa sobre as atmosferas dos planetas, que brilham com luz estelar refletida.

Estrelas levantam montes de perguntas, além da matéria de que são feitas. O que são elas, como brilham, como evoluem, a que distância estão? Combinando observações com modelos matemáticos, cientistas têm inferido respostas detalhadas para todas essas perguntas, mesmo que visitar uma estrela com a tecnologia de hoje seja praticamente impossível. Muito menos penetrar num túnel dentro de uma delas.

A DESCOBERTA QUE MANDOU para o lixo o exemplo de Comte foi um acidente. Joseph Fraunhofer começou como aprendiz de fabricante de vidros, e quase morreu quando sua oficina desabou. Maximiliano IV José, príncipe-eleitor da Baviera, organizou um resgate, encheu-se de encantos pelo rapaz e financiou sua educação. Fraunhofer tornou-se perito na produção de vidro para instrumentos ópticos, acabando por se tornar diretor do Instituto Óptico em Benediktbeuern. Ele construiu telescópios e microscópios de alta qualidade, mas sua invenção científica mais influente veio em 1814, quando inventou um instrumento – o espectroscópio.

Newton trabalhou com óptica além de mecânica e gravidade, e descobriu que um prisma divide a luz em suas cores componentes. Outra maneira de dividir a luz é usar uma grade de difração, uma superfície plana com linhas retas minimamente espaçadas. As ondas de luz refletidas na grade interferem umas nas outras. A geometria das ondas implica que luz de um determinado comprimento de onda (ou frequência, que é a velocidade da luz dividida pelo comprimento de onda) é refletida mais intensamente em ângulos específicos. Ali os picos de onda coincidem, de maneira que se reforçam mutuamente. Em contraste, quase nenhuma luz é refletida nos ângulos em que as ondas interferem entre si destrutivamente, de modo que o pico de uma encontra o vale de outra. Fraunhofer combinou um prisma, uma grade de difração e um telescópio para criar um instrumento capaz de dividir a luz nos seus componentes e medir seus comprimentos de onda com alta acurácia.

Uma das suas primeiras descobertas foi que a luz emitida pelo fogo tem uma tonalidade característica alaranjada. Perguntando-se se o Sol seria basicamente uma bola de fogo, apontou seu espectroscópio para ele em busca de luz nesse comprimento de onda. Em vez disso, observou todo um espectro de cores, como Newton fizera, mas seu instrumento era tão preciso que também revelou a presença de misteriosas linhas escuras em numerosos comprimentos de onda. Antes, William Wollaston notara cerca de seis dessas linhas; Fraunhofer acabou encontrando 574.

Em 1859 o físico Gustav Kirchhoff e o químico Robert Bunsen, famoso pelo seu bico queimador, haviam demonstrado que essas linhas aparecem porque átomos de vários elementos absorvem luz de específicos comprimentos de onda. O bico de Bunsen foi inventado para medir esses comprimentos de onda em laboratório. Se você conhece, digamos, o comprimento de onda produzido pelo potássio e encontra uma linha correspondente no espectro solar, então o Sol deve conter potássio. Fraunhofer aplicou essa ideia a Sirius, observando assim o primeiro espectro estelar. Estudando outras estrelas, notou que elas possuíam espectros diferentes. A conclusão era poderosa: não só podemos descobrir do que as estrelas são feitas, mas também que diferentes estrelas são feitas de coisas diferentes.

Nascia um novo ramo da astronomia, a espectroscopia estelar.

Dois mecanismos principais criam linhas espectrais. Os átomos podem absorver luz de um determinado comprimento de onda, criando uma linha de absorção, ou podem emitir uma luz, criando uma linha de emissão. A luz amarelada característica das lâmpadas de sódio nas ruas é uma linha de emissão do sódio. Trabalhando às vezes juntos, às vezes separados, Kirchhoff e Bunsen usaram sua técnica para descobrir dois

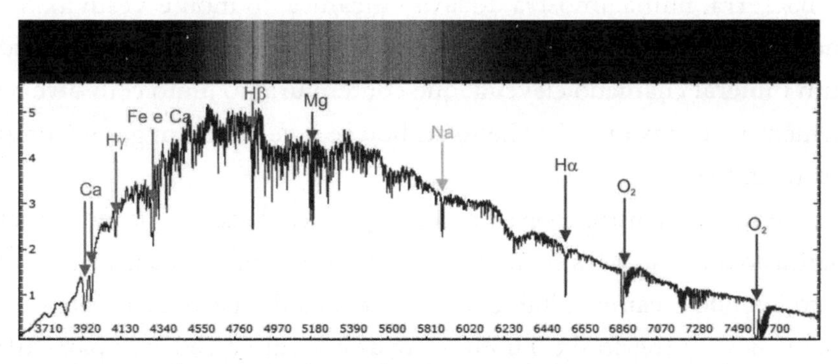


Espectro de uma estrela. *No alto:* Como visto num espectroscópio. *Embaixo:* Brilho de cada comprimento de onda. As linhas de absorção são (da esquerda para a direita): cálcio, hidrogênio gama, ferro e cálcio, hidrogênio beta, magnésio, sódio, hidrogênio alfa, oxigênio, oxigênio.

novos elementos, o césio e o rubídio. Logo dois astrônomos, Jules Janssen e Norman Lockyer, dariam um passo adiante, descobrindo um elemento que – na época – nunca havia sido detectado na Terra.

Em 1868 Janssen estava na Índia, observando um eclipse solar, na esperança de descobrir a química da cromosfera do Sol. Essa é uma camada da atmosfera solar que fica imediatamente acima da camada visível, que é a fotosfera. A cromosfera é tão tênue que só pode ser observada durante um eclipse total, quando tem uma tonalidade avermelhada. A fotosfera cria linhas de absorção, mas a cromosfera cria linhas de emissão. Janssen descobriu uma linha de emissão de amarelo muito intenso (que portanto vinha da cromosfera) com um comprimento de onda de 587,49 nanômetros, e pensou que correspondia ao sódio. Logo em seguida, Lockyer a batizou de linha espectral $D_3$, porque o sódio tem duas linhas em comprimentos de onda similares chamadas $D_1$ e $D_2$. No entanto, não tem linha no comprimento de onda $D_3$, portanto essa linha não era um sinal de sódio.

Na verdade, nenhum átomo conhecido tinha essa linha. Lockyer percebeu que tinham tropeçado num elemento anteriormente desconhecido. Ele e o químico Edward Frankland o batizaram de hélio, da palavra grega "*helios*", que significa "sol". Em 1882, Luigi Palmieri localizou a linha $D_3$ na Terra, numa amostra de lava vulcânica do monte Vesúvio. Sete anos depois William Ramsay obteve amostras de hélio aplicando ácido num mineral chamado cleveíta, que contém urânio junto com diversos elementos "terras-raras". O hélio acabou se revelando um gás na temperatura ambiente.

Até aqui essa história é basicamente química, à exceção da teoria matemática da difração. Mas então os eventos deram uma guinada inesperada, introduzindo o campo altamente matemático das partículas físicas. Em 1907 Ernest Rutherford e Thomas Royds estavam estudando partículas alfa, emitidas por materiais radiativos. Para descobrir o que eram, eles as aprisionaram num tubo de vidro que continha… nada. Um vácuo. As partículas passavam através da parede do tubo, mas perdiam energia e não conseguiam sair de novo. O espectro do conteúdo do tubo tinha uma forte linha $D_3$. Partículas alfa são o núcleo atômico do hélio.

Para resumir a história, os esforços combinados desses cientistas levaram à descoberta do segundo elemento mais comum no Universo, depois do hidrogênio. No entanto, o hélio não é comum *aqui*. Obtemos a maior parte dele destilando gás natural. Ele tem numerosos usos científicos importantes: balões meteorológicos, física de baixas temperaturas, aparelhos de imagem por ressonância magnética para uso médico. E, potencialmente, como principal combustível para reatores de fusão, uma forma de energia segura e relativamente barata se alguém conseguir fazer com que as coisas funcionem. E, então, no que é que desperdiçamos esse elemento vital? Balões para festas infantis.

A maior parte do hélio no Universo ocorre em estrelas e nuvens de gás interestelares. Isso porque ele foi feito originalmente nos primeiros estágios do Big Bang e é também o principal resultado de reações de fusão nas estrelas. Podemos vê-lo no Sol porque o Sol não é feito apenas de hélio, junto com muito hidrogênio e montes de outros elementos em quantidades menores: o Sol *fabrica* hélio... a partir do hidrogênio.

Um átomo de hidrogênio consiste em um próton e um elétron. Um átomo de hélio consiste em dois prótons, dois nêutrons e dois elétrons; uma partícula alfa deixa de fora os elétrons. Numa estrela, os elétrons são deixados de fora e as reações envolvem apenas o núcleo do átomo. No núcleo do Sol, onde a temperatura é de 14 milhões de kelvin, quatro núcleos de hidrogênio – quatro prótons – são espremidos juntos por massivas forças gravitacionais. Eles se fundem para criar uma partícula alfa, dois pósitrons, dois neutrinos e uma porção de energia. Os pósitrons e neutrinos permitem que dois prótons se transformem em dois nêutrons. Num nível mais profundo deveríamos realmente considerar os quarks constituintes, mas essa descrição é suficiente. Uma reação semelhante faz a "bomba de hidrogênio" explodir com força devastadora, graças a essa liberação de energia, mas ela envolve outros isótopos do hidrogênio: deutério e trítio.

Os PRIMEIROS ESTÁGIOS de um ramo novo da ciência são muito parecidos com colecionar borboletas: capture tudo o que puder e tente arranjar seus espécimes de maneira racional. Espectroscopistas coletavam espectros estelares e classificavam as estrelas adequadamente. Em 1866 Angelo Secchi usou espectros para agrupar estrelas em três classes distintas, correspondendo aproximadamente a suas cores predominantes: branco e azul, amarelo, laranja e vermelho. Mais tarde acrescentou outras duas classes.

Por volta de 1880 Edward Pickering começou um levantamento de espectros estelares, publicado em 1890. Williamina Fleming realizou a maior parte da classificação subsequente, usando um refinamento do sistema de Secchi simbolizado por letras do alfabeto de A a Q. Após uma complicada série de revisões, surgiu o sistema espectral de Harvard, que usa O, B, A, F, G, K e M. Estrelas do tipo O possuem a temperatura de superfície mais quente, as do tipo M a mais fria. Cada classe se divide em classes menores numeradas de 0 a 9, de modo que a temperatura diminui à medida que o número aumenta. Outra variável fundamental é a luminosidade da estrela – seu "brilho" intrínseco em todos os comprimentos de onda, medido como a radiação total que ela emite a cada segundo.[1] As estrelas também recebem uma classe de luminosidade, de acordo com o sistema Morgan-Keenan, representada por um numeral romano, de modo que o esquema completo tem dois parâmetros, correspondentes aproximadamente a temperatura e luminosidade.

Estrelas da classe O, por exemplo, têm uma temperatura de superfície acima de 30 mil kelvin, aparecem azuis ao olhar, têm massa de pelo menos dezesseis vezes a do Sol, mostram linhas de hidrogênio fracas e são muito raras. Estrelas da classe G têm temperatura de superfície entre 5,2 mil e 6 mil kelvin, são amarelo-claras, têm massa entre 0,8 e 1,04 vez a do Sol, mostram linhas de hidrogênio fracas e constituem cerca de 8% de todas as estrelas conhecidas. Entre elas está o nosso Sol, tipo G2. Estrelas da classe M têm temperatura de superfície entre 2,4 mil e 3,7 mil kelvin, são laranja-vermelhas, têm massa entre 0,08 e 0,45 vez a do Sol, mostram linhas de hidrogênio muito fracas e constituem cerca de 76% de todas as estrelas conhecidas.

A luminosidade de uma estrela correlaciona-se com seu tamanho, e as diferentes classes de luminosidade têm nomes que vão de hipergigantes, passando por supergigantes, gigantes, subgigantes, anãs (ou da sequência principal) até subanãs. Então uma estrela particular pode ser descrita como uma gigante azul, uma anã vermelha, e assim por diante.

Se pusermos num gráfico a temperatura e a luminosidade das estrelas, não obteremos uma distribuição aleatória de pontos. Obteremos um formato parecido com um Z ao contrário. Esse é o diagrama de Hertzsprung-Russell, introduzido por volta de 1910 por Ejnar Hertzsprung e Henry Russell. As características mais importantes são um aglomerado de gigantes e supergigantes brilhantes e frias, em cima à direita, uma diagonal curva da "sequência principal" de quentes e brilhantes até frias e fracas e um grupo esparso de anãs brancas fracas e quentes na esquerda embaixo.

O estudo de espectros estelares foi além de colecionar borboletas quando os cientistas começaram a usá-los para deduzir como as estrelas

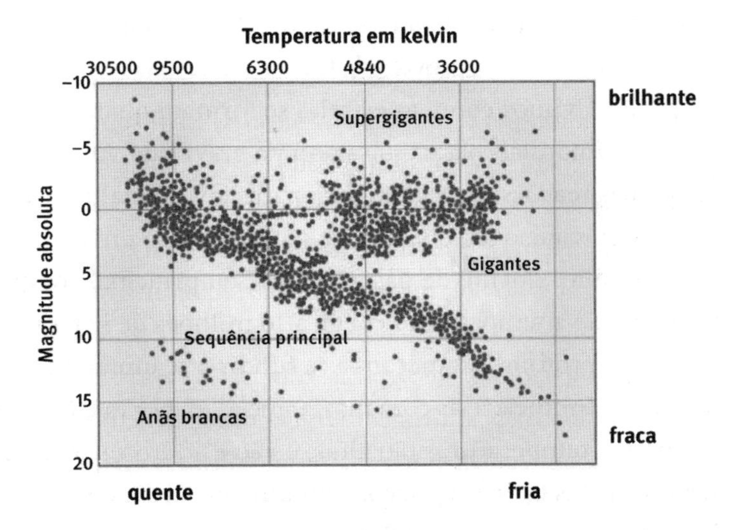


Diagrama de Hertzsprung-Russell. A magnitude absoluta está relacionada com a luminosidade, com −10 sendo muito brilhante e +20 muito fraca.

produzem a luz visível e outras formas de radiação. Rapidamente eles compreenderam que uma estrela não é somente uma fogueira gigante. Se sua fonte de energia fossem reações químicas comuns, o Sol teria queimado até virar cinzas há muito tempo. O diagrama de Hertzsprung-Russell também sugeria que as estrelas poderiam evoluir ao longo do Z invertido da esquerda no alto para a direita embaixo. Parecia sensato: nasceriam como gigantes, encolheriam até virar anãs e progrediriam descendo pela sequência principal até virar subanãs. À medida que encolhessem, converteriam energia gravitacional em radiação, um processo chamado de mecanismo Kelvin-Helmholtz. A partir dessa teoria, os astrônomos dos anos 1920 deduziram que o Sol tem idade de cerca de 10 milhões de anos, incorrendo na ira de geólogos e biólogos evolucionários, que estavam convencidos de que era muito mais velho.

Foi só na década de 1930 que os astrônomos se renderam, tendo percebido que as estrelas obtêm a maior parte de sua energia de reações nucleares e não do colapso gravitacional, e que o caminho evolutivo proposto estava errado. Nascia uma nova área da ciência, a astrofísica. Ela emprega sofisticados modelos matemáticos para analisar a dinâmica e a evolução das estrelas, desde o momento de seu nascimento até o instante de sua morte. Os principais ingredientes desses modelos provêm da física nuclear e da termodinâmica.

No capítulo 1 vimos como as estrelas se formam quando uma vasta nuvem de gás primordial colapsa sob a própria gravidade. Ali, focalizamos a dinâmica, mas reações nucleares adicionam novos detalhes. O colapso libera energia gravitacional, que aquece o gás, criando uma protoestrela, um esferoide muito quente de gás girando. Seu principal componente é o hidrogênio. Se a temperatura chega a 10 milhões de kelvin, núcleos de hidrogênio – prótons – começam a se fundir e se juntar, produzindo deutério e hélio. Protoestrelas com massa inicial menor que 0,08 a do Sol nunca chegam a temperaturas tão altas, e vão esmorecendo até formar anãs marrons. Estas brilham pouco, com uma luz proveniente na maior parte da fusão de deutério, e se aplacam.

Estrelas suficientemente quentes para se acender começam usando a reação da cadeia próton-próton. Primeiro, dois prótons se fundem para formar um dipróton (uma forma peso leve de hélio) e um fóton. Então um próton do dipróton emite um pósitron e um neutrino, e torna-se um nêutron; agora temos um núcleo de deutério. Esse passo, embora relativamente lento, libera uma pequena quantidade de energia. O pósitron colide com um elétron e ambos se aniquilam mutuamente, criando dois fótons e um pouco mais de energia. Após aproximadamente quatro segundos o núcleo de deutério se funde com outro próton, formando um isótopo de hélio, o hélio 3; e mais um bocado de energia é liberada.

Nesse estágio há três opções. A principal funde dois núcleos de hélio 3 para criar o hélio 4 comum, mais dois núcleos de hidrogênio e ainda mais energia. O Sol usa esse caminho 86% do tempo. Uma segunda opção cria núcleos de berílio, que se transforma em lítio, que se funde com hidrogênio, dando origem a hélio. Várias partículas também são liberadas. O Sol usa esse caminho 14% do tempo. O terceiro caminho envolve núcleos de berílio e boro, e ocorre no Sol 0,11% do tempo. Teoricamente existe uma quarta opção, em que o hélio 3 se funde com hidrogênio, indo direto para o hélio 4, mas ela é tão rara que nunca foi observada.

Os astrofísicos representam essas reações por equações como

$$ {}^{2}_{1}\mathrm{D} + {}^{2}_{1}\mathrm{H} \rightarrow {}^{3}_{2}\mathrm{He} + \gamma + 5{,}49\ \mathrm{MeV} $$

onde D = deutério, H = hidrogênio, He = hélio, o índice superior é o número de nêutrons, o inferior é o número de prótons, γ é um fóton e MeV é uma unidade de energia (megaelétron-volt). Menciono isso não porque quero que você siga o processo em detalhe, mas para mostrar que ele *pode* ser seguido em detalhe e que tem uma estrutura matemática definida.

Mencionei anteriormente a teoria de que as estrelas evoluem, de modo que sua combinação característica de temperatura e luminosidade se move através do diagrama Hertzsprung-Russell. Há algum mérito nessa ideia, mas os detalhes originais estavam errados, e diferentes estrelas seguem caminhos diferentes – num sentido aproximadamente oposto ao que se pensava inicialmente.[2] Quando uma estrela começa a existir, ela assume seu lugar em algum ponto da sequência principal do diagrama de Hertzsprung-Russell. A localização depende da massa da estrela, que determina sua luminosidade e temperatura. As principais forças que afetam a dinâmica da estrela são a gravidade, que a faz contrair-se, e a pressão de radiação causada pela fusão do hidrogênio, que a faz expandir-se. Um ciclo estável de retroalimentação joga essas forças uma contra a outra, chegando a um estado de equilíbrio. Se a gravidade começasse a ganhar, a estrela se contrairia, aquecendo-se e aumentando os níveis de radiação, restaurando assim o equilíbrio. Inversamente, se a radiação começasse a ganhar, a estrela se expandiria, resfriaria e a gravidade a traria de volta para o equilíbrio.

Esse processo de equilíbrio continua até o combustível começar a se esgotar. Isso leva centenas de bilhões de anos para anãs vermelhas de combustão lenta, 10 bilhões de anos ou algo assim para estrelas como o Sol e alguns milhões de anos para estrelas quentes e massivas tipo O. A essa altura, a gravidade toma conta e o núcleo da estrela se contrai. Ou esse núcleo fica quente o suficiente para iniciar a fusão de hélio ou se torna matéria degenerada – um tipo de bloqueio atômico –, impedindo o colapso gravitacional. A massa da estrela determina o que irá ocorrer; alguns casos exemplificam essa diversidade.

Se a massa da estrela é menor que um décimo da massa do Sol, ela permanece na sequência principal por 6 trilhões a 12 trilhões de anos, tornando-se por fim uma anã branca.

Uma estrela com a massa do Sol desenvolve um núcleo inerte de hélio cercado por uma casca de hidrogênio em combustão. Isso leva a estrela a expandir-se e, conforme suas camadas externas se resfriam, ela se torna uma gigante vermelha. O núcleo colapsa até que a matéria se torne degenerada. O colapso libera energia, aquecendo as camadas ao redor, que começam a transportar calor por convecção em vez de apenas irradiá-lo. Os gases se tornam turbulentos e fluem do núcleo para a superfície, indo e voltando. Após cerca de 1 bilhão de anos, o núcleo de hélio degenerado fica tão quente que o hélio se funde, formando carbono, com berílio como um intermediário de vida curta. Dependendo de outros fatores, a estrela pode então evoluir mais, tornando-se uma gigante assintótica. Algumas estrelas desse tipo pulsam, alternando expansão e contração, e sua temperatura também oscila. Por fim, a estrela se resfria e torna-se uma anã branca.

Ao Sol restam cerca de 5 bilhões de anos antes que ele vire uma gigante vermelha. Nesse ponto, Mercúrio e Vênus serão engolfados, à medida que o Sol se expandir. A Terra provavelmente orbitará nos limites da superfície do Sol, nesse estágio, porém efeitos de maré e atrito com a cromosfera reduzirão sua velocidade. Por fim, ela também será engolida. Isso não afetará o futuro de longo prazo da raça humana, já que o tempo de vida médio de uma espécie é de apenas alguns milhões de anos.

Uma estrela suficientemente massiva, muito maior que o Sol, começa a fundir hélio antes que o núcleo se degenere e exploda, formando uma supernova. Uma estrela com mais de quarenta vezes a massa do Sol se desfaz de grande parte de sua matéria por meio de pressão de radiação, permanece muito quente e embarca numa série de estágios nos quais o principal elemento no núcleo é substituído por um passo adiante na tabela periódica. O núcleo fica constituído por camadas concêntricas: ferro, silício, oxigênio, neônio, carbono, hélio e hidrogênio, e pode acabar como anã branca ou anã negra – uma anã branca que perdeu tanta energia que para de brilhar. Alternativamente, um núcleo degenerado suficientemente massivo pode formar uma estrela de nêutrons ou, em casos mais extremos, um buraco negro (ver capítulo 14).

Mais uma vez, os detalhes não importam, e eu simplifiquei enormemente uma árvore muito complexa de ramificações de possíveis histórias evolutivas. Os modelos matemáticos usados pelos astrofísicos governam a gama de possibilidades, a ordem em que surgem e as condições que conduzem a elas. A rica variedade de estrelas, de todos os tamanhos, temperaturas e cores, tem uma origem comum: a fusão nuclear a partir do hidrogênio, sujeita às forças concorrentes da pressão de radiação e da gravidade.

Um fio comum correndo através da história é como a fusão converte simples núcleos de hidrogênio em núcleos mais complexos: hélio, berílio, lítio, boro, e assim por diante.

E isso leva a outra razão para as estrelas serem importantes.

"Somos poeira de estrelas", cantava Joni Mitchell. É um clichê, mas clichês muitas vezes são verdadeiros. Antes ainda, Arthur Eddington dissera a mesma coisa na *New York Times Magazine*: "Somos pedacinhos de matéria estelar que esfriaram por acidente, pedacinhos de uma estrela que deu errado." Tente transformar *isso* em música.

Segundo o Big Bang, o único (núcleo de um) elemento no Universo primordial era o hidrogênio. Entre dez segundos e vinte minutos depois que o Universo surgiu, a nucleossíntese do Big Bang, usando reações como as que acabamos de descrever, criou hélio 4, mais minúsculas quantidades de deutério, hélio 3 e lítio 7. Também surgiram trítio e berílio 7 radiativos de vida curta, que rapidamente decaíram.

O hidrogênio sozinho foi suficiente para criar nuvens de gás, que colapsaram, formando protoestrelas, e então estrelas. Mais elementos nasceram no turbilhão dentro das estrelas. Em 1920 Eddington sugeriu que as estrelas eram alimentadas pela energia da fusão de hidrogênio em hélio. Em 1939 Hans Bethe estudou a cadeia próton-próton e outras reações nucleares nas estrelas, dando carne aos ossos da teoria de Eddington. No começo dos anos 1940 George Gamow argumentou que quase todos os elementos vieram a existir durante o Big Bang.

Em 1946 Fred Hoyle sugeriu que a fonte de tudo acima do hidrogênio não era o Big Bang como tal, mas reações nucleares subsequentes dentro das estrelas. Ele publicou uma longa análise de rotas de reações levando a todos os elementos até o ferro.[3] Quanto mais velha a galáxia, mais rica é a síntese de elementos. Em 1957 Margaret e Geoffrey Burbidge, William Fowler e Hoyle publicaram "Synthesis of the elements in stars" ("Síntese dos elementos nas estrelas").[4] Mencionado geralmente como $B^2FH$, esse famoso artigo científico serviu de alicerce para a teoria da nucleossíntese estelar – um jeito rebuscado de dizer o título –, apontando muitos dos mais importantes processos de reação nuclear. Logo os astrofísicos passaram a ter uma explicação convincente, que previa proporções de elementos na Via Láctea que (na maior parte) coincidiam com o que observamos.

Na época a história parava no ferro, porque é o núcleo mais massivo que pode surgir mediante o processo de combustão do silício, uma cadeia de reações que justamente começa a partir do silício. A fusão repetida com hélio leva ao cálcio, e daí, passando por uma série de isótopos instáveis de titânio, cromo, ferro e níquel. Esse isótopo, o níquel 56, constitui uma barreira para a continuação do progresso, porque outro passo de fusão de hélio usaria energia em vez de produzi-la. O isótopo de níquel decai para cobalto 56 radiativo, que por sua vez se transforma em ferro 56 estável.

Para ir além do ferro, o Universo teve de inventar outro truque.

Supernovas.

Uma supernova é uma estrela em explosão. Uma nova é uma forma menos energética, que nos levaria para longe do tópico. Kepler viu algo assim em 1604, a última vista em nossa Via Láctea, embora remanescentes de duas supernovas mais recentes tenham sido localizados. Basicamente, uma supernova é uma versão extrema de uma bomba nuclear, e quando ocorre a estrela brilha mais que uma galáxia. Ela emite tanta energia quanto o Sol durante sua vida inteira. Há duas causas. Uma anã branca pode ter matéria extra enfiada pela sua goela ao devorar uma estrela companheira, o que a torna mais quente e provoca a fusão de carbono; este "escapa" sem controle e a estrela explode. Alternativamente, o núcleo de uma estrela muito massiva pode colapsar, e a energia liberada pode deflagrar uma explosão dessas.

De um jeito ou de outro, a estrela se desfaz em pedaços a um décimo da velocidade da luz, criando uma onda de choque. Esta coleta gás e poeira, formando uma casca crescente, um remanescente da supernova. E é assim que os elementos da tabela periódica mais pesados que o ferro vieram a existir, e como se espalharam através de distâncias galácticas.

Eu disse que as proporções previstas de elementos coincidem *na maior parte* com as observações. Uma clara exceção é o lítio: a quantidade real de lítio 7 é apenas um terço do que a teoria prevê, ao passo que há cerca de mil vezes lítio 6 a mais. Alguns cientistas pensam que esse é um erro menor, que provavelmente poderá ser reparado encontrando-se novas sequências ou novos cenários para a formação do lítio. Outros o veem como um problema sério, que possivelmente irá exigir uma nova física que vá além do Big Bang padrão.

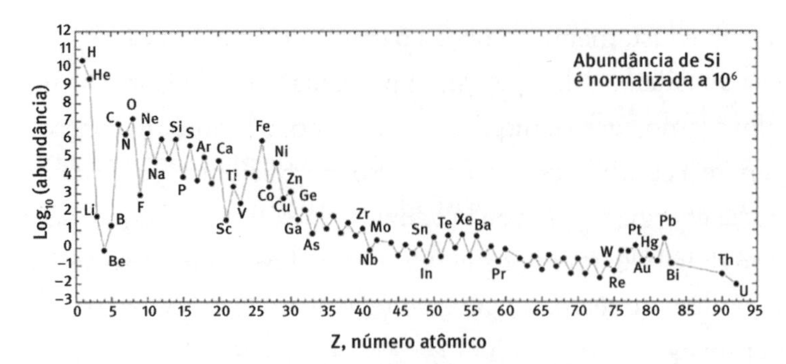


Abundâncias estimadas de elementos químicos no sistema solar. A escala vertical é logarítmica, de maneira que as flutuações são muito maiores do que parecem.

Há uma terceira possibilidade: há mais lítio 7 presente, mas não onde possamos detectá-lo. Em 2006, Andreas Korn e colegas reportaram que a abundância de lítio do aglomerado globular NGC 6397, na região geral da Grande Nuvem de Magalhães, é muito semelhante à prevista pela nucleossíntese do Big Bang.[5] Eles sugerem que a aparente falta de lítio 7 nas estrelas do halo da Via Láctea – aproximadamente um quarto da prevista – talvez seja um sinal de que essas estrelas perderam lítio 7 porque uma convecção turbulenta o transportou para camadas mais profundas, onde não pode mais ser detectado.

A resposta à discrepância de lítio levanta uma questão potencial relativa às previsões da nucleossíntese do Big Bang. Suponha que você esteja calculando a abundância de vários elementos. As reações nucleares mais comuns provavelmente são responsáveis por muito do que aconteceu, levando, na maioria dos casos, a valores não muito afastados da realidade. Agora você começa a trabalhar nas discrepâncias. Muito pouco enxofre? Humm, vamos descobrir novas rotas para o enxofre. Quando fazemos isso, e os números parecem corretos, o enxofre é explicado, e passamos para o zinco. O que não fazemos é ficar procurando ainda mais rotas para o enxofre. Não estou sugerindo que qualquer um faça deliberadamente esse tipo de coisa, mas abordagens seletivas como essa são naturais, e é isso o que tem acontecido em outras partes em ciência. Talvez lítio não seja a única discrepância. Concentrando-se nos casos em que as proporções são pequenas demais, podemos estar deixando passar os casos em que cálculos extensos as tornariam grandes demais.

Outra característica das estrelas que depende intensamente de modelos matemáticos é sua estrutura detalhada. A maioria delas, num determinado estágio da sua evolução, pode ser descrita como uma série de cascas concêntricas. Cada casca tem sua própria composição específica e "queima" por reações nucleares apropriadas. Algumas são transparentes à radiação eletromagnética e irradiam calor para fora. Algumas não são, e o calor é transportado por convecção. Essas considerações estruturais estão intimamente ligadas à evolução das estrelas e ao modo como sintetizam elementos químicos.

A ESCOLHA DE UMA PROPORÇÃO que era pequena demais levou Hoyle a uma previsão famosa. Quando fez as contas para a abundância de carbono, não havia o suficiente. No entanto, *nós* existimos, com o carbono como ingrediente vital. Como somos poeira de estrelas, de algum modo as estrelas devem fabricar muito mais carbono do que as contas de Hoyle indicavam. Então ele previu a existência de uma ressonância até então desconhecida no núcleo de carbono, que tornaria muito mais fácil formá-lo.[6] A ressonância foi então observada, aproximadamente onde Hoyle previra. Isso é frequentemente apresentado como um triunfo para o princípio antrópico: a nossa existência impõe restrições ao Universo.

Uma análise crítica dessa história repousa em um pouco de física nuclear. A rota natural para o carbono é o processo triplo-alfa, ocorrendo numa estrela gigante vermelha. O hélio 4 tem dois prótons e dois nêutrons. O principal isótopo de carbono tem seis de cada. Então três núcleos de hélio (partículas alfa) podem se fundir para formar carbono. Ótimo, mas... Dois núcleos de hélio colidem com frequência, mas, se queremos carbono, o terceiro tem de se chocar com eles exatamente ao mesmo tempo. Uma colisão tripla numa estrela é terrivelmente rara, então o carbono não consegue surgir por esse caminho. Em vez disso, dois núcleos de hélio se fundem para formar berílio 8; então um terceiro núcleo de hélio se funde com o resultado para formar carbono. Infelizmente o berílio 8 decai após $10^{-16}$ segundos, dando ao núcleo de hélio um alvo muito reduzido. Esse método de dois passos não consegue produzir carbono suficiente.

A não ser que... a energia do carbono seja muito próxima das energias combinadas de berílio 8 e hélio. Essa é uma ressonância nuclear, e levou Hoyle a prever um estado do carbono então desconhecido, numa energia de 7,6 megaelétron-volts acima do estado de energia mais baixo. Alguns anos depois foi descoberto um estado com energia de 7,6549 megaelétron-volts. No entanto, as energias do berílio 8 e do hélio somam 7,3667 megaelétron-volts, então o carbono recém-descoberto tem um pouquinho de energia a mais.

De onde ela vem? É quase exatamente a energia fornecida pela temperatura de uma gigante vermelha.

Esse é um dos exemplos prediletos dos proponentes da "sintonia fina", a ideia de que o Universo tem uma afinação primorosa para que a vida exista. Voltarei a isso no capítulo 19. O argumento deles é que, sem carbono, não estaríamos aqui. Porém, essa quantidade de carbono requer a sintonia fina de uma estrela e uma ressonância nuclear, e ambas dependem da física fundamental. Mais tarde, Hoyle expandiu essa ideia:[7]

> Algum intelecto supercalculador deve ter projetado as propriedades do átomo de carbono, pois de outra forma a chance de eu encontrar um átomo desses por meio das forças cegas da natureza seria absolutamente minúscula. Uma interpretação de senso comum dos fatos sugere que um superintelecto tenha brincado com a física, bem como com a química e a biologia, e que não há na natureza forças cegas das quais valha a pena falar.

Isso parece notável, e seguramente não pode ser coincidência. De fato, não é. Mas o motivo desbanca a sintonia fina. Toda estrela tem seu próprio termostato, um circuito de feedback negativo no qual a temperatura e a reação se ajustam uma à outra para poderem se encaixar. A ressonância de "sintonia fina" no processo triplo-alfa não é mais impressionante que um fogo a carvão estando exatamente na temperatura certa para queimar esse mineral. É isso o que acontece com fogo a carvão. Na verdade, não é mais impressionante do que nossas pernas terem o comprimento exato para chegar ao chão. Esse também é um circuito de feedback: músculos e gravidade.

Foi um pouco maldoso da parte de Hoyle formular sua previsão em termos da existência humana. A questão real é que o *Universo* tem carbono a menos. É claro, continua sendo impressionante que gigantes vermelhas e núcleos atômicos cheguem a existir, que fabriquem carbono a partir do hidrogênio, e que parte do carbono acabe sendo incorporada dentro de nós. Mas essas são questões diferentes. O Universo é infinitamente rico e complexo, e todo tipo de coisas maravilhosas acontece. Mas não devemos confundir os resultados com as causas, e imaginar que o propósito do Universo seja fabricar seres humanos.

Um dos motivos de eu ter mencionado isso (além de uma aversão por alegações exageradas baseadas na sintonia fina) é que toda a história se tornou irrelevante pela descoberta de uma nova forma de as estrelas fazerem carbono. Em 2001 Eric Feigelson e colegas descobriram 31 estrelas jovens na nebulosa de Órion. Todas elas têm o tamanho aproximado do Sol, mas são extremamente ativas, produzindo erupções de raios X cem vezes mais potentes que as solares hoje, com cem vezes mais frequência. Prótons nessas erupções têm energia suficiente para criar todo tipo de elementos pesados num disco de poeira em volta da estrela. Então não é necessária uma supernova para obtê-los. Isso sugere que precisamos rever nossos cálculos sobre a origem dos elementos químicos, inclusive o carbono. A ideia de que um efeito é impossível pode simplesmente brotar da falta de imaginação humana. Proporções que pareciam corretas poderiam mudar se pensássemos com um pouco mais de afinco.

Para os filósofos gregos, o Sol era a incorporação perfeita da geometria celeste, uma esfera imaculada. Porém, quando antigos astrônomos chineses o observaram através de uma névoa, viram que ele era manchado.

Kepler notou uma mancha no Sol em 1607, mas pensou que era Mercúrio em trânsito. Em 1611, Johannes Fabricius publicou *Maculis in Sole observatis, et apparente earum cum Sole conversione narratio* (Narração sobre manchas observadas no Sol e sua aparente rotação com o Sol), cujo título é autoexplicativo. Em 1612 Galileu observou manchas escuras irregulares no Sol e fez desenhos mostrando que elas se movem, confirmando a afirmação de Fabricius de que o Sol gira. A existência de manchas solares demoliu a antiga e duradoura crença na perfeição do Sol, e deflagrou uma acalorada disputa de primazia.

O número de manchas solares varia de ano para ano, mas há um padrão relativamente regular, um ciclo de onze anos que vai de quase nenhuma mancha até uma centena ou mais por ano. Entre 1645 e 1715 o padrão foi rompido, com quase nenhuma mancha sendo vista. Esse período é chamado de Mínimo de Maunder.

Pode haver uma ligação entre a atividade de manchas solares e o clima, mas se houver provavelmente é fraca. O Mínimo de Maunder coincidiu com meados da Pequena Era do Gelo, um prolongado período de temperaturas inusitadamente baixas na Europa. O mesmo ocorreu num período posterior de baixa atividade de manchas solares, o Mínimo de Dalton (1790-1830), que inclui o famoso "ano sem verão" de 1816, mas as baixas temperaturas naquele ano resultaram de uma enorme erupção vulcânica do monte Tambora, em Sumbawa, na Indonésia. A Pequena Era do Gelo também pode ter sido causada, pelo menos em parte, por altos níveis de atividade vulcânica.[8] O Mínimo de Spörer (1460-1550) está associado a outro período de resfriamento; a evidência para ele provém da proporção do isótopo carbono 14 em anéis de árvores, associado à atividade solar. Registros de manchas solares como tais ainda não eram mantidos naquela época.

Registrar num gráfico a latitude das manchas solares, bem como seu número, revela um padrão curioso, semelhante a uma série de borboletas. O ciclo começa com manchas perto do polo, que gradualmente aparecem mais perto do equador à medida que os números se aproximam do máximo. Em 1908 George Hale deu o primeiro passo no sentido de compreender esse comportamento quando vinculou as manchas solares

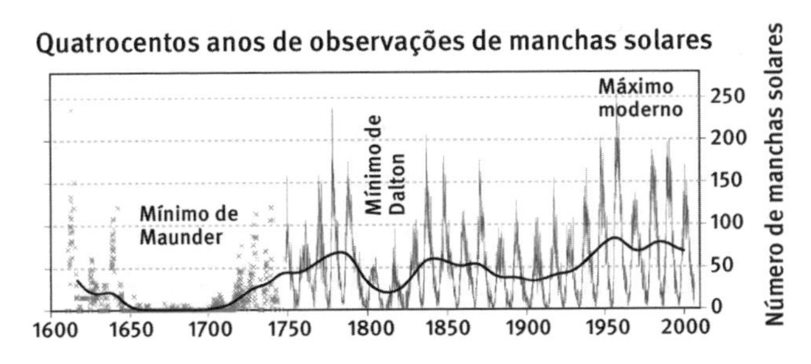


Variações no número de manchas solares.

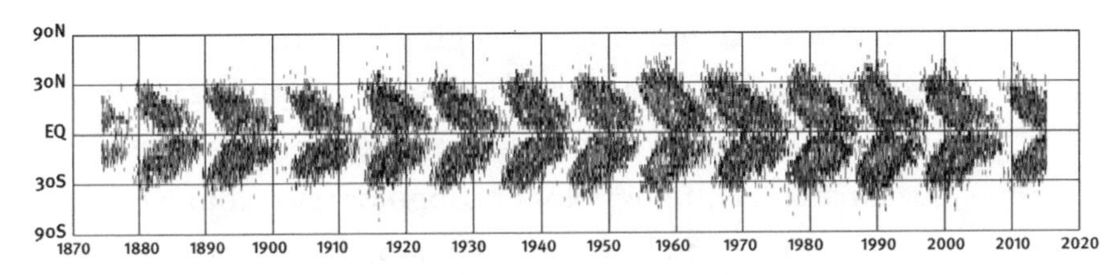


Manchas solares registradas em gráfico por latitude.

ao campo magnético do Sol, que é imensamente forte. Horace Babcock modelou a dinâmica do campo magnético do Sol em suas camadas mais externas, relacionando o ciclo de manchas solares a inversões periódicas do dínamo solar.[9] Segundo sua teoria, o ciclo completo dura 22 anos, com uma inversão norte/sul do campo que distingue as duas metades.

Manchas solares parecem escuras só em contraste com suas redondezas; a temperatura de uma mancha solar é de cerca de 4 mil kelvin e os gases ao seu redor estão a 5.800 kelvin. São análogas a tempestades magnéticas no plasma solar superaquecido. Sua matemática é governada por magneto-hidrodinâmica, o estudo de plasmas magnéticos, que é altamente complexo. Elas parecem ser a extremidade superior de tubos de fluxo magnético, originando-se nas profundezas do Sol.

A forma geral do campo magnético do Sol é um dipolo, como uma barra imantada, com um polo norte, um polo sul e linhas de campo fluindo de um para outro. Os polos estão alinhados com o eixo de rotação, e durante o processo normal do ciclo de manchas solares as polaridades se invertem a cada onze anos. Então o polo magnético do "hemisfério norte" do Sol às vezes é o norte magnético e outras vezes o sul magnético. Manchas solares tendem a aparecer em pares ligados, com um campo semelhante a uma barra imantada apontando leste-oeste. A primeira a aparecer tem a mesma polaridade que o polo mais próximo do campo magnético principal, a segunda, que vem logo atrás, tem a polaridade oposta.

O dínamo solar, que dirige seu campo magnético, é causado por ciclones convectivos nos 200 mil quilômetros mais externos do Sol, em conjunção com a forma com que a estrela gira: mais rápido no equador do que perto dos polos. Campos magnéticos num plasma estão "aprisionados" e tendem a se mover com ele, então as posições iniciais das linhas de campo, que circulam entre os polos em ângulos retos com o equador, começam a se "enrolar" quando a região equatorial as impulsiona mais rápido que as regiões polares. Isso retorce as linhas de campo, entrelaçando campos de polaridade oposta. À medida que o Sol gira, as linhas de campo magnético tornam-se cada vez mais intensamente enroladas, e quando as tensões chegam a um valor crítico, os tubos se soltam para cima e chegam à superfície. As linhas de campo se esticam e as manchas solares associadas vagam na direção do polo. A mancha de trás chega ao polo primeiro e, como tem a polaridade oposta, ela – auxiliada por numerosos eventos similares – leva o campo magnético do Sol a mudar. O ciclo se repete com o campo invertido.

Uma teoria do Mínimo de Maunder é que o campo de dipolo do Sol é suplementado por um campo de quadrupolo – como duas barras imantadas lado a lado.[10] Se o período de inversão do quadrupolo for ligeiramente diferente do período do dipolo, os dois "repicam" como duas notas musicais que são próximas mas não idênticas. O resultado é uma oscilação de período longo no valor médio do campo durante um ciclo, e quando ele se enfraquece aparecem poucas manchas em qualquer parte. Ademais, um campo de quadrupolo tem polaridades opostas nos dois hemisférios, de modo que reforça o campo de dipolo em um hemisfério ao mesmo tempo em que o cancela no outro. Assim, as poucas manchas solares que de fato

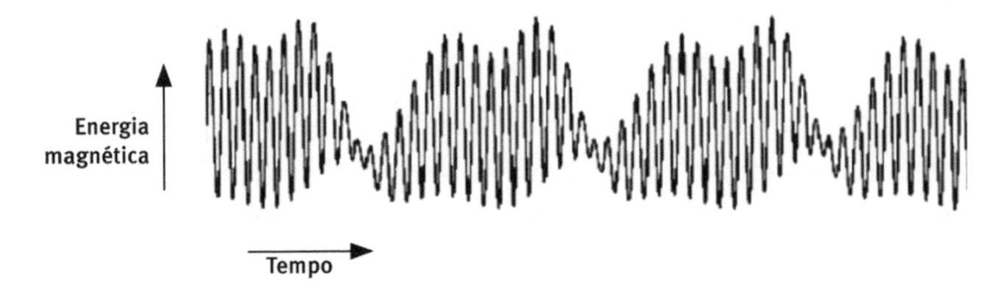


Campos de dipolo e de quadrupolo combinados num modelo simples de dínamo solar, no qual a energia total oscila enquanto repetidamente a amplitude diminui e volta a aumentar.

aparecem surgem todas no mesmo hemisfério, que foi o que aconteceu durante o Mínimo de Maunder. Efeitos similares têm sido observados indiretamente em outras estrelas, que também podem ter manchas.

Linhas de campo que surgem acima da fotosfera podem criar proeminências, imensos circuitos de gás quente. Esses circuitos podem se romper e reconectar, permitindo que plasma e linhas de campo magnético sejam dispersados no vento solar. Isso causa erupções solares, que podem perturbar as comunicações e danificar redes de energia elétrica e satélites artificiais. Muitas vezes elas podem ser seguidas de ejeções de massa coronal, em que enormes quantidades de matéria são lançadas da coroa, uma região tênue fora da fotosfera, visível a olho nu durante um eclipse solar.

Uma questão básica é: a que distância estão as estrelas? Como costuma acontecer, a única razão para sabermos a resposta, para qualquer coisa além de algumas dúzias de anos-luz, depende da astrofísica, embora inicialmente a observação-chave tenha sido empírica. Henrietta Leavitt encontrou uma vela-padrão e inventou uma fita métrica para as estrelas.

No século VI a.C. o filósofo e matemático Tales, da Grécia antiga, estimou a altura de uma pirâmide egípcia usando geometria, medindo a sombra da pirâmide e a sua própria. A razão entre a altura da pirâmide e o comprimento de sua sombra é a mesma que a razão entre a altura de

Tales e o comprimento de *sua própria* sombra. Três desses comprimentos podem ser medidos com facilidade, então é possível calcular o quarto. Seu engenhoso método é um exemplo simples do que hoje chamamos de trigonometria. A geometria de triângulos relaciona seus ângulos com seus lados. Astrônomos árabes desenvolveram a ideia para confecção de instrumentos, e ela foi utilizada na Espanha medieval para levantamentos topográficos. Distâncias são difíceis de medir porque frequentemente há obstáculos no caminho, mas ângulos são fáceis. Pode-se usar um bastão e um pedaço de corda, ou melhor algum instrumento telescópico, para medir a direção de um objeto distante. Começa-se por medir, muito acuradamente, uma linha de base conhecida. Então medem-se os ângulos de cada extremidade até algum outro ponto, e calculam-se as distâncias até esse ponto. Agora têm-se mais dois comprimentos conhecidos, de maneira que é possível repetir o processo, "triangulando" a área que se quer mapear e calculando todas as distâncias a partir apenas daquela linha de base medida.

Eratóstenes é famoso por ter usado geometria para calcular o tamanho da Terra olhando para baixo num poço. Ele comparou o ângulo do sol do meio-dia em Alexandria e Siena (atual Assuã) e calculou a distância entre as cidades pelo tempo que os camelos levavam para viajar de uma a outra. Conhecendo-se o tamanho da Terra, pode-se observar a Lua de dois locais diferentes e deduzir a distância até a Lua. E depois pode-se usar isso para achar a distância até o Sol.

Como? Por volta de 150 a.C., Hiparco percebeu que quando a fase da Lua é exatamente quarto crescente, a linha da Lua ao Sol é perpendicular à linha da Terra à Lua. Meça o ângulo entre essa linha de base e a linha da Terra ao Sol e você poderá calcular a que distância o Sol está. Sua estimativa, 3 milhões de quilômetros, era pequena demais: o valor correto é de 150 milhões. Ele errou porque pensou que o ângulo era de 87 graus, quando na verdade é muito perto de um ângulo reto. Com um equipamento melhor, pode-se obter uma estimativa mais acurada.

Esse processo de avançar a partir de dados já obtidos pode ir além. É possível utilizar a órbita da Terra como linha de base para encontrar a distância até uma estrela. A Terra percorre metade da sua órbita em seis meses. Os astrônomos definem a *paralaxe* de uma estrela como sendo metade do ângulo entre duas linhas de visão até a estrela, observada de extremidades opostas da órbita da Terra. A distância da estrela é aproximadamente proporcional à sua paralaxe, e uma paralaxe de um segundo de arco corresponde a cerca de 3,26 anos-luz. Essa unidade é o parsec (palavra composta a partir de "*par*alax arc*sec*ond", "segundo de arco da paralaxe"), e por esse motivo muitos astrônomos a preferem ao ano-luz.

James Bradley tentou medir a paralaxe de uma estrela em 1729, mas seu equipamento não era suficientemente acurado. Em 1838 Friedrich Bessel usou um dos heliômetros de Fraunhofer, um novo e sensível modelo de telescópio apresentado após a morte de Fraunhofer, para observar a estrela 61 Cygni. Ele mediu uma paralaxe de 0,77 segundo de arco, comparável à da largura de uma bola de tênis a dez quilômetros do observador, obtendo uma distância de 11,4 anos-luz, muito perto do valor atual. Isso são 100 trilhões de quilômetros, demonstrando quão insignificante é o nosso mundo comparado com o Universo que o cerca.

O rebaixamento da humanidade ainda não tinha acabado. A maioria das estrelas, mesmo em nossa própria galáxia, não mostra paralaxe mensurável, o que significa que estão muito mais distantes que 61 Cygni. E, quando não há paralaxe detectável, a triangulação cai por terra. Sondas espaciais poderiam prover uma linha de base mais longa, mas não a ponto de mudar de ordens de grandeza, como seria preciso para estrelas e galáxias distantes. Os astrônomos tiveram de pensar em algo radicalmente diferente para continuar sua subida pela escada das distâncias cósmicas.

É PRECISO TRABALHAR com o que está disponível. Um atributo prontamente observável de uma estrela é seu brilho aparente. Este depende de dois fatores: o quanto ela é mesmo brilhante – seu brilho intrínseco ou luminosidade – e a distância em que está. O brilho é como a gravidade, reduzindo-se com o inverso do quadrado da distância. Se uma estrela com o mesmo brilho intrínseco que 61 Cygni tem um brilho aparente de um nono desse valor, ela deve estar três vezes mais longe.

Infelizmente, o brilho intrínseco depende do tipo de estrela, do seu tamanho, e precisamente das reações nucleares que estão ocorrendo dentro dela. Para fazer funcionar o método do brilho aparente precisamos de uma "vela-padrão" – um tipo de estrela cujo brilho intrínseco seja conhecido, ou possa ser inferido *sem* saber a que distância se encontra. Foi aí que Henrietta Leavitt entrou em cena. Na década de 1920 Pickering a contratou como "computadora", para realizar a tarefa repetitiva de medir e catalogar as luminosidades de estrelas na coleção de chapas fotográficas do Observatório da Universidade Harvard.

A maioria das estrelas tem o mesmo brilho aparente o tempo todo, mas algumas, que naturalmente despertavam interesse especial entre os astrônomos, são variáveis: seu brilho aparente aumenta e diminui em alguns casos num padrão periódico regular. Leavitt fez um estudo especial desse tipo de estrela. Há duas razões principais para a variabilidade. Muitas estrelas são binárias – duas estrelas orbitando em torno de um centro de massa comum. Se acontecer de a Terra se encontrar no plano dessas órbitas, então as estrelas passarão na frente uma da outra em tempos regularmente espaçados. Quando isso ocorre, o resultado é exatamente como – na verdade é – um eclipse: uma estrela fica no caminho da outra e bloqueia temporariamente sua emissão de luz. Essas "binárias eclipsantes" são estrelas variáveis, e podem ser reconhecidas pelo modo com que o brilho observado varia: *blips* de curta duração contra um pano de fundo constante. Elas são inúteis como velas-padrão.

No entanto, outro tipo de estrela variável traz mais promessas: as variáveis intrínsecas. A emissão de energia produzida pelas reações nucleares no interior dessas estrelas flutua periodicamente, repetindo continuamente um mesmo padrão de mudanças. A luz que emitem também flutua. Variáveis intrínsecas também podem ser reconhecidas, porque as mudanças na emissão de luz *não são blips* súbitos.

Leavitt estava estudando um tipo particular de estrelas variáveis periódicas, chamadas de cefeidas porque a primeira a ser descoberta foi Delta Cefei. Usando uma engenhosa abordagem estatística, ela descobriu que as cefeidas mais tênues têm períodos mais longos, de acordo com uma regra

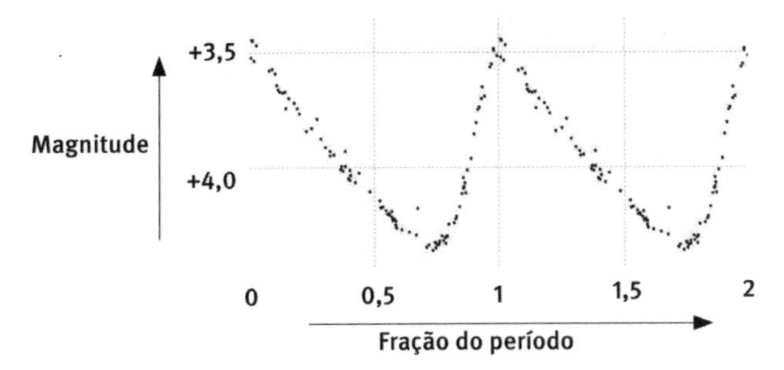


Curva de luz observada de Delta Cefei.

matemática específica. Algumas cefeidas estão suficientemente próximas para ter uma paralaxe mensurável, de modo que ela pôde calcular a que distância estavam. A partir daí foi capaz de deduzir seu brilho intrínseco. E esses resultados foram então estendidos a todas as cefeidas, usando a fórmula que relaciona o período com o brilho intrínseco.

As cefeidas eram a vela-padrão há tanto tempo procurada. Junto com a fita métrica associada – a fórmula que descreve como o brilho aparente de uma estrela varia com a distância –, elas nos permitiram subir mais um degrau na escada das distâncias cósmicas. Cada degrau envolveu uma mistura de observações, teoria e inferência matemática: números, geometria, estatística, óptica, astrofísica. Mas o degrau final – um passo realmente gigantesco – ainda estava por vir.

# 12. O grande rio celeste

> Ó, vede além, a Galáxia
> Que os homens chamam de Via Láctea
> Pois é branca.
>
> GEOFFREY CHAUCER, *The House of Fame*

NOS TEMPOS ANTIGOS não havia iluminação nas ruas além de uma ocasional tocha ou fogueira, e era quase impossível não notar uma impressionante característica dos céus. Hoje a única maneira de vê-la é morar numa região onde haja pouca ou nenhuma iluminação artificial ou visitá-la. A maior parte do céu noturno é salpicada com pontinhos brilhantes de estrelas, mas atravessando tudo há uma faixa larga e irregular de luz, mais como um rio do que como uma distribuição de pontos reluzentes. De fato, para os antigos egípcios *era* um rio, o análogo celeste do Nilo. Até hoje lhe damos o nome de Via Láctea, o qual reflete sua forma intrigante. Os astrônomos chamam a estrutura cósmica que dá origem a ela de Galáxia, uma palavra derivada das antigas expressões gregas "*galaxias*" (aquela feita de leite) e "*kyklos galaktikos*" (círculo de leite).

Foram necessários milênios para que os astrônomos percebessem que essa mancha de leite que atravessa o céu é, apesar de sua aparência, uma gigantesca faixa de estrelas, tão distantes que o olho não consegue distingui-las como pontos individuais. Essa faixa é na verdade um disco em forma de lente, visto de perfil, e nós estamos dentro dele.

À medida que os astrônomos foram inspecionando o céu com telescópios cada vez mais potentes, notaram outras manchas tênues, bem dife-

A Via Láctea sobre Summit Lake, na Virgínia Ocidental.

*Esquerda:* Uma galáxia vista de perfil, com um bojo central.
*Direita:* Impressão artística da nossa galáxia.

rentes de estrelas. Algumas são visíveis a um olhar aguçado: o astrônomo persa do século X Abd al-Rahman al-Sufi descreveu a galáxia de Andrômeda como uma pequena nuvem, e em 964 ele incluiu A Grande Nuvem de Magalhães em seu *Livro das estrelas fixas*. Originalmente, os astrônomos ocidentais chamaram esses tênues e borrados tufos de luz de "nebulosas".

Hoje nós as chamamos de galáxias. A nossa é *a* Galáxia. Elas são as grandes estruturas mais numerosas que organizam estrelas. Muitas exibem padrões impressionantes – braços espirais, cujas origens permanecem controversas. Apesar de sua ubiquidade, as galáxias têm muitas características que não entendemos plenamente.

Em 1744 Charles Messier compilou o primeiro catálogo sistemático de nebulosas. Sua primeira versão continha 45 objetos, e a versão de 1781 aumentou esse número para 103. Pouco depois da publicação, Messier e seu assistente, Pierre Méchain, descobriram mais sete. Messier notou uma nebulosa especialmente destacada na constelação de Andrômeda. Ela é conhecida como M31 porque era a 31ª da sua lista.

Catalogar é uma coisa, compreender é outra. O que é uma nebulosa?

Já em 400 a.C. o filósofo grego Demócrito sugeriu que a Via Láctea era uma faixa de minúsculas estrelas. Ele também desenvolveu a ideia de que a matéria é feita de pequeninos átomos indivisíveis. A teoria de Demócrito sobre a Via Láctea ficou muito tempo esquecida, até que Thomas Wright publicou em 1750 *An Original Theory or New Hypothesis of the Universe* (Uma teoria original ou hipótese nova do Universo). Wright recuperou a ideia de que a Via Láctea é um disco de estrelas longínquas demais para ser identificadas individualmente. Ocorreu-lhe também que as nebulosas poderiam ser similares. Em 1755 o filósofo Immanuel Kant rebatizou as nebulosas de "universos-ilhas", reafirmando que essas manchas enevoadas são compostas de inúmeras estrelas ainda mais distantes que as da Via Láctea.

Entre 1783 e 1802 William Herschel encontrou outras 2.500 nebulosas. Em 1845 lorde Rosse usou seu novo e impressionantemente grande telescópio para detectar pontos de luz individuais em algumas nebulosas, a primeira evidência significativa de que Wright e Kant poderiam estar certos. Mas era uma proposta controversa. Se esses tufos de luz estão separados da Via Láctea – na verdade, se a Via Láctea constitui todo o Universo –, permaneceu algo incerto até 1920, quando Harlow Shapley e Heber Curtis travaram o Grande Debate no Museu Smithsonian.

Shapley achava que a Via Láctea era o Universo inteiro. Ele argumentou que, se M31 fosse como a Via Láctea, teria de estar a cerca de 100 milhões de anos-luz daqui, uma distância considerada grande demais para ser aceitável. Em seu apoio, Adriaan van Maanen alegou que havia observado a galáxia do Cata-Vento girando. Se ela estivesse tão distante quanto previa a teoria de Curtis, partes dela deveriam estar se movendo mais depressa que a luz. Outro prego no caixão foi a observação em M31 de uma nova, uma estrela única em explosão que temporariamente produziu mais luz que a nebulosa inteira. Era difícil entender como uma estrela poderia superar em brilho um conjunto de milhões delas.

Hubble resolveu o debate em 1924, graças às velas-padrão de Leavitt. Em 1924 ele usou o telescópio Hooker, o mais potente que existia, para observar cefeidas em M31. A relação distância-luminosidade lhe disse que estavam a 1 milhão de anos-luz de distância. Isso colocava M31 muito além da Via Láctea. Shapley e outros tentaram persuadi-lo a não publicar esse resultado absurdo, mas Hubble foi em frente: primeiro no *New York Times*, depois num artigo científico de pesquisa. Mais tarde descobriu-se que Van Maanen estava errado e que a nova de Shapley era na verdade uma supernova, a qual, sim, produziu mais luz que a galáxia na qual estava.

Descobertas posteriores revelaram que a história da cefeida é mais complicada. Walter Baade distinguiu dois tipos diferentes de cefeidas, cada um com uma relação período-luminosidade diferente (as cefeidas clássicas e as cefeidas tipo II), mostrando que M31 estava ainda mais distante do que Hubble afirmara. A estimativa atual é de 2,5 milhões de anos-luz.

Hubble estava especialmente interessado em galáxias, e inventou um esquema de classificação baseado em sua aparência visual. Ele distinguiu quatro tipos principais: galáxias elípticas, espirais, espirais barradas e irregulares. As galáxias espirais, em particular, despertam fascinantes questões matemáticas, porque nos mostram as consequências da lei da gravidade em escala gigante – e o que emerge é em escala igualmente gigantesca. As estrelas parecem estar espalhadas ao acaso no céu noturno, mas, quando se colocam bastantes delas juntas, obtém-se um formato misteriosamente regular.

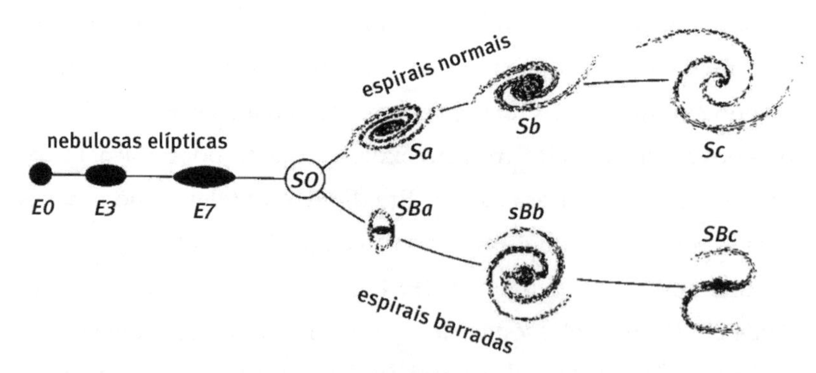


Classificação do diapasão de Hubble para galáxias. Galáxias irregulares omitidas.

Hubble não respondeu essas questões matemáticas, mas fez o tema decolar. Uma contribuição sua simples mas influente consistiu em organizar as formas das galáxias num diagrama em formato de diapasão. Ele atribuiu tipos simbólicos a essas formas: E0 a E7 para as elípticas; Sa, Sb, Sc para as espirais; e SBa, SBb, SBc para as espirais barradas. Sua classificação era empírica, ou seja, não se baseava em nenhuma teoria detalhada ou sistema de medições. Muitos ramos importantes da ciência, no entanto, começaram como classificações empíricas – entre eles a geologia e a genética. Uma vez tendo uma lista organizada, pode-se começar a descobrir como os diferentes exemplos se encaixam.

Por algum tempo pensou-se que talvez o diagrama ilustrasse a evolução de longo prazo das galáxias, que começariam como aglomerados de estrelas elípticos, bem-apertados, que depois se espalhariam e desenvolveriam braços espirais ou barras e braços espirais, dependendo da combinação de massa, diâmetro e velocidade de rotação. Então os braços espirais iriam se tornando cada vez mais soltos, até que a galáxia perdesse muito de sua estrutura e se tornasse irregular. Era uma ideia atraente, porque o análogo diagrama de Hertzsprung-Russell para tipos espectrais de estrelas representa, sim, em certa medida, a evolução estelar. Apesar disso, hoje se acredita que o esquema de Hubble é um catálogo de formas possíveis e que as galáxias não evoluem de maneira tão ordenada.

EM CONTRASTE com a falta de características das galáxias elípticas, a regularidade matemática das espirais e espirais barradas chama atenção. Por que tantas galáxias são espirais? De onde vem a barra central em cerca de metade delas? Por que as outras não a têm também? Você poderia imaginar que essas perguntas são relativamente fáceis de responder: monte um modelo matemático, resolva-o, provavelmente simulando-o num computador, e veja o que acontece. Como as estrelam que compõem uma galáxia estão bem espalhadas e não se movem a uma velocidade próxima à da luz, a gravidade newtoniana deveria ser suficientemente acurada.

Muitas teorias desse tipo têm sido estudadas. Nenhuma explicação definitiva surgiu como principal candidata, mas algumas teorias se encaixam nas observações melhor que a maioria das outras. Apenas cinquenta anos atrás, a maior parte dos astrônomos acreditava que os braços espirais eram causados por campos magnéticos, mas agora sabemos que estes são fracos demais para explicá-los. Hoje há um consenso geral de que o formato espiral resulta principalmente de forças gravitacionais. Como, exatamente, é outra questão.

Uma das primeiras teorias a ganhar vasta aceitação foi proposta por Bertil Lindblad em 1925, e baseia-se num tipo especial de ressonância. Como Poincaré, ele considerou uma partícula numa órbita quase circular, numa paisagem gravitacional giratória. Numa primeira aproximação, a partícula caminha para dentro e para fora em relação ao círculo com uma frequência natural específica. Uma ressonância de Lindblad ocorre quando essa frequência mantém uma relação fracionária com a frequência na qual encontra cristas sucessivas na paisagem.

Lindblad entendeu que os braços da galáxia espiral não podem ser estruturas permanentes. No modelo prevalente de como estrelas se movem na galáxia, suas velocidades variam com a distância radial. Se as mesmas estrelas permanecessem no braço o tempo todo, o braço ficaria cada vez mais apertado. Embora não possamos observar uma galáxia por milhões de anos para ver se isso acontece, há montes de galáxias, e nenhuma delas parece estar enlaçada de forma exageradamente apertada. Ele propôs que as estrelas estão continuamente se reciclando ao longo dos braços.

Em 1964 Chia-Chiao Lin e Frank Shu sugeriram que os braços são ondas de densidade, nas quais as estrelas se amontoam temporariamente. A onda se move adiante, engolfando novas estrelas e deixando as anteriores para trás, como uma onda oceânica viaja através do mar por centenas de quilômetros, mas não carrega água consigo (até chegar perto de terra, quando a água se amontoa e corre para a praia). A água simplesmente roda

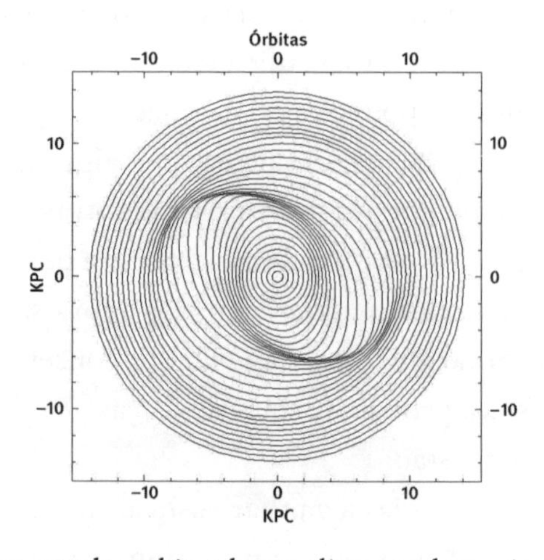


Como estrelas orbitando em elipses podem criar uma onda de densidade espiral – aqui uma espiral barrada.

e roda enquanto a onda passa. Lindblad e Per Olof Lindblad encamparam essa ideia e a levaram além. Descobriu-se que as ressonâncias de Lindblad podem criar essas ondas de densidade.

A principal teoria alternativa é que os braços são ondas de choque no meio interestelar, onde a matéria se amontoa, iniciando a formação de estrelas quando se torna suficientemente densa. Uma combinação de ambos os mecanismos é inteiramente factível.

Essas teorias para a formação de braços espirais predominaram por mais de cinquenta anos. No entanto, recentes avanços matemáticos sugerem algo muito diferente. O elemento-chave são as espirais barradas, em que há braços espirais mas também uma barra reta que cruza o centro. Um exemplo típico é a NGC 1365.

Uma maneira de abordar a dinâmica galáctica é montar uma simulação de *n* corpos com valores grandes de *n*, modelando como cada estrela se move em resposta à atração gravitacional de todas as outras. Uma aplicação realista desse método requer algumas centenas de bilhões de corpos, e os cálculos não são viáveis; então, em vez disso, são usados modelos mais simples. Um deles fornece uma explicação para o padrão regular dos braços espirais. Paradoxalmente, são causados pelo caos.

Galáxia espiral barrada NGC 1365, no aglomerado galáctico de Fornax (Fornalha).

Se você pensa que "caos" é apenas uma palavra bonita para "aleatoriedade", fica difícil ver como um padrão regular pode ter uma explicação caótica. Isso ocorre porque, como vimos, o caos não é realmente aleatório. É uma consequência de regras deterministas. Num sentido, essas regras são padrões ocultos que sustentam o caos. Em galáxias espirais barradas, estrelas individuais são caóticas, mas, à medida que se movem, uma forma espiral geral se mantém. Quando as estrelas se afastam das concentrações ao longo dos braços espirais, outras novas tomam seu lugar. A possibilidade de padrões em dinâmica caótica é uma advertência aos cientistas que assumem que um resultado padronizado precisa ter uma causa similarmente padronizada.

No fim da década de 1970 George Contopoulos e colegas modelaram galáxias espirais barradas, assumindo uma barra central com rotação rígida e usando modelos de *n* corpos para determinar a dinâmica de estrelas nos braços espirais, conduzidos pelo giro da barra central. Esse esquema está embutido na morfologia da barra como premissa, mas mostra que a forma observada faz sentido. Em 1996 David Kaufmann e Contopoulos descobriram que as partes internas dos braços da espiral, aparentemente girando a partir das extremidades da barra, são mantidas por estrelas que seguem órbitas caóticas. A região central, especialmente a barra, gira como um corpo rígido: esse efeito é chamado de "corrotação". As estrelas que criam os braços internos pertencem à chamada "população quente", vagando caoticamente para dentro e para fora da região central. Os braços externos são criados por estrelas que seguem órbitas mais regulares.

A barra giratória tem uma paisagem gravitacional muito parecida com a do problema dos dois corpos e meio de Poincaré, mas a geometria é diferente. Continuam existindo cinco pontos de Lagrange, onde um grão de poeira permaneceria em repouso num referencial que girasse junto com a barra, mas eles estão rearranjados de maneira diferente, em forma de cruz. No entanto, o modelo inclui agora cerca de 150 mil grãos de poeira – as outras estrelas –, que exercem forças entre si, embora não sobre a barra. Matematicamente, trata-se de uma simulação de 150 mil corpos numa paisagem gravitacional fixa porém giratória.

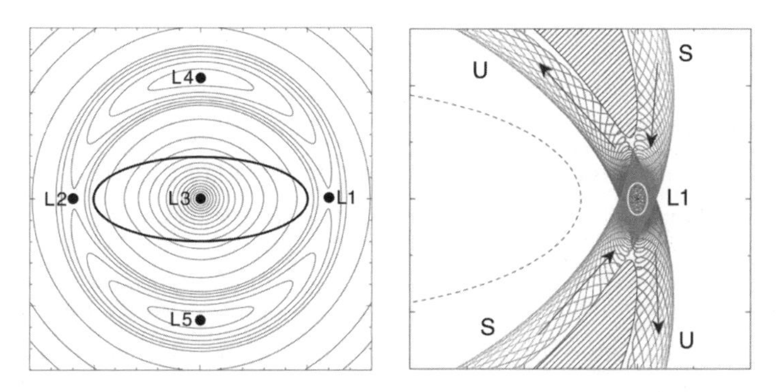


*Esquerda:* Pontos de Lagrange para a barra giratória.
*Direita:* Variedades estável (S) e instável (U) perto de L1.

Três dos pontos de Lagrange, $L_3$, $L_4$ e $L_5$, são estáveis. Os outros dois, $L_1$ e $L_2$, são selas instáveis e se encontram perto das extremidades da barra, que é desenhada como uma elipse. Agora precisamos de uma dose rápida de dinâmica não linear. Associadas aos equilíbrios do tipo sela há duas superfícies especiais multidimensionais, chamadas variedades estável e instável. Esses nomes são tradicionais, mas tendem a causar confusão. Não significam que as órbitas associadas sejam estáveis ou instáveis. Simplesmente indicam a direção do fluxo que define essas superfícies. Um grão de poeira colocado numa variedade estável se aproximará do ponto de sela como se fosse atraído por ele; um grão colocado numa variedade instável se afastará como se fosse repelido. Uma partícula colocada em qualquer outro lugar seguirá uma trajetória que combina ambos os tipos de movimento. Foi considerando essas superfícies que Poincaré fez sua descoberta inicial do caos no problema dos dois corpos e meio. Elas têm intersecção num emaranhado homoclínico.

Se tudo o que importasse no problema fosse a posição, as variedades estável e instável seriam curvas, cruzando-se no ponto de sela. As curvas de nível perto de $L_1$ e $L_2$ deixam um vazio em forma de cruz, ampliado na figura da direita. Essas curvas correm pelo meio dos vazios. Entretanto, órbitas astronômicas envolvem velocidades vetoriais, além de posições. Juntas, essas grandezas determinam um espaço multidimensional chamado *espaço de fase*. Aqui as duas dimensões de posição, mostradas diretamente na figura, precisam ser complementadas por mais duas dimensões de velocidade vetorial. O espaço de fase é *quadri*dimensional, e as variedades estável e instável são superfícies bidimensionais, ilustradas na figura da direita como tubos marcados com setas. S é a variedade estável (*stable*) e U a instável (*unstable*).

Onde esses tubos se encontram, atuam como portões entre a região de corrotação e seu exterior. Estrelas podem passar entrando e saindo ao longo deles, nas direções mostradas pelas setas, e, nos cruzamentos, elas podem trocar de tubo caoticamente. Assim, algumas estrelas dentro da região de corrotação passam através desse portão e saem ao longo do tubo marcado U, à direita embaixo. Agora entra em jogo um fenômeno conhecido como "viscosidade". Embora a dinâmica seja caótica, estrelas que saem por esse portão permanecem por perto da variedade instável por longo tempo – possivelmente por mais tempo que a idade do Universo. Juntando tudo, as estrelas saem fluindo perto de $L_1$ e então seguem o ramo de saída da variedade instável, que aqui gira no sentido horário. O mesmo acontece em $L_2$, 180 graus ao redor da galáxia, e mais uma vez o fluxo corre no sentido horário.

Por fim, muitas dessas estrelas são recicladas de volta para dentro da região de corrotação, e tudo se repete mais uma vez, embora não em intervalos de tempo regulares, por causa do caos. Então o que vemos é um par de braços espirais que emergem das extremidades da barra, em ângulo, enquanto a forma toda gira continuamente. Estrelas individuais não permanecem em lugares fixos nos braços. São mais como fagulhas lançadas por fogos de artifício que giram. Exceto que essas fagulhas podem acabar voltando para o meio e ser cuspidas novamente, e suas trajetórias variam caoticamente.

A figura a seguir mostra, na esquerda, as posições das estrelas num momento típico numa simulação de *n* corpos desse modelo. Dois braços espirais e a barra central são evidentes. A imagem da direita apresenta as variedades instáveis correspondentes, que coincidem com as regiões mais densas na figura da esquerda. A imagem seguinte mostra que partes

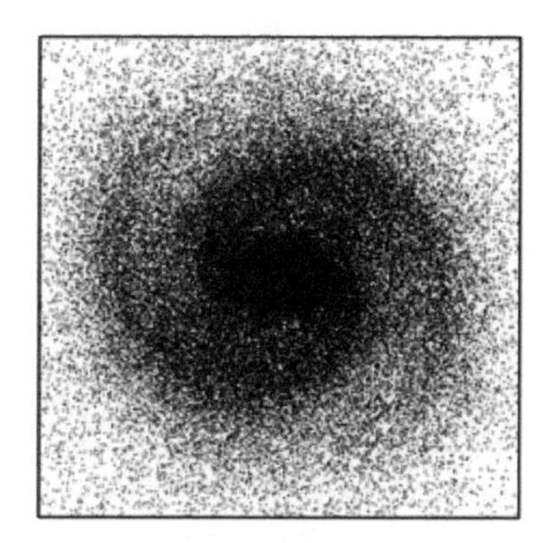

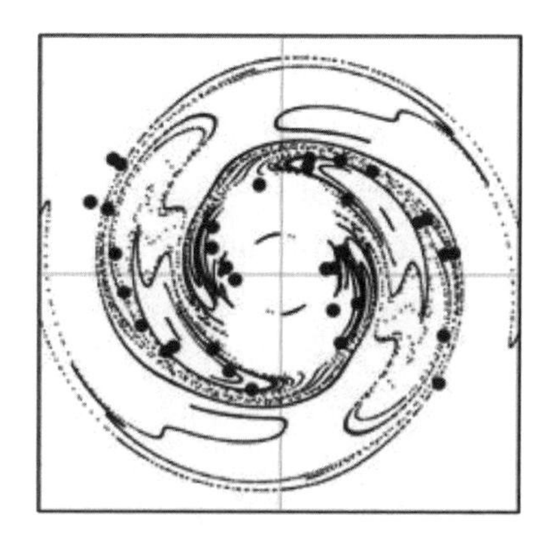

*Esquerda:* Projeção do sistema de $n$ corpos sobre o plano galáctico.
*Direita:* Padrão espiral com variedades invariantes instáveis emanando de $L_1$ e $L_2$.

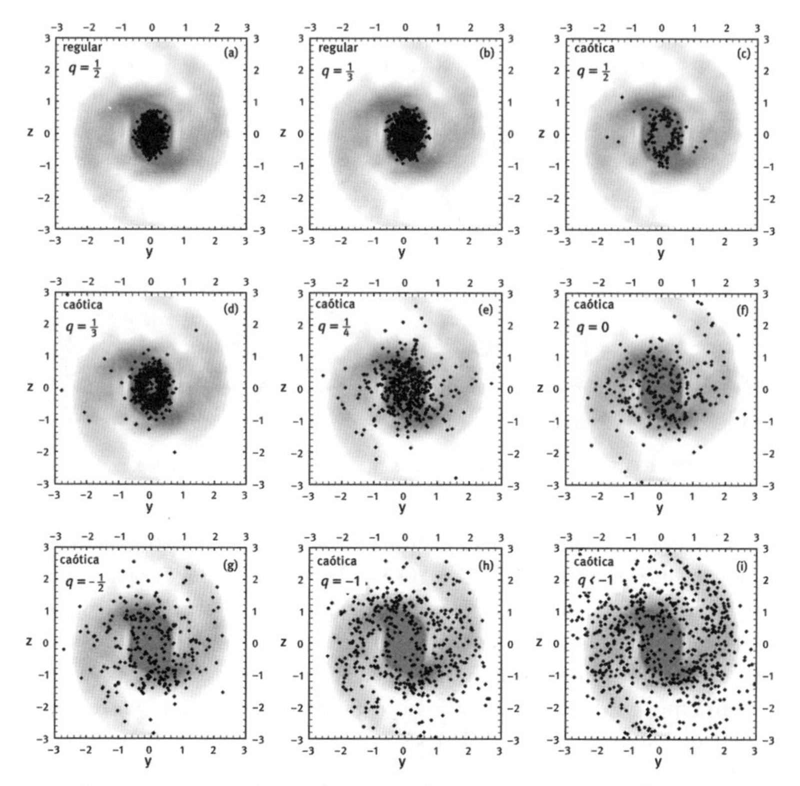


Posições instantâneas de partículas pertencentes a diferentes populações das órbitas regulares e caóticas (pontos pretos) superpostas à espinha dorsal da galáxia no plano de rotação (fundo cinza).

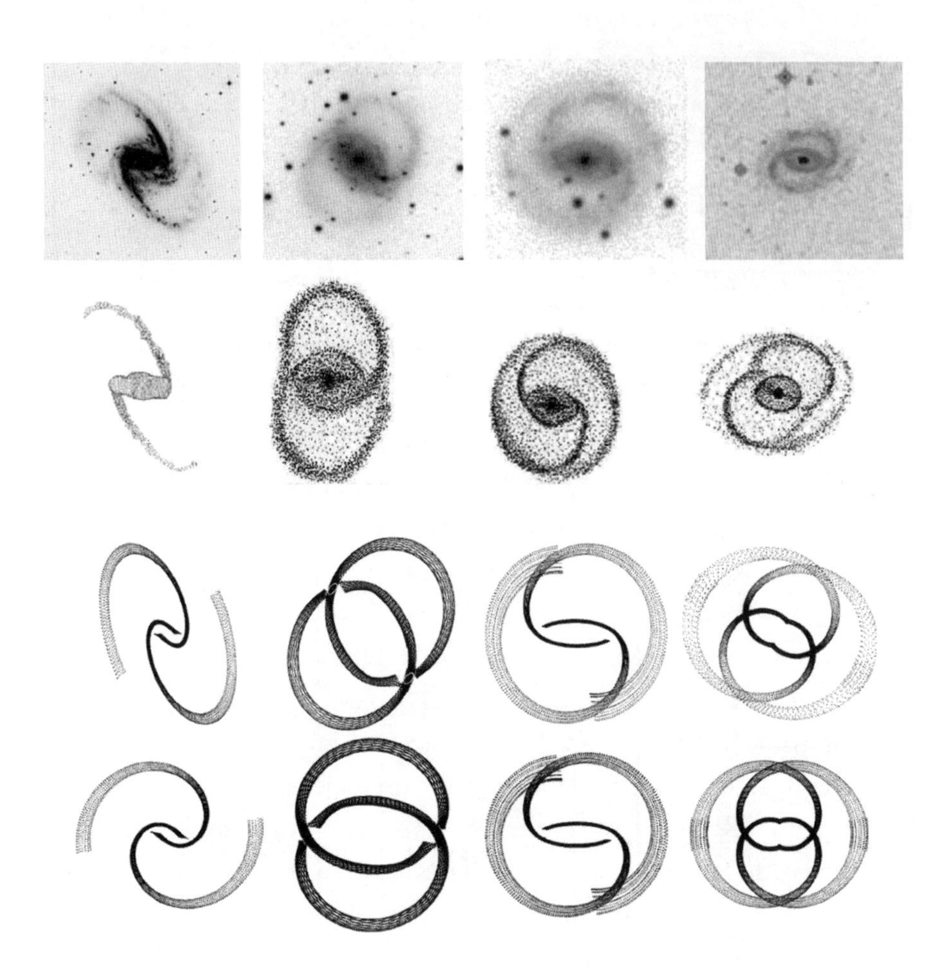

Morfologias de anéis e braços espirais. *Primeira fila:* Quatro galáxias, a saber: NGC 1365, NGC 2665, ESO 325-28 e ESO 507-16. *Segunda fila:* Gráficos esquemáticos dessas galáxias, ressaltando as estruturas de braços espirais e de anéis. *Terceira fila:* Exemplos de cálculos de variedade estável/instável com morfologia similar, projetados aproximadamente da mesma maneira que a galáxia observada ou o gráfico esquemático. *Quarta fila:* Vista frontal dessas variedades com a barra ao longo do eixo x.

da galáxia estão ocupadas por estrelas nas várias populações de órbitas regulares e caóticas. Órbitas regulares estão confinadas à zona de corrotação, como esperado; as caóticas também ocorrem aí e dominam a região externa, onde estão os braços espirais.

Vale a pena comparar essa teoria com a série retorcida de elipses na página 212. As elipses introduzem um padrão para extrair outro. Entretanto, a dinâmica real de *n* corpos não produz órbitas elípticas, porque todos os corpos se perturbam mutuamente, de modo que o padrão proposto na realidade não faz sentido, a menos que seja uma aproximação razoável para algo que, sim, faça sentido. O modelo caótico introduz efetivamente a barra central como premissa explícita, mas todo o resto emerge da genuína dinâmica de *n* corpos. O que obtemos é caos – como esperado –, mas também o padrão espiral, criado pelo caos. Aqui há uma mensagem: leve a matemática a sério e os padrões se encarregarão de si mesmos. Force padrões artificialmente e você se arriscará a obter o absurdo.

Há uma confirmação adicional de que o caos viscoso desempenha um papel na formação de braços espirais em galáxias espirais barradas: a presença comum de anéis de estrelas, uma forma muito regular, frequentemente sobrepostos em pares. Mais uma vez, a ideia é que, em tais galáxias, o caos viscoso alinhe muitas estrelas com as variedades instáveis dos pontos $L_1$ e $L_2$ de Lagrange, nas extremidades das barras. Dessa vez também consideramos as variedades estáveis, ao longo das quais as estrelas retornam aos portões e voltam ao núcleo. Esses também são viscosos.

A fila superior da última figura mostra quatro exemplos típicos de galáxias aneladas. A segunda fila mostra desenhos que enfatizam suas estruturas espirais e aneladas. A terceira fila fornece exemplos de coincidências a partir do modelo matemático. Na quarta fila, esses exemplos são vistos de frente, em vez de em perspectiva angular.

Usando um espectroscópio, é possível estimar a velocidade com que as estrelas numa galáxia estão se movendo. Quando os astrônomos fizeram isso, os resultados obtidos foram extremamente intrigantes. Deixarei a resolução corrente desse quebra-cabeça para o capítulo 14, e aqui só o apresentarei.

Os astrônomos medem a velocidade de rotação das galáxias usando o efeito Doppler. Se uma fonte em movimento emite luz de um determinado comprimento de onda, o comprimento de onda muda de acordo com a velocidade da fonte. O mesmo efeito ocorre com as ondas sonoras; o exemplo clássico é o tom de uma sirene de ambulância, que fica mais grave conforme ela passa por você. O físico Christian Doppler analisou esse efeito em 1842 num artigo sobre estrelas binárias, usando a física newtoniana. Uma versão relativista prevê o mesmo comportamento básico, mas com diferenças quantitativas. A luz chega em muitos comprimentos de onda, é claro, mas a espectroscopia mostra comprimentos de onda específicos como linhas escuras no espectro. Quando a fonte se move, essas linhas se deslocam num valor determinado, e o cálculo da velocidade a partir do valor desse deslocamento é fácil e direto.

No caso de galáxias, a linha espectral padrão usada para esse propósito é a do hidrogênio alfa. No caso de uma fonte estacionária ela se encontra na parte vermelho forte do espectro visível, e surge quando um elétron num átomo de hidrogênio passa do seu terceiro nível mais baixo de energia para o segundo mais baixo. O hidrogênio é o elemento mais comum na natureza, então a linha do hidrogênio alfa geralmente se destaca.

É até mesmo possível – para galáxias *não muito distantes* – medir a velocidade de rotação em pontos a diferentes distâncias do centro da galáxia. Essas medições determinam a curva de rotação da galáxia, e acontece que a velocidade de rotação depende apenas da distância em relação ao centro. Para uma boa aproximação, uma galáxia se move como uma série de anéis concêntricos, cada um girando rigidamente, mas numa velocidade que pode variar de anel para anel. Isso faz lembrar o modelo de Laplace para os anéis de Saturno (capítulo 6).

Nesse modelo, as leis de Newton levam a uma demonstração matemática fundamental: uma fórmula que relaciona a velocidade de rotação num determinado raio com a massa total interna a esse raio. (As estrelas se movem tão devagar em comparação com a velocidade da luz que as

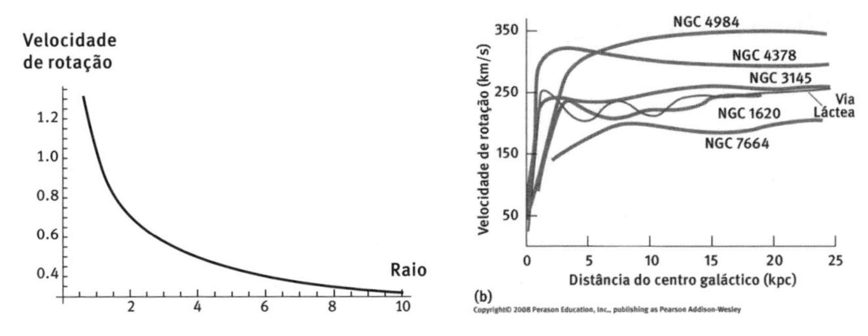


*Esquerda:* Curva de rotação prevista pelas leis de Newton. Escalas em unidades arbitrárias. *Direita:* Curvas de rotação observadas em seis galáxias.

correções relativistas geralmente são consideradas irrelevantes.) Essa fórmula enuncia que a massa total de uma galáxia, até determinado raio, é esse raio multiplicado pelo quadrado da velocidade de rotação das estrelas a essa distância e dividido pela constante gravitacional.[1] Essa fórmula pode ser rearranjada de modo a exprimir a velocidade de rotação num determinado raio: é a raiz quadrada do resultado de massa total dentro desse raio multiplicada pela constante gravitacional e dividida pelo raio. Essa fórmula, em qualquer uma das versões, é chamada de equação de Kepler para a curva de rotação, porque também pode ser deduzida diretamente das leis de Kepler.

É difícil medir diretamente a distribuição de massa, mas há uma previsão que independe de tais considerações: como a curva de rotação se comporta para raios suficientemente grandes. Uma vez que o raio se aproxima do raio observado da galáxia, a massa total dentro desse raio torna-se quase constante, igual à massa total da galáxia. Assim, quando o raio é suficientemente grande, a velocidade de rotação é proporcional ao inverso da raiz quadrada do raio. A figura da esquerda é o gráfico dessa fórmula, que diminui tendendo a zero à medida que o raio cresce.

Para comparação, a figura da direita mostra a curva de rotação observada para seis galáxias, uma delas a nossa. Em vez de diminuir, a velocidade de rotação aumenta, e então permanece aproximadamente constante.

Ooops!

# 13. Mundos alienígenas

> Astrônomos alienígenas poderiam ter examinado meticulosamente a Terra por mais de 4 bilhões de anos sem detectar quaisquer sinais de rádio, apesar do fato de o nosso mundo ser o garoto-propaganda da habitabilidade.
>
> SETH SHOSTAK, *Klingon Worlds*

HÁ MUITO TEM SIDO um artigo de fé entre autores de ficção científica que o Universo está atulhado de planetas. Essa crença foi motivada principalmente por um imperativo narrativo: planetas são necessários como locais para histórias emocionantes. Entretanto, isso sempre fez bom sentido científico. Dada a quantidade de porcaria cósmica que pulula por aí no nosso universo, de todas as formas e tamanhos, deve haver planetas em abundância.

Já no século XVI, Giordano Bruno afirmou que as estrelas são sóis distantes com seus próprios planetas, que poderiam até mesmo ser habitados. Um espinho no pé da Igreja católica, ele foi queimado na fogueira por heresia. No final do *Principia*, Newton escreveu: "Se as estrelas fixas são centros de sistemas similares [ao sistema solar], todos serão construídos conforme um projeto similar..."

Outros cientistas discordaram, sustentando que o Sol é a única estrela no Universo a possuir planetas. Mas a aposta esperta sempre foi em zilhões de exoplanetas, como são chamados. Nossa melhor teoria de formação de planetas é o colapso de uma vasta nuvem de gás, que forma planetas ao mesmo tempo que sua estrela central, e tais nuvens existem em abundância. Há pelo menos 50 quintilhões de corpos grandes – estrelas – e um número muito maior de pequenos – partículas de poeira. Seria estranho se houvesse alguma faixa de tamanho intermediária proibida, e ainda mais estranho se acontecesse de ela coincidir com os tamanhos típicos de planetas.

Os argumentos indiretos são muito bons, mas o elefante na sala era notável por sua ausência. Até recentemente, não havia evidência observacional de que qualquer outra estrela tivesse planetas. Em 1952 Otto Struve sugeriu um método prático para detectar exoplanetas, mas quarenta anos se passariam até que sua ideia gerasse frutos. No capítulo 1 vimos que a Terra e a Lua se comportam como um homem grande dançando com uma criança. A criança roda dando voltas e mais voltas ao redor do homem, enquanto este gira sobre seus pés. O mesmo vale para um planeta orbitando uma estrela: o planeta peso leve se move numa grande elipse enquanto a parruda estrela bamboleia levemente.

Struve sugeriu usar um espectroscópio para detectar esses bamboleios. O efeito Doppler faz com que qualquer movimento da estrela provoque um ligeiro desvio em suas linhas espectrais. O valor desse desvio dá a velocidade da estrela; deduzimos a presença da criança rodando em volta observando como o homem grande bamboleia. Esse método funciona até mesmo se houver vários planetas: a estrela continua bamboleando, mas de modo mais complicado. A figura a seguir mostra como o Sol bamboleia. A maior parte do movimento é causada por Júpiter, mas outros planetas também contribuem. O movimento geral é de cerca de três vezes o raio do Sol.

A técnica de Struve com espectroscopia Doppler levou à primeira observação confirmada de um exoplaneta em 1992, por Aleksander Wolszczan e Dale Frail. O corpo primário é um curioso tipo de objeto estelar conhecido como pulsar. Esses objetos emitem rápidos pulsos regulares de rádio. Hoje os explicamos como estrelas de nêutrons que giram rapidamente, assim batizados porque a maior parte de sua matéria é composta de nêutrons. Wolszczan e Frail usaram radioastronomia para analisar minúsculas variações nos pulsos emitidos pelo pulsar PSR 1257+12 e deduziram que ele tem pelo menos dois planetas. Estes alteram ligeiramente seu giro

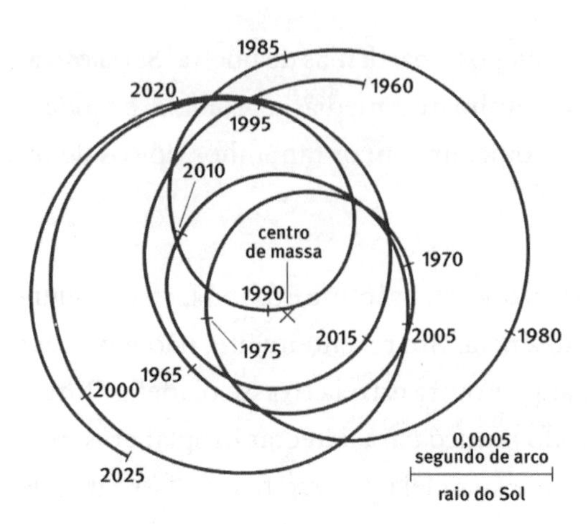


Movimento do Sol em relação ao centro de massa do sistema solar, 1960-2025.

e afetam os períodos dos pulsos. Seu resultado foi confirmado em 1994, junto com a presença de um terceiro planeta.

Pulsares são bastante raros e não revelam nada significativo acerca de estrelas comuns. Mas estas também começaram a revelar seus segredos. Em 1995, Michael Mayor e Didier Queloz descobriram um exoplaneta orbitando 51 Pegasi, uma estrela com a mesma classe espectral geral (G) que o Sol. Posteriormente revelou-se que ambos os grupos tinham sido antecedidos por Bruce Campbell, Gordon Walker e Stephenson Yang, que em 1988 notaram que a estrela Gama Cefei bamboleava de maneira suspeita. Como seus resultados estavam no limite daquilo que podia ser detectado, não reivindicaram ter visto um planeta, mas em poucos anos mais evidências chegaram e os astrônomos começaram a acreditar que era isso que o grupo tinha feito. Sua existência finalmente foi confirmada em 2003.

Já foram descobertos mais de 2 mil exoplanetas – o número atual (em 1º de junho de 2016) é de 3.422 planetas em 2.560 sistemas planetários, incluindo 582 sistemas com mais de um planeta –, mais milhares de candidatos plausíveis ainda a serem confirmados.* No entanto, ocasionalmente

* Números atualizados em janeiro de 2020: 4.160 planetas em 3.090 sistemas, incluindo 676 sistemas com mais de um planeta. (N.R.T.)

o que se pensava ser um sinal de um exoplaneta é reexaminado e descartado como alguma outra coisa, e há uma enchente de novos candidatos, de modo que esses números podem diminuir, bem como aumentar. Em 2012 foi anunciado que um membro do sistema estelar mais próximo, Alfa Centauri, tem um planeta – do tamanho da Terra porém muito mais quente.[1] Agora parece que esse planeta, Alfa Centauri Bb, não existe realmente, sendo um produto fabricado pela análise de dados.[2] No entanto, outro exoplaneta potencial, Alfa Centauri Bc, em torno da mesma estrela, foi desde então detectado. Gliese 1132, uma anã vermelha a 39 anos-luz de distância, definitivamente tem um planeta, GJ 1132b, que causou muita empolgação porque tem o tamanho da Terra (embora seja quente demais para ter água líquida) e está próximo o bastante para que sua atmosfera seja observada.[3] Muitos exoplanetas se encontram dentro de poucas dezenas de anos-luz. Planetariamente, não estamos sós.

Inicialmente os únicos mundos que podiam ser observados eram "Jupiteres quentes": planetas massivos muito próximos de suas estrelas. Isso tendia a dar uma impressão distorcida do tipo de mundo que existe lá fora. No entanto, as técnicas foram ficando mais sensíveis num ritmo rápido, e agora podemos detectar planetas do tamanho da Terra. Além disso, podemos começar a descobrir se eles têm atmosfera ou água, usando espectroscopia. Cálculos estatísticos indicam que sistemas planetários são comuns por toda a Galáxia – na verdade, no Universo inteiro –, e planetas semelhantes à Terra[4] em órbitas semelhantes à da Terra ao redor de estrelas semelhantes ao Sol, ainda que em pequena proporção, existem aos bilhões.

HÁ AO MENOS uma dúzia de outras maneiras de detectar exoplanetas. Uma é captar imagens diretas: apontar um telescópio muito potente para uma estrela e identificar um planeta. É um pouco como tentar ver um fósforo sob a luz de um holofote, mas técnicas sagazes de mascaramento que removem a luz da própria estrela às vezes tornam isso possível. A maneira mais comum de detectar exoplanetas é o método de trânsito. Se acontecer de um planeta cruzar o disco da estrela, do ponto de vista da Terra, então ele bloqueia uma pequena parte da emissão de luz da estrela. O trânsito cria uma valeta característica na curva de luz. A maioria dos exoplanetas tem pouca probabilidade de apresentar uma orientação tão favorável, mas a proporção daqueles que criam trânsitos é grande o bastante para a abordagem ser viável.

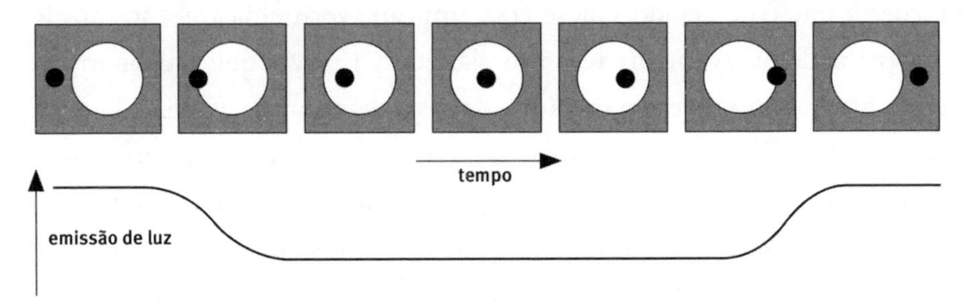


Modelo simples de como a emissão de luz da estrela fica mais fraca durante o trânsito de um planeta. Assumindo que a estrela emita a mesma quantidade de luz em cada ponto, e que o planeta bloqueie toda ela, a curva de luz permanece plana enquanto a totalidade do planeta bloqueia a luz. Na prática essas premissas não estão exatamente corretas e modelos mais realistas são usados.

A figura acima é uma ilustração simplificada do método de trânsito. Quando o planeta inicia seu trânsito, ele começa a bloquear parte da luz da estrela. Uma vez que o disco do planeta esteja inteiro dentro do da estrela, a emissão de luz se estabiliza e permanece aproximadamente constante até o planeta se aproximar da outra borda da estrela. Quando o planeta sai, ultrapassando a borda, a estrela retorna a seu brilho aparente original. Na prática a estrela geralmente parece menos brilhante perto de suas bordas, e alguma luz pode ser desviada ao redor do planeta se ele tiver atmosfera. Modelos mais sofisticados corrigem esses efeitos. A figura na página seguinte mostra a curva de luz real (pontos) para o trânsito do exoplaneta XO-1b sobre a estrela XO-1, junto com um modelo ajustado (curva em linha cheia).

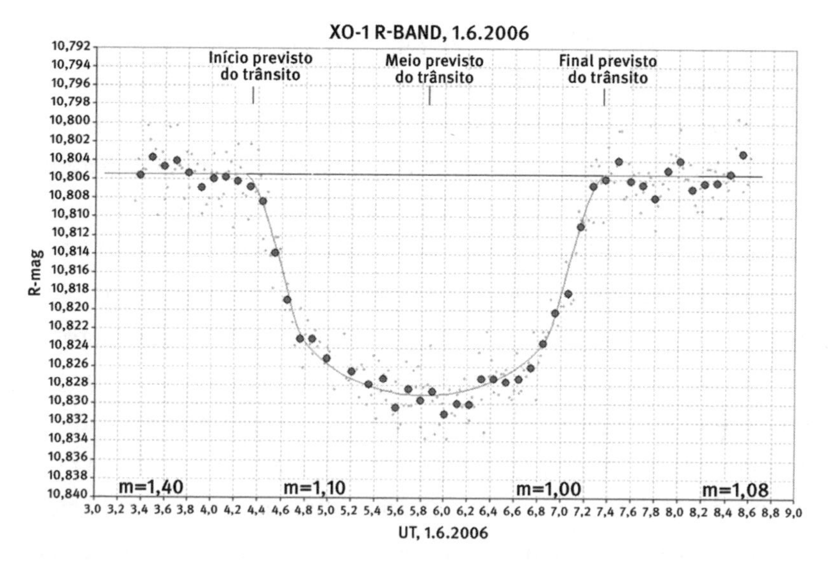


Curva de luz para o trânsito de 1º de junho de 2006 do exoplaneta XO-1b, do tamanho de Júpiter, sobre a estrela XO-1, de magnitude 10,8 no vermelho. Os pontos escuros são médias de cinco pontos de magnitudes de imagens mostradas nos pontinhos pequenos. A linha cheia é o modelo ajustado.

O método do trânsito, analisado matematicamente, fornece informação sobre o tamanho, a massa e o período orbital do planeta. Às vezes nos conta algo sobre a composição química da atmosfera do planeta, comparando o espectro da estrela com a luz refletida do planeta.

A NASA ESCOLHEU o método do trânsito para o seu telescópio Kepler – um fotômetro que mede níveis de luz com extraordinária acurácia. Lançado em 2009, o Kepler acompanhava a emissão de luz de mais de 145 mil estrelas. O plano era observá-las por ao menos três anos e meio, mas os giroscópios do Kepler, usados para manter o telescópio alinhado, começaram a falhar. Em 2013, o plano da missão foi mudado de modo que o instrumento avariado ainda pudesse continuar útil para a ciência.

O primeiro exoplaneta descoberto pelo Kepler, em 2010, agora se chama Kepler-4b. Sua estrela-mãe é a Kepler-4, cerca de 1.800 anos-luz de distância, na constelação de Dragão. Ela é semelhante ao Sol mas um pouco maior. O planeta tem aproximadamente o tamanho e a massa de Netuno, mas sua órbita é bem mais próxima da estrela, com um período de 3,21 dias e um raio de 0,05 UA – cerca de um décimo da distância de Mercúrio ao Sol. Sua temperatura de superfície é de sufocantes 1.700 kelvin. A órbita é excêntrica, com excentricidade aproximada de 0,25.

Apesar de suas rodas de reação defeituosas, o Kepler descobriu 1.013 exoplanetas em torno de 440 estrelas, mais outros 3.199 candidatos ainda a ser confirmados. Planetas grandes são mais fáceis de localizar porque bloqueiam mais luz, de modo que tendem a ser super-representados entre os exoplanetas do Kepler, mas, em certa medida, essa tendência pode ser compensada. O Kepler encontrou exoplanetas suficientes para fornecer estimativas estatísticas para o número de planetas na Galáxia com características particulares. Em 2013 a Nasa anunciou que a Galáxia provavelmente contém pelo menos 40 bilhões de exoplanetas do tamanho da Terra em órbitas semelhantes à da Terra em torno de estrelas semelhantes ao Sol e anãs vermelhas. Se assim for, a Terra está longe de ser especial.

O catálogo de órbitas e sistemas estelares contém muitos que parecem totalmente diferentes do sistema solar. Padrões bem-comportados como a lei de Titius-Bode raramente prevalecem. Os astrônomos estão apenas começando a se atracar com as complexidades da anatomia comparativa de sistemas estelares. Em 2008 Edward Thommes, Soko Matsumura e Frederic Rasio simularam acreção a partir de discos protoplanetários.[5] Os resultados sugerem que sistemas como o nosso são comparativamente raros, ocorrendo apenas quando as variáveis que caracterizam os atributos principais do disco têm valores perigosamente próximos daqueles para os quais não se formam planetas de maneira nenhuma. Planetas gigantes são mais comuns. No que respeita a parâmetros de discos protoplanetários, o nosso patinou na beira do desastre. Alguns princípios matemáticos básicos, porém, ainda se aplicam, em particular a ocorrência de ressonâncias orbitais. Por exemplo, os sistemas de estrelas Kepler-25, Kepler-27, Kepler-30, Kepler-31 e Kepler-33 têm todos pelo menos dois planetas em ressonância 2:1. Kepler-23, Kepler-24, Kepler-28 e Kepler-32 têm pelo menos dois planetas em ressonância 3:2.

Os CAÇADORES DE PLANETAS já estão adaptando suas técnicas para procurar outros corpos em sistemas estelares, entre eles exoluas e exoasteroides, que podem adicionar pequeninos *blips* a curvas de luz de maneira muito complicada. David Kipping está usando um supercomputador para reexaminar os dados do Kepler sobre 57 sistemas de exoplanetas, buscando indícios de uma exolua. René Heller realizou cálculos teóricos que sugerem que um exoplaneta várias vezes maior que Júpiter (não incomum) poderia ter uma lua do tamanho de Marte, e em princípio o Kepler poderia localizá-la. A lua Io, de Júpiter, provoca explosões de ondas de rádio ao interagir com o campo magnético do planeta, e efeitos similares poderiam ocorrer em outros lugares, então Joaquin Noyola está buscando sinais de rádio exolunares. Quando o telescópio espacial da Nasa James Webb, sucessor do Hubble, for lançado em 2021, poderá ser capaz de obter diretamente a imagem de uma exolua.

Michael Hippke e Daniel Angerhausen vêm caçando exotroianos. Lembre-se de que um asteroide Troiano segue um planeta mais ou menos na mesma órbita, com um espaço de sessenta graus adiante ou sessenta graus atrás, de modo a criar seu próprio minúsculo *blip* ao cruzar a estrela. Astrônomos têm procurado esses *blips*, mas até agora nada foi identificado porque os efeitos seriam muito pequenos. Em vez disso,

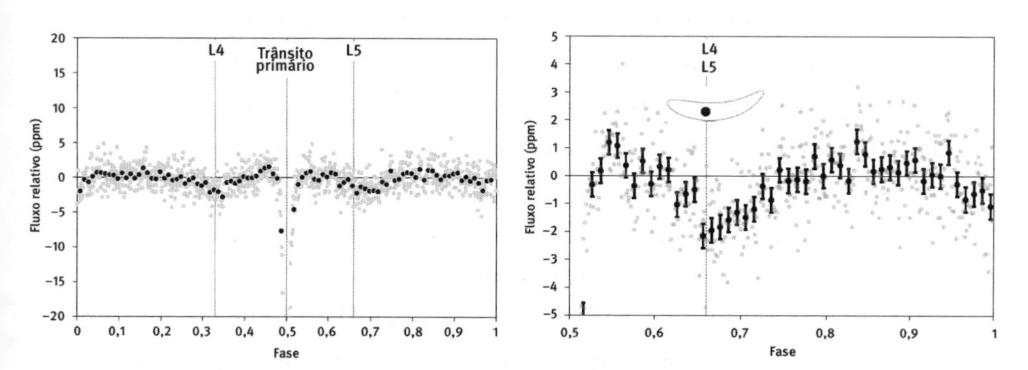


*Esquerda:* Curvas de luz combinadas para 1 milhão de trânsitos, mostrando pequenas quedas nos pontos de Troianos L4 e L5 (marcados). Estes não são estatisticamente significativos. *Direita:* Dados "dobrados" mostram uma queda estatisticamente significativa.

Hippke e Angerhausen usam uma abordagem estatística, como se vagassem por uma reserva animal contando rastros de leões. Os rastros não dizem quais leões os fizeram, mas pode-se estimar quanto os leões são comuns. Os cientistas combinaram perto de 1 milhão de curvas de luz para realçar os sinais associados a exotroianos. Os resultados mostram leves *blips* nos pontos de Troianos, mas que não são estatisticamente significativos. No entanto, se o gráfico for dobrado ao meio, de modo que a posição de um dado número de graus para diante da órbita coincida com o mesmo número de graus para trás, há um *blip* estatisticamente significativo nos sessenta graus (com combinação de mais ou menos).[6]

A disseminada premissa da ficção científica de que estrelas distantes frequentemente têm planetas, embora tenha sido ridicularizada, acabou se revelando absolutamente correta. O que dizer de uma correlata imagem da ficção científica: a existência de formas de vida alienígenas inteligentes?[7] Esse é um assunto muito mais difícil, porém mais uma vez seria bizarro se um universo com quintilhões de planetas desse um jeito de produzir precisamente *um* com vida inteligente. Fatores demais precisam se equilibrar exatamente para tornar o nosso mundo especial.

Em 1959, na revista científica *Nature*, Giuseppe Cocconi e Philip Morrison publicaram um artigo provocador, "Searching for interstellar communications" (Buscando comunicações interestelares). Eles argumentavam que os radiotelescópios haviam se tornado sensíveis o bastante para captar uma mensagem de rádio de uma civilização alienígena. Além disso, sugeriam que os alienígenas escolheriam uma frequência de referência: a linha HI de 1.420 MHz do espectro do hidrogênio. Ela é especial porque o hidrogênio é o elemento mais comum no Universo.

O radioastrônomo Frank Drake decidiu testar a ideia de Cocconi e Morrison iniciando o projeto Ozma, que buscava tais sinais a partir das estrelas próximas Épsilon Eridani e Tau Ceti. Não detectou nada, mas em 1961 organizou uma conferência sobre "a busca por inteligência extraterrestre". No encontro escreveu uma equação matemática que exprime o número de civilizações alienígenas na Galáxia que atualmente podem se comunicar por rádio como o produto de sete fatores, tais como a taxa média de formação de estrelas, a fração de planetas que desenvolvem vida e o tempo médio que demora para uma civilização ter a capacidade de transmitir sinais de rádio detectáveis.

A equação de Drake é muitas vezes usada para calcular quantas civilizações alienígenas, capazes de se comunicar, existem, mas essa não foi a intenção de Drake. Ele estava tentando isolar os fatores importantes em que os cientistas deveriam se concentrar. Sua equação tem falhas, se for tomada literalmente, mas pensar nelas fornece uma ideia da probabilidade de existência de civilizações alienígenas e da possibilidade de detectar seus sinais. Um importante sucessor do projeto Ozma é o Seti (Search for Extraterrestrial Intelligence – Busca por Inteligência Extraterrestre), fundado em 1984 por Thomas Pierson e Jill Tarter para servir de ponta de lança para uma busca sistemática por comunicações alienígenas.

A equação de Drake não é tremendamente prática, porque é muito sensível a erros. "Planeta" pode ser restritivo demais, como veremos em breve. O mesmo ocorre com "rádio". Esperar que alienígenas se comuniquem por tecnologia de rádio obsoleta pode ser tão sem sentido quanto procurar sinais de fumaça. Ainda mais questionável é a ideia de que reconheceríamos suas comunicações como tal. Com o advento da eletrônica digital, a maioria de nossos próprios sinais, até mesmo de telefones celulares, é codificada digitalmente para comprimir dados e eliminar erros causados por ruído alheio. Os alienígenas seguramente fazem o mesmo. Em 2000 Michael Lachmann, Mark Newman e Cris Moore provaram que comunicações eficientemente codificadas parecem exatamente iguais à radiação aleatória de um corpo negro. Esta é o espectro da radiação eletromagnética de um corpo opaco, não refletor, numa temperatura constante. Seu artigo entitulava-se "Any sufficiently advanced communication is indistinguishable from noise" (Qualquer comunicação suficientemente avançada é indistinguível de ruído).[8]

INTELIGÊNCIA É UM OBJETIVO elevado. Até vida alienígena não inteligente seria um divisor de águas.

Ao avaliar as chances de vida alienígena, é muito fácil cair na armadilha de imaginar que o lugar perfeito para alienígenas deva ser um planeta parecido com a Terra – um que tenha mais ou menos o mesmo tamanho que o nosso, a uma distância similar de uma estrela similar, cuja superfície seja uma mistura de solo rochoso e água líquida (como a nossa) e cuja atmosfera contenha oxigênio (como a nossa). Sim, a Terra é o único planeta habitado do qual temos conhecimento, mas mal começamos a procurar. Dentro do sistema solar, todos os outros mundos parecem áridos e inóspitos – embora, como veremos, esse julgamento não devesse ser feito tão apressadamente. Então, o melhor lugar para começar a procurar vida parece ser fora do nosso sistema solar.

As chances de existir vida em outro lugar são melhoradas por um princípio biológico básico: a vida *se adapta* às condições prevalentes. Mesmo na Terra, criaturas vivas ocupam uma variedade estarrecedora de hábitats: o fundo dos oceanos, o alto da atmosfera, pântanos, desertos, fontes ferventes, sob o gelo antártico e até mesmo três quilômetros debaixo da terra. Parece razoável que formas de vida alienígena pudessem ocupar uma gama ainda maior de hábitats. *Nós* talvez não fôssemos capazes de viver ali, mas humanos na realidade não conseguem sobreviver desassistidos na maioria dos hábitats terrestres. O que é habitável depende de quem está habitando.

Nossa própria terminologia trai profundos preconceitos. Em anos recentes biólogos descobriram bactérias que podem viver em água fervente e outras que sobrevivem em condições extremamente frias. Coletivamente, são chamadas extremófilas – criaturas que gostam de extremos. Frequentemente são retratadas como se estivessem se conservando precariamente num ambiente hostil, passíveis de ser extintas a qualquer momento. Na realidade, porém, essas criaturas estão lindamente adaptadas a seu ambiente e morreriam se transportadas para o nosso. Comparados a elas, *nós* é que somos os extremófilos.[9]

Toda a vida na Terra está relacionada; ela parece ter evoluído de um único sistema bioquímico primordial. Como tal, "a vida na Terra" em toda a sua rica variedade se reduz a um único ponto nos dados. O princípio de Copérnico sustenta que não existe nada de incrivelmente especial nos seres humanos ou no que os cerca. Se for assim, é improvável que nosso planeta seja especial – mas isso não implica que deva ser típico. Bioquímicos têm feito variantes inusitadas das moléculas que formam a base da genética terrestre – DNA, RNA, aminoácidos, proteínas – para descobrir se as que existem na Terra são as únicas que funcionam. (Não são.) Tais questões frequentemente levam a modelos matemáticos, além da biologia, porque não podemos ter certeza de que a biologia em outras partes seja a mesma que é aqui. Ela poderia usar uma química diferente, uma química radicalmente diferente, ou evitar em sua totalidade a química deixando de ser molecular.

Dito isso, faz muito sentido *começar* desse genuíno ponto nos dados, contanto que não esqueçamos que esse é apenas o primeiro passo rumo a possibilidades mais exóticas. Isso inevitavelmente conduz a uma das metas imediatas dos caçadores de planetas: encontrar um exoplaneta semelhante à Terra.

Em círculos astrobiológicos, faz-se grande alarde em torno da chamada "zona habitável" ao redor de uma estrela. A zona habitável não é a região que poderia ser habitável. É a região ao redor de uma estrela dentro da qual um planeta hipotético com pressão atmosférica suficiente poderia sustentar água líquida. Chegue perto demais da estrela e a água evapora; longe demais e ela congela. Na região intermediária, a temperatura é "exatamente certa", e inevitavelmente essa região adquiriu o apelido de "zona de Cachinhos Dourados" ("*Goldilocks zone*").

A zona habitável do sistema solar fica entre cerca de 0,73 e 3 UA do Sol – os números precisos são discutíveis. Vênus roça na borda interna e a borda externa se estende até Ceres, enquanto Terra e Marte estão em segurança no interior. Então, "em princípio", as superfícies de Vênus e Marte poderiam sustentar água líquida. Na prática, porém, é mais complicado. A temperatura média na superfície de Vênus é de 462 graus célsius, quente o bastante para derreter chumbo, porque Vênus experimentou um efeito estufa descontrolado, aprisionando calor em sua atmosfera. Água líquida parece altamente implausível, para dizer o mínimo. Em Marte, a temperatura é de *menos* 63 graus célsius, então julgava-se que Marte tivesse apenas

As faixas escuras na cratera de Garni, em Marte, são causadas por água líquida.

gelo sólido. Entretanto, em 2015 descobriu-se que pequenas quantidades de gelo derretem no verão marciano, escorrendo pelas encostas de algumas crateras. Há algum tempo suspeitava-se disso, porque são visíveis faixas escuras, mas a evidência crucial é a presença de sais hidratados no verão, quando as faixas ficam mais compridas. Marte provavelmente tinha água superficial aos montes há cerca de 3,8 bilhões de anos, mas então perdeu muito de sua atmosfera, soprada para longe pelo vento solar quando o campo magnético do planeta enfraqueceu. Alguma água evaporou e o restante congelou. Na sua maior parte, permanece assim.

Distância da estrela primária, então, não é o único critério. O conceito de uma zona habitável fornece uma regra geral simples, abrangente, mas regras gerais não são rígidas. Pode não haver água líquida dentro da zona habitável ou existir fora dela. Um planeta próximo de sua estrela pode estar numa zona quente demais, mas se estiver numa ressonância rotação-órbita 1:1 um lado fica sempre de frente para a estrela, então é quente, enquanto o outro é extremamente frio. No meio há uma zona temperada em ângulos retos em relação ao equador. (Há gelo no calor escaldante de

Mercúrio, escondido em crateras polares onde a luz do Sol nunca penetra. E nem sequer é uma ressonância 1:1.) Um planeta com superfície gelada poderia ter alguma fonte de calor interno – afinal, a Terra tem – que derreta parte do gelo. Uma atmosfera espessa com montes de dióxido de carbono ou metano também o aqueceria. Um eixo bamboleante pode ajudar o planeta a se manter quente fora da zona habitável, distribuindo desigualmente o calor. Um planeta com órbita excêntrica pode armazenar energia quando está perto de sua estrela e liberá-la à medida que se afasta, mesmo que em média não esteja na zona habitável. Uma anã branca pode ter um planeta próximo com uma atmosfera enevoada espessa, que redistribua o calor mais por igual.

Em 2013 o telescópio Kepler descobriu dois exoplanetas que eram os mais semelhantes à Terra até então encontrados. Ambos orbitam a mesma estrela, Kepler-62, na constelação da Lira, e seus nomes são Kepler-62e e Kepler-62f. Ambos têm diâmetro 50% maior que o da Terra, e podem ser exemplos de superterras – corpos rochosos mais massivos que a Terra, mas não tão massivos quanto Netuno. Como alternativa, poderiam ser de gelo comprimido. Estão firmemente assentados na zona de Cachinhos Dourados de Kepler-62, então, se tiverem condições de superfície adequadas, tais como uma atmosfera similar à nossa, poderão ter água líquida.

No começo de 2015 a Nasa anunciou a descoberta de dois novos exoplanetas que se assemelham à Terra ainda mais. O Kepler-438b é 12% maior que a Terra e recebe 40% mais energia de sua estrela, que se encontra 479 anos-luz distante de nós. O Kepler-442b é 30% maior que a Terra e recebe 30% menos energia; sua estrela está a 1.292 anos-luz de distância. Não é possível confirmar sua existência detectando bamboleios correspondentes em suas estrelas. Em vez disso, os astrônomos empregam cuidadosas comparações de medidas e inferência estatística. Com base em seu tamanho, deduz-se que provavelmente são rochosos, embora suas massas não sejam conhecidas. Orbitando dentro da zona habitável, poderiam ter água líquida.

Outros exoplanetas confirmados que se parecem com a Terra incluem Gliese 667Cc e 832c, e Kepler 62e, 452b e 283c. Um candidato do Kepler ainda não confirmado, KOI-3010.01, também é semelhante à Terra, se existir. Há uma porção de mundos que se parecem com o nosso – não muito longe, pelos padrões cósmicos, mas inacessíveis com a tecnologia atual ou que se antevê.

Peter Behroozi e Molly Peeples reinterpretaram as estatísticas dos exoplanetas do Kepler no contexto de nosso conhecimento a respeito de como as estrelas surgem nas galáxias, deduzindo uma fórmula para a maneira com que o número de planetas no Universo varia com o passar do tempo.[10] A proporção de mundos similares à Terra pode ser deduzida a partir desse valor. Inserindo na fórmula a idade atual do Universo, eles estimam que haja aproximadamente 100 quatrilhões de planetas similares à Terra no presente momento. Isso significa cerca de 500 milhões por galáxia; sendo assim, a nossa provavelmente abriga meio bilhão de planetas muito parecidos com o nosso.

O foco astrobiológico está mudando de planetas literalmente semelhantes à Terra para outros tipos de mundo que possam razoavelmente sustentar vida. Segundo simulações realizadas por Dimitar Sasselov, Diana Valencia e Richard O'Connell, superterras podem ser *mais* adequadas para a vida do que o nosso próprio planeta.[11] A razão é a tectônica de placas. O movimento dos continentes da Terra ajuda a manter o clima estável reciclando dióxido de carbono por meio do piso oceânico, de subducção e de vulcões. A água líquida tem maior probabilidade de se manter se o clima é estável, e isso dá à vida com base na água mais tempo para se desenvolver. Assim, a deriva continental pode aumentar a habitabilidade de um planeta.

A equipe de Sasselov descobriu que, ao contrário do que se esperava, a deriva continental provavelmente é comum em outros lugares, e pode ocorrer em planetas maiores que a Terra. As placas seriam mais finas do que aqui e se moveriam mais depressa. Então uma superterra deveria ter um clima mais estável que o nosso, facilitando a evolução de vida complexa. O número provável de planetas como a Terra é bastante grande, mas comparativamente falando tais mundos são raros. No entanto, deveria haver muito mais superterras, o que aumenta significativamente as perspectivas de vida *do tipo da Terra*. Assim, a "Terra rara" já era. Mais ainda, a

Terra não é "exatamente certa" para a tectônica das placas. Simplesmente roçamos a extremidade inferior da gama apropriada de tamanhos.

E também já eram os Cachinhos Dourados.

Talvez a vida nem precise de um planeta.

Não vamos desistir com tanta facilidade do nosso próprio sistema estelar. Se existir vida em outras partes do sistema solar, onde é mais provável que ocorra? Até onde sabemos, o único planeta habitado na zona habitável do Sol é a Terra, então à primeira vista a resposta tem de ser: "em nenhum lugar". Na verdade, os lugares com maiores chances de sustentar vida – provavelmente não mais complexa do que bactérias, mas mesmo assim vida – são Europa, Ganimedes, Calisto, Titã e Encélado. Ceres e Júpiter são apostas que correm por fora.

Ceres, um planeta anão, está na borda externa da zona habitável, e tem uma fina atmosfera com vapor de água. A missão *Dawn* revelou pontos brilhantes dentro de uma cratera, que inicialmente se pensou ser gelo, mas agora se sabe que são um tipo de sal de magnésio. Se fosse gelo, Ceres teria tido um ingrediente-chave para vida do tipo terrestre, ainda que congelado. O gelo provavelmente existe em profundidades maiores.

Carl Sagan sugeriu nos anos 1960 que a vida bacteriana, e possivelmente organismos mais complexos, semelhantes a balões, poderiam flutuar na atmosfera de Júpiter. O principal obstáculo é que Júpiter emite um bocado de radiação. Entretanto, algumas bactérias prosperam bem na parte alta da atmosfera terrestre, onde os níveis de radiação são elevados e tardígrados – pequenas criaturas popularmente conhecidas como ursos-d'água – podem sobreviver sob níveis de radiação e temperatura extremos, tanto quentes quanto frios, que nos matariam.

Os outros cinco corpos que listei não são planetas ou planetas anões, mas luas, e se situam bem fora da zona habitável. Europa, Ganimedes e Calisto são luas de Júpiter. Como foi discutido no capítulo 7, elas têm oceanos subterrâneos, criados porque o calor de maré de Júpiter derrete o gelo. Pode muito bem haver respiradouros hidrotérmicos quentes no fundo desses oceanos, que proporcionem um hábitat para a vida não muito diferente de respiradouros similares na Terra, tais como os encontrados ao longo da dorsal mesoatlântica. Aqui as placas tectônicas da Terra estão se separando, arrastadas por um cinturão de transporte geológico, enquanto suas bordas externas sofrem subducção sob os continentes da Europa e da América. O rico preparado de substâncias químicas vulcânicas, junto com o calor proveniente de gases vulcânicos quentes, fornece um hábitat confortável para poliquetas, camarões e outros organismos bastante complexos. Alguns biólogos evolucionários pensam que a vida na Terra se originou perto de tais respiradouros. Se isso dá certo aqui, por que não em Europa?

O SEGUINTE NA FILA é a lua mais misteriosa de todas, o satélite Titã, de Saturno. Seu diâmetro é a metade do da Lua e, ao contrário de qualquer outro satélite do sistema solar, Titã possui uma atmosfera densa. O corpo principal dessa lua é uma mistura de rocha e água congelada, e a temperatura da superfície é de cerca de menos 95 kelvin (menos 180 graus célsius). A missão *Cassini* revelou que Titã tem lagos de metano e etano líquidos, que na temperatura ambiente da Terra são gases. O grosso da atmosfera (98,4%) é de nitrogênio, mais 1,2% de metano, 0,2% de hidrogênio e traços de outros gases, como etano, acetileno, propano, cianeto de hidrogênio, dióxido de carbono, monóxido de carbono, argônio e hélio.

Muitas dessas moléculas são orgânicas – com base em carbono – e algumas são hidrocarbonetos. Acredita-se que sejam produzidas quando a luz ultravioleta do Sol quebra o metano, criando uma densa névoa cor de laranja. Isso por si só já é um quebra-cabeça, porque em meros 50 milhões de anos todo o metano da atmosfera deveria estar quebrado – no entanto, ele ainda está lá. Algo deve estar reabastecendo-o. Ou a atividade vulcânica está liberando metano de algum vasto reservatório subterrâneo, ou esse excesso é produzido por algum organismo exótico, provavelmente primitivo. Uma química desbalanceada é um potente sinal de vida; um exemplo óbvio é o oxigênio terrestre, que teria desaparecido há muito tempo, não fosse a fotossíntese das plantas.

Se Titã tiver vida, ela deve ser radicalmente diferente da que existe na Terra. O ponto essencial do conto infantil não é que a preferência de Cachinhos Dourados fosse "exatamente certa", mas que Mamãe Urso e Papai Urso queriam o que servisse *para eles*, e era algo diferente. É o ponto de vista dos Ursos que apresenta as questões científicas mais interessantes e importantes. Titã não tem água líquida, embora tenha, sim, pedras de gelo. Frequentemente se assume que a água é essencial para a vida, mas os astrobiólogos estabeleceram que em princípio sistemas semelhantes à vida poderiam existir sem água.[12] Organismos titanianos poderiam usar algum outro fluido para transportar moléculas importantes por seus corpos. Etano líquido ou metano líquido são possibilidades: ambos podem dissolver muitas outras substâncias químicas. Um titaniano hipotético poderia obter sua energia do hidrogênio fazendo com que reagisse com acetileno, liberando metano.

Esse é um exemplo típico de "xenoquímica" – possíveis caminhos químicos em formas de vida alienígenas, muito diferentes da norma terrestre. Isso mostra que organismos plausíveis não necessitam ser semelhantes àqueles do nosso planeta, o que abre possibilidades mais imaginativas para a vida alienígena. Entretanto, apenas a química não cria vida. É preciso uma química organizada, muito provavelmente realizada em algo similar a uma célula. Nossas células são cercadas por uma membrana formada por fosfolipídios – compostos de carbono, hidrogênio, oxigênio e fósforo. Em 2015 James Stevenson, Jonathan Lunine e Paulette Clancy apresentaram um análogo de membrana celular que funciona em metano líquido, feito de carbono, hidrogênio e nitrogênio.[13]

Se seres humanos se desenvolvessem em Marte, em que seriam diferentes de nós?

Pergunta boba. Os humanos *não* se desenvolveram em Marte. Se a vida se desenvolvesse em Marte (e, por tudo o que sabemos, isso poderia ter ocorrido, muito tempo atrás, e pode ser que lá ainda existam organismos no nível de bactérias), teria seguido seu próprio caminho evolutivo, uma mistura de acidente e dinâmica seletiva. Se transplantássemos humanos para Marte, eles morreriam antes de poder evoluir para se adaptar às condições dali.

Muito bem, então. Suponha que alienígenas se desenvolvessem em algum exoplaneta. Qual seria a aparência deles? Essa pergunta é marginalmente mais sensata. Tenha em mente que a Terra atualmente abriga milhões de espécies diferentes. Qual é a aparência *delas*? Algumas têm asas, algumas têm pernas, algumas têm ambas, algumas vivem a quilômetros no fundo dos oceanos, algumas crescem em recônditos gelados, outras em desertos... Mesmo a vida do tipo terrestre é muito diversificada, com biologia estranha – a levedura tem vinte sexos, sapos *Xenopus* comem seus próprios filhotes...

Alienígenas do cinema e da televisão tendem a ser humanoides, o que permite que sejam interpretados por atores, ou monstros gerados por computador, planejados para causar horror. Nenhum dos dois serve de guia confiável para o que seria vida alienígena provável. A vida se desenvolve para se adequar a condições e ambiente prevalentes e é muito diversificada. Podemos especular, é claro, mas nenhum "projeto" específico de criatura alienígena tem probabilidade de surgir em qualquer lugar do Universo. O motivo é uma distinção básica em xenociência, enfatizada há muito tempo por Jack Cohen: aquela entre um universal e um paroquial.[14] Aqui ambos são substantivos, não adjetivos, usados para simplificar no lugar de "atributo universal/paroquial". Um paroquial é um atributo especial que se desenvolve por acidente da história. Por exemplo, o canal alimentar humano cruza o respiratório, causando todo ano uma quantidade de mortes por inalação de amendoins. O número de fatalidades é pequeno demais para que essa falha de projeto tivesse evoluído de modo a desaparecer; ela remonta a antigos ancestrais písceos, no mar, onde não tinha importância.

Em contraste, um universal é um atributo genérico que oferece evidentes vantagens de sobrevivência. Os exemplos incluem a capacidade de detectar som ou luz e a de voar em uma atmosfera. Um sinal distintivo de um universal é que tenha se desenvolvido independentemente várias vezes na Terra. Por exemplo, o voo se desenvolveu em insetos, pássaros e morcegos por vias independentes. Essas vias diferem em seus aspectos paroquiais; todos eles usam asas, mas cada projeto de asa é muito diferente. No entanto, todos foram selecionados para o mesmo universal subjacente.

Esse teste, todavia, tem um defeito: vincula o atributo diretamente à história evolutiva da Terra. Não é tão bom quando se pensa em alienígenas. Por exemplo, será o nível humano (ou superior) de inteligência um universal? A inteligência se desenvolveu independentemente em golfinhos e polvos, por exemplo, mas não até o nosso nível, então não fica claro se a inteligência satisfaz o teste do "desenvolvimento múltiplo". Entretanto, a inteligência certamente parece um artifício genérico que *poderia* se desenvolver de forma independente, e oferece claras vantagens de sobrevivência no curto prazo, dando ao possuidor poder sobre seu meio ambiente. Assim, a inteligência pode ser um universal.

Isso não são definições, e a distinção entre universais e paroquiais é, na melhor das hipóteses, nebulosa. Apesar disso, concentra a atenção na separação entre aquilo que provavelmente é genérico e o que acontece em grande parte por acidente. Em particular, se existir vida alienígena, ela poderá compartilhar de alguns universais como os da Terra, mas é improvável que compartilhe de nossos paroquiais. Alienígenas humanoides, iguais a nós, desenvolvendo-se independentemente em outro mundo, teriam de ter paroquiais em demasia para ser críveis. Os cotovelos, por exemplo. Mas alienígenas com algum tipo de membros, capazes de se mover à sua vontade, fazem uso de um universal.

Qualquer projeto alienígena específico estará atulhado de paroquiais. Se tiver sido construído com sensatez, poderia ser *similar* a uma forma de vida real, em algum lugar com meio ambiente similar. Teria universais condizentes. Porém, há pouca chance de que cada paroquial aparecesse na mesma criatura real. O projeto de uma borboleta com asas coloridas enfeitadas, belas antenas, marcas no corpo... Agora, vá achar uma borboleta real que seja *exatamente* igual. Não é provável.

Como estamos discutindo as perspectivas de vida alienígena, parece sensato indagar o que contaria como "vida". Especificar o significado de "vida" de forma muito restrita cria o risco de usar paroquiais, excluindo da definição entidades de alta complexidade que claramente deveriam contar como vivas. Para evitar esse perigo, devemos nos ater a universais. Em particular, a bioquímica do tipo terrestre é *provavelmente* um paroquial. Experimentos mostram que pode haver inúmeras variações viáveis do nosso familiar sistema DNA/aminoácidos/proteínas. Se encontrássemos alienígenas que houvessem desenvolvido uma civilização capaz de viagens espaciais, mas que não tivessem DNA, seria idiotice insistir que não são seres vivos.

Eu disse "especificar" em vez de "definir" porque não está claro que *definir* vida faça sentido. Há muitas áreas cinzentas, e qualquer forma de palavras provavelmente tem alguma exceção. Chamas compartilham muitas características da vida, incluindo a capacidade de se reproduzir, mas não as contaríamos como vivas. Vírus são vivos ou não? O erro é imaginar que haja uma *coisa* que chamamos de vida, e que precisamos saber que coisa é essa. Vida é um conceito que nossos cérebros extraíram da complexidade do que está ao nosso redor e que consideram ser importante. *Nós* é que escolhemos o que a palavra significa.

A maioria dos biólogos de hoje foi treinada em biologia molecular, e por reflexo pensa em termos de moléculas orgânicas (com base em carbono). Foram extraordinariamente sagazes ao descobrir como a vida funciona neste planeta, então não é surpresa que sua descuidada imagem de vida alienígena se pareça muito com a daqui. Matemáticos e físicos tendem a pensar estruturalmente. Desse ponto de vista, o que importa em relação à vida, mesmo neste planeta, não é do que ela é feita. É *como ela se comporta*.

Uma das especificações mais gerais de "vida" foi criada por Stuart Kauffman, um dos fundadores da teoria da complexidade. Ele usa um termo diferente: agente autônomo. Isso é "algo que pode fazer duas coisas: reproduzir-se e realizar pelo menos um ciclo de trabalho termodinâmico". Como em todas as tentativas, a intenção é captar atributos básicos que tornam especiais os organismos vivos. E não está ruim. É uma especificação que se concentra no comportamento, não em ingredientes. E evita definir vida em termos de exclusão, focando suas fronteiras nebulosas, em vez de reconhecer suas extraordinárias diferenças da maioria de outros sistemas.

Se encontrássemos em outro mundo algo que se comportasse como um programa de computador, não declararíamos que é uma forma de vida alienígena. Sairíamos à procura da criatura que o escreveu. Porém, se encontrássemos algo que satisfizesse as condições de Kauffman, penso que provavelmente o consideraríamos como vivo.

UM EXEMPLO DO CASO em questão.

Alguns anos atrás, Cohen e eu concebemos quatro ambientes alienígenas como projeto para um museu. O mais exótico, que chamamos de Nimbus, era vagamente modelado em Titã. A descrição original tinha muito mais detalhes, tais como a história evolutiva e a estrutura social.

Nimbus, conforme o visualizamos, é uma exolua com atmosfera densa de metano e amônia. Uma espessa camada de nuvens torna a superfície muito sombria. Os alienígenas de Nimbus são baseados em química silicometálica, na qual átomos ocasionais de metal possibilitam que o silício forme a espinha dorsal de grandes e complexas moléculas.[15] Os metais provêm de impactos com meteoritos. Entre as formas de vida iniciais havia esteiras metaloides de fibras finas com fracas correntes elétricas. Elas se moviam estendendo longos cílios. Pequenas redes desses cílios podiam realizar computações simples, e evoluíram, ficando mais complexas. Essas criaturas primitivas desapareceram meio bilhão de anos atrás, mas deixaram um legado, uma ecologia eletrônica com base em silício.

Hoje, as características visíveis mais impressionantes são castelos de fadas – intrincados sistemas de paredes silicometálicas aproximadamente concêntricas que retêm lagoas de etano/metano. Essas lagoas são solo fértil para criação de flocos – criaturas eletrônicas que se autodesenvolveram a partir das esteiras. Os flocos são lascas achatadas e finas de rocha de sílica, revestidas por circuitos eletrônicos silicometálicos. Eles estão sujeitos a complexas corridas armamentistas evolutivas, nas quais tomam posse dos circuitos de outros flocos. De tempos em tempos surgem novos circuitos, melhores em se apoderar dos outros. A esta altura, eles são bastante bons nisso. A base de sua reprodução é a cópia de modelo. Um floco móvel estampa uma imagem química de seu circuito numa rocha virgem. Essa imagem age como modelo para cultivar uma cópia espelhada do circuito. Então a cópia se destaca da rocha. Erros de copiagem permitem mutações; apoderar-se de circuitos leva a recombinação de elementos, oferecendo vantagens de sobrevivência na corrida armamentista.

Na época em que os seres humanos descobrem Nimbus, alguns flocos estão começando a se tornar tridimensionais. Tornaram-se "vonneumanns", replicando-se por um novo artifício. Por volta de 1950 o matemático John von Neumann apresentou um autômato celular (um tipo simples de jogo matemático de computador) para provar que, em princípio, máquinas autorreplicantes são possíveis.[16] Ele tem três componentes: dados, copiador e construtor. O construtor obedece a instruções codificadas nos dados para fazer um novo construtor e um novo copiador. Então o novo copiador copia os dados velhos, e temos uma segunda cópia. Um circuito vonneumann de Nimbus é similarmente segregado em três partes: dados, copiador e construtor. O construtor pode construir circuitos prescritos nos dados. O copiador é apenas um copiador. Essa capacidade coevoluiu junto com um sistema reprodutor de três sexos. Um dos pais estampa uma cópia de seu circuito construtor sobre a rocha nua. Mais tarde, outro passa, nota o circuito estampado e adiciona uma cópia de seu copiador. Finalmente, um terceiro contribui com uma cópia de seus dados. Agora um novo vonneumann pode formar uma lasca, separando-se da rocha.

"Quão diferente, quão muito diferente, da vida doméstica de nossa querida rainha", teria dito uma das damas da corte da rainha Vitória ao ver Sarah Bernhardt interpretando Cleópatra. Nada de oxigênio, nada de água, nada de carbono, nada de zona habitável, nada de genética, três sexos... Complexa o bastante para contar como forma de vida, apesar de altamente não ortodoxa, e capaz de evoluir por seleção natural. Contudo, os principais atributos são cientificamente realistas.

Não estou alegando que entidades como esta realmente existam; na verdade, nenhum projeto *específico* de vida alienígena tem probabilidade de existir, porque envolveria demasiados paroquiais. Mas elas ilustram a rica variedade de novas possibilidades que podem se desenvolver em mundos muito diferentes do nosso.

# 14. Estrelas escuras

HOLLY: Bem, a coisa em relação a um buraco negro, a principal característica que os distingue, é – que é negro. A coisa em relação ao espaço, a cor do espaço, é que a cor básica do espaço é – é negra. Então como é que a gente consegue vê-los?

*Red Dwarf*, temporada 3, episódio 2: "Marooned"

VOAR PARA A LUA há muito era um sonho humano. A sátira *Uma história verdadeira*, de Luciano de Samósata, datada de mais ou menos 150 a.C., inclui viagens imaginárias à Lua e a Vênus. Em 1608 Kepler escreveu um romance de ficção científica, *Somnium*, no qual demônios transportam um rapaz chamado Duracotus da Islândia para a Lua. No fim da década de 1620 Francis Godwin, bispo de Hereford, escreveu *The Man in the Moone*, um engraçadíssimo conto em que *gansas*, nome dado por ele a cisnes gigantes, voam carregando o marinheiro Domingo Gonsales para a Lua.

Os demônios de Kepler eram ciência melhor que os *gansas* de Godwin. Um cisne, por mais poderoso que seja, não consegue voar até a Lua, porque o espaço é vácuo. Mas um demônio pode dar a um humano sedado um impulso forte o suficiente para propeli-lo de modo que saia do planeta. Quão forte? A energia cinética de um projétil é metade de sua massa multiplicada pelo quadrado de sua velocidade, e precisa superar a energia potencial do campo gravitacional do qual está tentando escapar. Kepler tinha consciência disso, embora não nessas palavras. Para conseguir escapar, o prejétil precisa exceder uma "viabilidade de escape" crítica. Arremesse uma coisa para o espaço mais depressa, e ela não voltará; arremesse mais devagar, e ela voltará. A velocidade de escape da Terra é de 11,2 quilômetros por segundo. Na ausência de quaisquer outros corpos, e ignorando a resistência do ar, isso fornece um impulso suficientemente forte para escapar da Terra para sempre. Você ainda *sente* a força gravitacional – lembre-se: lei da gravitação *universal* –, mas ela diminui tão rapidamente que você não chega a parar. Quando há outros corpos presentes, seu efeito combinado também precisa ser levado em conta. Se você começa na Terra e quer escapar do poço de gravidade do Sol, vai precisar de uma velocidade de 42,1 quilômetros por segundo.

Há meios de contornar esse limite. O dispositivo antigravidade (*space bolas*) é uma invenção hipotética que gira uma cabine como se fosse um compartimento num raio de uma roda-gigante. Acople várias em cascata e você poderá subir por uma série de raios até entrar em órbita. Melhor ainda, você poderia construir um elevador espacial – basicamente uma corda forte pendurada de um satélite em órbita geoestacionária – e subir por ele com toda a calma que quisesse. A velocidade de escape é irrelevante para essas tecnologias. Ela se aplica a objetos que se movem livremente, recebem um impulso forte e então são deixados por sua própria conta. E isso leva a uma consequência muito mais profunda da velocidade de escape, porque um desses objetos é o fóton, uma partícula de luz.

QUANDO RØMER DESCOBRIU que a luz tem velocidade finita, alguns cientistas perceberam a implicação: a luz não consegue escapar de um corpo com massa suficientemente grande. Em 1783, John Michell imaginou que o Universo poderia estar atulhado de corpos enormes, maiores que estrelas mas totalmente escuros. Em 1796 Laplace publicou a mesma ideia em sua obra-prima *Exposition du système du monde* (Exposição do sistema do mundo):

> Raios de uma estrela luminosa com a mesma densidade da Terra e um diâmetro 250 vezes maior que o do Sol não chegariam a nós por causa de sua atração gravitacional; portanto, é possível que, por essa razão, os maiores corpos luminosos do Universo sejam invisíveis.

Ele apagou essa passagem da terceira edição em diante, presumivelmente porque estava tendo dúvidas.

Se foi assim, não precisava ter se preocupado, embora tenham sido necessários dois séculos para confirmar a existência de suas "estrelas escuras". A base newtoniana dos cálculos a essa altura havia sido derrubada pela relatividade, que colocou o conceito de estrela escura sob uma nova luz – ou escuridão. Soluções para as equações de campo de Einstein, para o espaço-tempo que cerca uma massa densa muito grande, prevem algo ainda mais esquisito que as estrelas escuras de Michell e Laplace. Essa massa não só aprisiona toda a luz que emite; ela desaparece totalmente do Universo, escondida atrás de um bilhete só de ida para o esquecimento chamado horizonte de eventos. Em 1964 a jornalista Ann Ewing escreveu um artigo sobre a ideia com o capcioso título "Buracos negros no espaço". O físico John Wheeler usou o mesmo termo em 1967 e frequentemente recebe o crédito pela invenção do nome.

A existência *matemática* de buracos negros é uma consequência direta da relatividade geral, embora alguns cientistas tenham se perguntado se ela expõe a teoria de forma incompleta, carecendo de algum princípio físico adicional para excluir um fenômeno tão bizarro. O melhor modo de resolver a questão é observar um buraco negro real. Isso se revelou complicado, mas não apenas por causa da memorável afirmação do computador Holly na série britânica de TV *Red Dwarf* (Anã vermelha), citada na epígrafe do início deste capítulo. Mesmo que um buraco negro fosse invisível, seu campo gravitacional afetaria a matéria fora dele de maneira característica. Além disso (desculpe, Holly), a relatividade implica que buracos negros não são realmente negros, e não são exatamente buracos. A luz não consegue sair, mas a matéria que é sugada *para dentro* produz efeitos que podem ser observados.

Hoje, buracos negros não são mais matéria de ficção científica. A maioria dos astrônomos aceita sua existência. De fato, parece que a maior parte das galáxias tem um buraco negro supermassivo em seu centro. Para começar, podem ser eles o motivo de as galáxias se formarem.

A TEORIA DOS BURACOS NEGROS surgiu de avanços matemáticos na relatividade geral, segundo a qual a matéria curva o espaço-tempo e o espaço-tempo curvo afeta como a matéria se move, tudo de acordo com as equações de campo de Einstein. Uma solução para as equações representa uma possível geometria para o espaço-tempo, seja numa região limitada do Universo, seja para o Universo como um todo. Infelizmente, as equações de campo são complicadas – muito mais que as equações da mecânica newtoniana, e até mesmo estas já são bastante difíceis. Antes de termos computadores rápidos, o único meio de encontrar soluções para as equações de campo era usar lápis, papel e as "pequenas células cinzentas" de Hercule Poirot. Um artifício matemático útil em tais circunstâncias é a simetria. Se a solução requerida for esfericamente simétrica, a única variável que importa é o raio. Assim, em vez das habituais três dimensões do espaço, basta considerar apenas uma, o que é muito mais fácil.

Em 1915 Karl Schwarzschild explorou a ideia para resolver as equações de campo de Einstein para o campo gravitacional de uma esfera massiva, modelando uma estrela grande. A redução a uma variável espacial simplificou as equações o suficiente para que ele deduzisse uma fórmula explícita para a geometria do espaço-tempo em volta de tal esfera. Na época ele estava no exército prussiano, combatendo os russos, mas conseguiu enviar sua descoberta a Einstein, pedindo-lhe que providenciasse sua publicação. Einstein ficou impressionado, mas Schwarzschild morreu seis meses depois de uma doença autoimune incurável.

Um dos encantos mais comuns da física matemática é que as equações muitas vezes parecem saber mais que seus criadores. Você estabelece equações baseado em princípios físicos que compreende muito bem. Então espreme uma solução, percebe o que ela lhe diz e descobre que não entende a resposta. Mais precisamente, você entende qual é a resposta, e por que ela soluciona as equações, mas não entende plenamente por que a resposta se comporta daquela maneira.

É para isso, aliás, que *servem* as equações. Se sempre pudéssemos adivinhar as respostas de antemão, não precisaríamos das equações. Pense na lei da gravidade de Newton. Você consegue olhar a fórmula e ver uma elipse? Eu não consigo.

De qualquer maneira, os resultados de Schwarzschild continham uma grande surpresa: sua solução se comportava de um jeito muito estranho a uma distância crítica, agora chamada raio de Schwarzschild. Na verdade, a solução tem uma singularidade: alguns termos da fórmula se tornam infinitos. Dentro de uma esfera com esse raio crítico, a solução não nos diz nada sensato sobre o espaço ou o tempo.

O raio de Schwarzschild do Sol é de três quilômetros e o da Terra é de meros centímetros – ambos enterrados suficientemente fundo, onde não possam causar problema, mas também inacessíveis a observações, dificultando comparar a resposta de Schwarzschild com a realidade, ou descobrir o que significa. Esse comportamento estranho levantou uma questão básica: o que aconteceria com uma estrela tão densa que estivesse dentro do seu próprio raio de Schwarzschild?

FÍSICOS E MATEMÁTICOS DE PRIMEIRA linha reuniram-se em 1922 para discutir essa questão, mas não chegaram a nenhuma conclusão clara. O sentimento geral era de que tal estrela colapsaria sob sua própria atração gravitacional. O que acontece então depende de física detalhada, e na época esta era basicamente trabalho de adivinhação. Em 1939 Robert Oppenheimer calculou que estrelas com massa suficiente sofrem efetivamente um colapso gravitacional em tais circunstâncias, mas ele acreditava que o raio de Schwarzschild delimitasse uma região do espaço-tempo na qual o tempo chega a parar completamente. Isso levou ao nome "estrela congelada". No entanto, essa interpretação se baseava numa premissa incorreta sobre a região de validade da solução de Schwarzschild, a saber, que a singularidade tem um significado físico genuíno. Do ponto de vista de um observador externo, o tempo de fato para no raio de Schwarzschild. Entretanto, isso não é verdade para um observador que passa através dessa singularidade. Essa dualidade de pontos de vista corre como um fio dourado através da teoria dos buracos negros.

Em 1924 Arthur Eddington já havia demonstrado que a singularidade de Schwarzschild é uma ferramenta matemática, não um fenômeno físico. Os matemáticos representam espaços curvos e espaços-tempos usando uma malha de curvas ou superfícies rotuladas por números, como linhas de latitude e longitude na Terra. Essas malhas são chamadas de sistemas de coordenadas. Eddington mostrou que a singularidade de Schwarzschild é um atributo especial de sua escolha de coordenadas. Analogamente, todas as linhas de longitude se encontram no polo norte, e as linhas de latitude vão formando círculos cada vez menores. Mas se você estiver parado no polo norte, a superfície parece a mesma *geometricamente* que em qualquer outro lugar. Apenas mais neve e gelo. A geometria aparentemente estranha perto do polo norte é causada pela escolha de longitude e latitude como coordenadas. Se você usasse um sistema de coordenadas com um polo leste e um polo oeste sobre o equador, esses pontos pareceriam esquisitos, e os polos norte e sul pareceriam normais.

As coordenadas de Schwarzschild representam o aspecto de um buraco negro visto de fora, mas do lado de dentro a aparência é bem diferente. Eddington descobriu um novo sistema de coordenadas que faz a singularidade de Schwarzschild desaparecer. Infelizmente, ele deixou de dar seguimento a essa descoberta porque estava trabalhando em outras questões astronômicas, e assim ela passou largamente despercebida. Ela só se tornou mais conhecida em 1933, quando Georges Lemaître também percebeu, de modo independente, que a singularidade na solução de Schwarzschild é uma ferramenta matemática.

Mesmo então, o tópico definhou até 1958, quando David Finkelstein descobriu um novo e aperfeiçoado sistema de coordenadas em que o raio de Schwarzschild tem um significado físico – mas não que o tempo ali congela. Ele usou suas coordenadas para solucionar as equações de campo não só para um observador externo, mas para todo o futuro de um observador interno. Nessas coordenadas não há singularidade no raio de Schwarzschild. Em vez disso, ele constitui um *horizonte de eventos*: uma barreira de mão única cujo exterior pode influenciar seu interior, mas não o contrário. Sua solução demonstra que uma estrela situada dentro do próprio raio de Schwarzschild colapsa de modo a formar uma região do espaço-tempo da qual nenhuma matéria, nem mesmo fótons, pode escapar. Tal região está parcialmente desconectada do restante do Universo – pode-se entrar nela, mas não sair. Esse é um verdadeiro buraco negro no sentido corrente do termo.

A aparência de um buraco negro depende do observador. Imagine uma espaçonave desafortunada – bem, uma espaçonave cuja tripulação seja desafortunada – caindo num buraco negro. Esse é um gancho de filmes de ficção científica, mas muito poucos deles chegam remotamente perto de acertar. O filme *Interestelar* conseguiu, graças à consultoria de Kip Thorne, mas a trama tem outros defeitos. A física mostra que, se observarmos a certa distância a espaçonave caindo, vai parecer que ela se move cada vez mais devagar, porque a gravidade do buraco negro puxa cada vez com mais força os fótons emitidos pela nave. Aqueles suficientemente próximos do buraco negro não conseguem absolutamente escapar; aqueles que estão de maneira exata beirando o horizonte de eventos, onde a gravidade cancela exatamente a velocidade da luz, podem escapar, mas muito lentamente. Observamos a espaçonave detectando a luz que ela emite, então nós a vemos se arrastando até parar, nunca alcançando o horizonte de eventos. A relatividade geral nos diz que a gravidade desacelera o tempo. No raio de Schwarzschild, o tempo *para* – mas só visto por um observador externo. O buraco em si também fica mais e mais vermelho, graças ao efeito Doppler. E é por isso que os buracos negros não são, apesar do sarcasmo, marca registrada de Holly, negros.

Os tripulantes da espaçonave não vivenciam nada disso. Eles mergulham na direção do buraco negro, são sugados através do horizonte de eventos, e então...

...vivenciam a solução das equações conforme observadas *de dentro* do buraco negro. É possível. Não sabemos ao certo, porque as equações dizem que toda a matéria da espaçonave será comprimida em um único ponto matemático de densidade infinita e tamanho zero. Isso, se realmente acontecesse, seria uma singularidade física genuína, para não mencionar fatal.

Físicos matemáticos são sempre um pouco reticentes em relação a singularidades. Geralmente, quando de repente aparece uma singularidade, isso significa que o modelo matemático está perdendo contato com a realidade. Neste nosso caso não podemos mandar uma sonda para dentro do buraco negro e trazê-la de novo para fora, nem sequer receber sinais de rádio dela (que viajam na velocidade da luz e também não conseguem escapar), então não há como descobrir qual é a realidade. Entretanto, parece provável que, se acontecesse, seria algo desagradavelmente violento e a tripulação não sobreviveria. Exceto nos filmes. Bem, alguns tripulantes em alguns filmes.

A MATEMÁTICA DOS BURACOS NEGROS é sutil, e inicialmente o único tipo de buraco negro para o qual as equações de campo podiam ser resolvidas explicitamente era o de Finkelstein, que não gira e não tem campo elétrico. Esse tipo é frequentemente chamado de buraco negro de Schwarzschild. O físico matemático Martin Kruskal já tinha encontrado uma solução similar, mas não a publicara. Kruskal e George Szekeres desenvolveram tal solução no que agora é chamado de coordenadas de Kruskal-Szekeres, as quais descrevem o interior de um buraco negro em mais detalhes. A geometria básica é muito simples: um horizonte de eventos esférico com um ponto de singularidade no seu centro. Tudo que cai no buraco negro alcança a singularidade num intervalo finito de tempo.

Esse tipo de buraco negro é especial, porque a maioria dos corpos celestes gira. Quando uma estrela que gira colapsa, a conservação do momento angular requer que o buraco negro resultante também gire. Em 1963 Roy Kerr tirou um coelho matemático da cartola escrevendo uma métrica para o buraco negro giratório – a métrica de Kerr. Como as equações de campo são não lineares, uma fórmula explícita é notável. Ela mostra que, em vez de um único horizonte de eventos esférico, há duas superfícies críticas nas quais as propriedades físicas mudam drasticamente. A mais interna é um horizonte de eventos esférico; exatamente como no caso do buraco negro estático, representa uma barreira que a luz não pode atravessar. A externa é um elipsoide achatado que toca o horizonte de eventos nos polos.

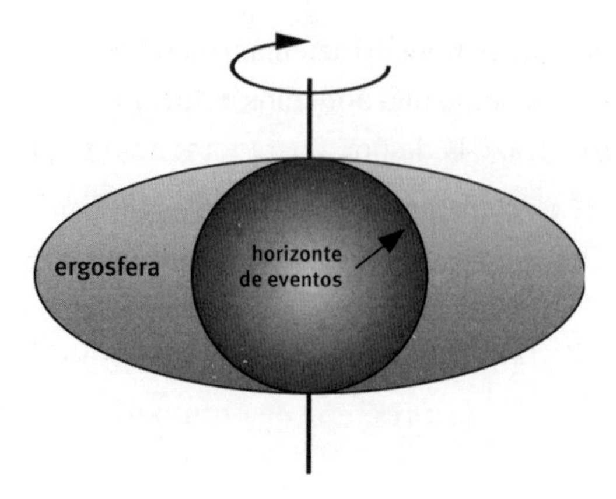


Horizonte de eventos (esfera) e ergosfera (elipsoide) de um buraco negro giratório.

A região entre as duas superfícies é chamada de ergosfera. *Ergon* é a palavra grega para "trabalho", e o nome surge porque se pode extrair energia do buraco negro explorando a ergosfera. Se uma partícula cai dentro da ergosfera, um efeito relativista chamado arrasto de referenciais faz com que ela comece a girar com o buraco negro, o que aumenta sua energia. Mas como a partícula ainda está fora do horizonte de eventos, pode – em circunstâncias adequadas – escapar, levando consigo essa energia. Dessa maneira ela extrai energia, algo que não se pode fazer com um buraco negro estático.

Assim como rotação, um buraco negro pode ter carga elétrica. Hans Reissner e Gunnar Nordström encontraram uma métrica para um buraco negro carregado eletricamente: a métrica de Reissner-Nordström. Em 1965 Ezra Newman descobriu a métrica para um buraco negro carregado giratório assimétrico, a métrica de Kerr-Newman. Você poderia pensar que tipos ainda mais elaborados de buracos negros podem existir, mas os físicos acreditam que não, exceto possivelmente um magnético. A conjectura da calvície afirma que uma vez que o buraco negro tenha se assentado após seu colapso inicial, e ignorando-se efeitos quânticos, ele tem apenas três propriedades básicas: massa, spin (rotação) e carga. O nome vem da frase "buracos negros não têm cabelo", enunciada em 1973 na bíblia sobre o assunto: *Gravitation* (Gravitação), de Charles Misner, Kip Thorne e John Wheeler. Wheeler atribuiu a frase a Jacob Bekenstein

Essa afirmação é frequentemente referida como *teorema* da calvície, mas ainda não foi provada, que é o que implica normalmente a palavra "teorema". E, falando nisso, tampouco foi refutada. Stephen Hawking, Brandon Carter e David Robinson provaram alguns casos especiais. Se, como pensam alguns físicos, um buraco negro também puder ter campo magnético, a conjectura teria de ser modificada para incluir essa possibilidade.

VAMOS TRABALHAR UM POUCO a geometria do buraco negro, para ter a sensação de como essas estruturas são estranhas.

Em 1907 Hermann Minkowski concebeu uma imagem geométrica simples do espaço-tempo relativista. Vou usar uma figura simplificada com apenas uma dimensão de espaço mais a dimensão usual de tempo, mas ela pode ser estendida para o caso fisicamente realista com três dimensões espaciais. Nesta representação, "linhas de mundo" curvas representam o movimento de partículas. À medida que a coordenada do tempo varia, pode-se ler a coordenada espacial resultante a partir da curva. Retas que formam um ângulo de 45 graus com os eixos representam partículas que se movem na velocidade da luz. As linhas de mundo, portanto, não podem cruzar nenhuma reta de 45 graus. Um ponto no espaço-tempo, chamado evento, determina duas retas dessas, que juntas formam seu cone de luz. Este compreende dois triângulos: seu passado e seu futuro. O resto do espaço-tempo é inacessível, começando nesse ponto – para chegar lá, você teria de viajar mais rápido que a luz.

Na geometria de Euclides, as transformações naturais são movimentos rígidos, e estes preservam *distâncias* entre pontos. As análogas na relatividade especial são as transformações de Lorentz, e estas preservam uma grandeza chamada intervalo. Pelo teorema de Pitágoras o quadrado da distância da origem até um ponto no plano é a soma dos quadrados das

Representação de Minkowski do espaço-tempo relativista.

coordenadas horizontal e vertical desse ponto. O quadrado do intervalo é o quadrado da coordenada de espaço *menos* o da coordenada de tempo.[1] A diferença é zero ao longo das retas de 45 graus, e positiva dentro do cone de luz. Então, o intervalo entre dois eventos causalmente ligados é um número real. Se não, é um número imaginário, refletindo a impossibilidade de viajar entre eles.

Na relatividade geral, a gravidade é incluída permitindo-se que o plano achatado de Minkowski se curve, imitando os efeitos da força gravitacional, como na figura da página 35.

Fazendo a remodelagem da geometria de Minkowski em coordenadas Kruskal-Szekeres, Roger Penrose desenvolveu um modo lindamente simples de esboçar de maneira visual a geometria relativista dos buracos negros.[2] A fórmula para a métrica determina implicitamente essa geometria, mas você pode olhar a fórmula até ficar com a cara roxa sem chegar a lugar nenhum. Como o que queremos é a geometria, que tal desenhar figuras? As imagens precisam ser consistentes com a métrica, mas uma boa figura vale mil cálculos.

Os diagramas de Penrose revelam características sutis da física dos buracos negros, permitindo comparações entre diferentes tipos. Além disso, levam a algumas possibilidades surpreendentes, ainda que especulativas.

1. Plutão, retratado em cores falsas para enfatizar variações de cor.

2. Caronte, satélite de Plutão.

3. Imagem em cores verdadeiras de Io, lua de Júpiter, obtida pela sonda *Galileo*. O vulcão em erupção Prometeu está logo à esquerda do centro.

4. Imagem em cores verdadeiras de Europa, lua de Júpiter, obtida pela sonda *Galileo*.

5. Imagem de Saturno feita pela sonda *Cassini*, da Nasa, em 2006 olhando para trás na direção do Sol. O anel difuso mais externo é o anel E, criado por fontes de gelo na lua Encélado, que cuspiu partículas de gelo no espaço.

6. O cometa Halley.

7. Erupção solar, 16 dez 2014.

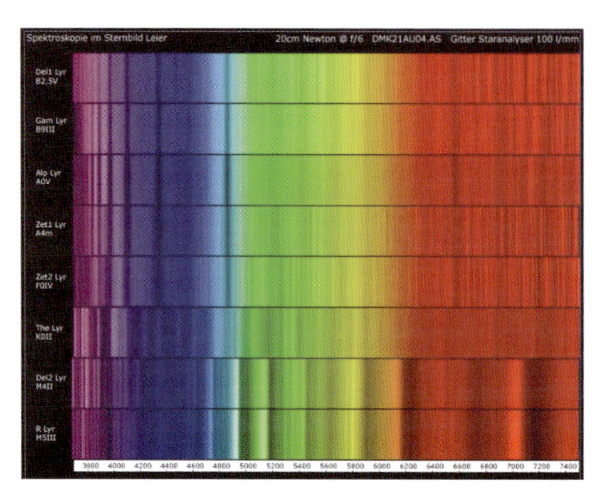


8. Uma seleção de espectros estelares.

9. A Via Láctea na direção do núcleo galáctico.

10. A galáxia espiral barrada NGC 1300.

11. A galáxia espiral NGC 1232.

12. Aglomerado galáctico Abell 2218, a 2 bilhões de anos-luz de distância, na constelação de Draco, o Dragão. Os campos gravitacionais dessas galáxias agem como lentes, distorcendo as galáxias mais distantes em finos arcos.

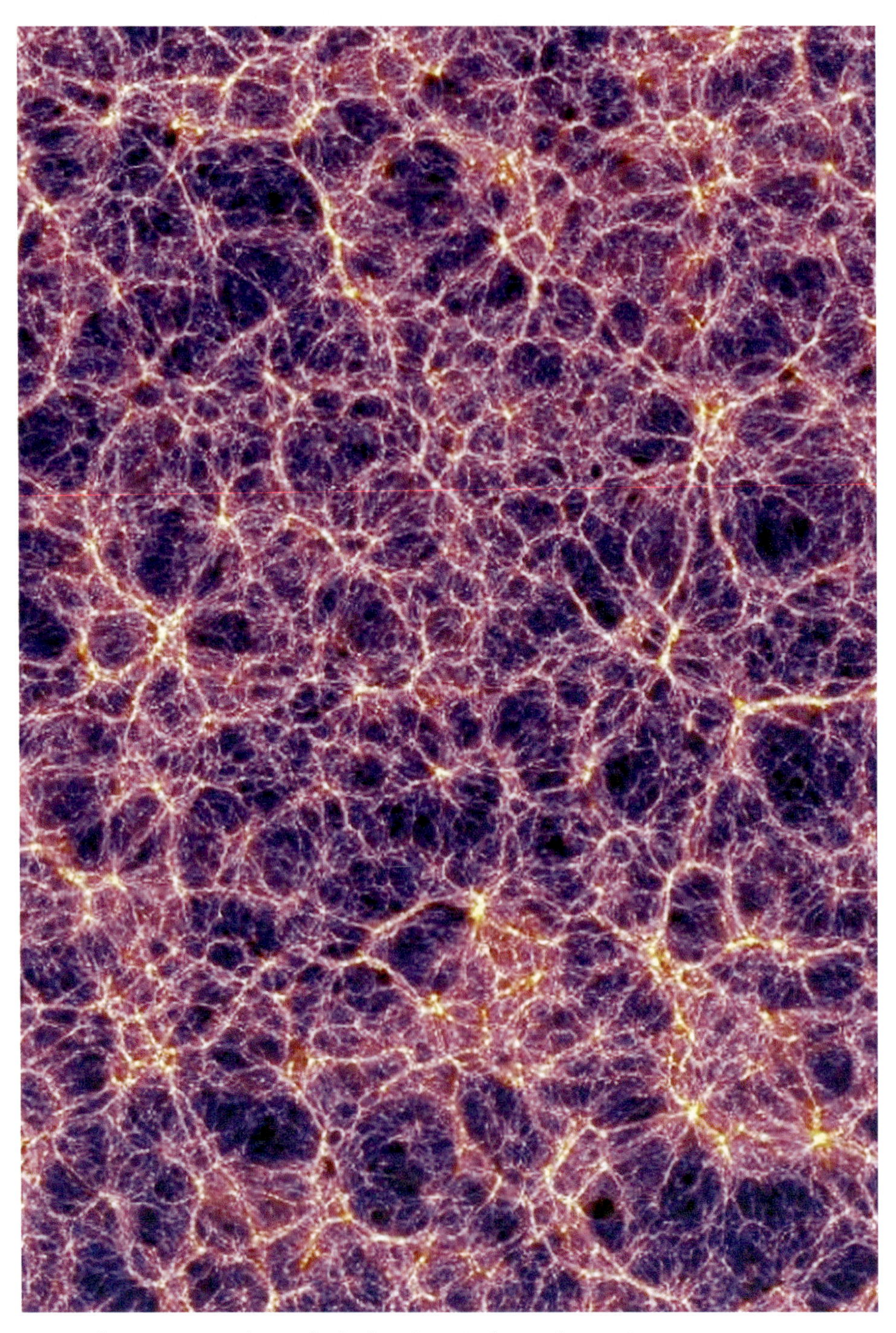

13. Simulação computadorizada da distribuição de matéria no Universo, mostrando entrelaçamentos de matéria separados por enormes vazios num cubo de 2 bilhões de anos-luz de extensão.

Mais uma vez o espaço é reduzido a uma dimensão (desenhada na horizontal), o tempo é representado na vertical e os raios de luz viajam em ângulos de 45 graus, de modo a formar cones que separam passado, futuro e regiões inatingíveis causalmente.

A figura de Minkowski geralmente é desenhada como um quadrado, mas os diagramas de Penrose usam em vez disso uma forma de losango, para enfatizar a natureza especial das inclinações de 45 graus. Ambas as formas são apenas maneiras diferentes de comprimir um plano infinito num espaço finito. São sistemas incomuns porém úteis de coordenadas para o espaço-tempo.

Como aquecimento, comecemos com o tipo mais simples, o buraco negro de Schwarzschild. Seu diagrama de Penrose é bastante simples. O losango representa o Universo, seguindo essencialmente o modelo de Minkowski. A seta curva é a linha de mundo de uma espaçonave caindo dentro do buraco negro ao atravessar seu horizonte (de eventos) e atingindo a singularidade central (linha em zigue-zague). Mas agora há um segundo horizonte, rotulado de "anti-horizonte". Do que se trata?

Quando discutimos o caso de uma nave espacial caindo num buraco negro, descobrimos que esse processo parece muito diferente se você estiver dentro da nave ou assistindo de fora do buraco negro. A nave segue uma trajetória como a da seta curva na figura, atravessando o horizonte e entrando na singularidade. Mas como a luz escapa cada vez mais lenta-

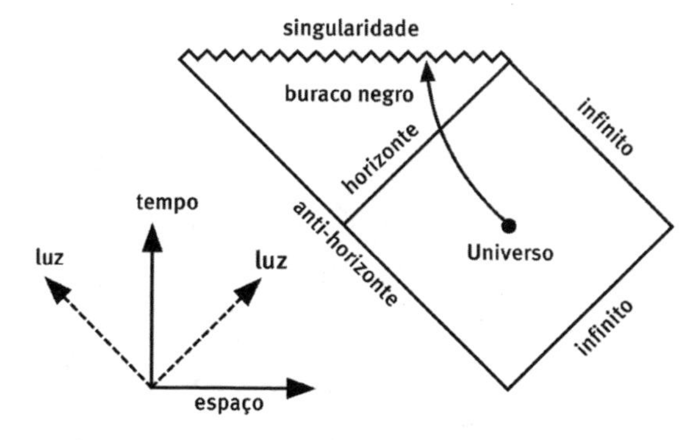


Diagrama de Penrose do buraco negro de Schwarzschild.

mente à medida que a espaçonave se aproxima do horizonte, um observador externo vê uma nave cada vez mais vermelha, diminuindo de velocidade e chegando aparentemente a parar. A mudança de cor é causada pelo desvio para o vermelho gravitacional: campos gravitacionais desaceleram o tempo, mudando a frequência de uma onda eletromagnética. Outros objetos que tivessem caído dentro também seriam visíveis, toda vez que alguém olhasse. Uma vez congelados, pareceriam se manter dessa maneira.

O horizonte no diagrama de Penrose é o horizonte de eventos conforme observado pela tripulação. O anti-horizonte é onde a espaçonave *parece* chegar ao repouso, conforme vista por um observador externo.

Uma construção matemática curiosa torna-se agora possível. Suponha que perguntemos: o que se encontra no lado distante do anti-horizonte? No referencial da tripulação, é o interior do buraco negro. Porém, há uma extensão matemática natural da geometria de Schwarzschild, na qual uma cópia com tempo reverso de um buraco negro de Schwarzschild está grudada a uma cópia comum. Matematicamente grudamos duas cópias da métrica uma na outra, invertendo o tempo em uma por meio de uma rotação em 180 graus da figura, de modo a obtê-la completa.

O buraco negro com tempo reverso é conhecido como buraco branco, e se comporta como um buraco negro quando o tempo corre para trás. Num buraco negro, a matéria (e a luz) cai dentro mas não consegue sair. Num buraco branco, a matéria (e a luz) cai fora, mas não consegue entrar.

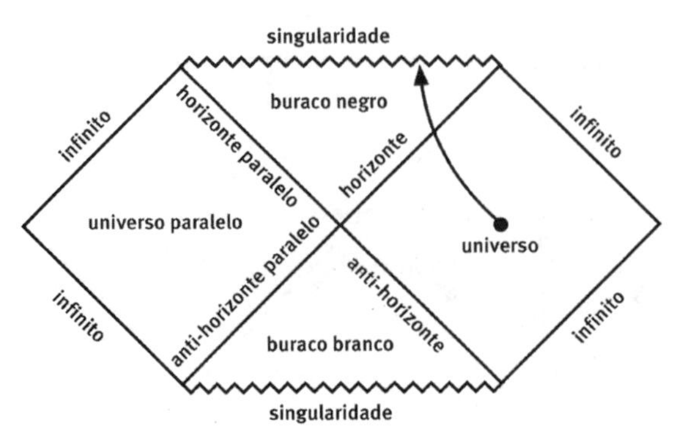


Diagrama de Penrose para o par buraco negro/buraco branco de Schwarzschild.

Um "horizonte paralelo" emite luz e matéria, mas é impermeável a qualquer uma delas se tentarem entrar no buraco branco.

A imagem girada do nosso universo também descreve um universo, mas que não está ligado causalmente ao nosso, porque o limite da velocidade da luz da relatividade implica que não se pode entrar nele seguindo uma trajetória mais inclinada que 45 graus. Especulando, a segunda imagem poderia representar um universo totalmente diferente. Entrando no reino da fantasia pura, uma tecnologia suficientemente avançada para viabilizar viagens mais rápidas que a luz poderia permitir transitar entre esses dois universos, evitando ao mesmo tempo as singularidades.

Se um buraco branco está conectado a um buraco negro de uma maneira que permita que luz, matéria e efeitos causais atravessem, obtemos um "buraco de minhoca", muito querido dos livros e filmes de ficção científica como forma de superar o limite de velocidade cósmico e fazer com que os personagens cheguem a um planeta alienígena antes que morram de velhice. Um buraco de minhoca é um atalho cósmico entre diferentes universos ou regiões diversas do mesmo universo. Como tudo o que entra num buraco negro é preservado como imagem congelada quando visto por um observador externo, um buraco de minhoca que tenha sido usado regularmente parecerá cercado por imagens congeladas e avermelhadas de cada nave que tenha entrado em sua boca de buraco negro. Eu não vi isso em nenhum filme de ficção científica.

Neste caso, os buracos negro e branco não estão conectados dessa forma, mas no próximo tipo de buraco negro estão. Trata-se de um tipo bizarro, chamado de buraco negro giratório ou de Kerr. Comece com um par buraco negro/buraco branco de Schwarzschild, mas sem a singularidade. Estenda as regiões tanto do buraco negro como do branco de modo a formar losangos. Entre esses losangos insira (à esquerda) um novo losango. Este tem uma singularidade *vertical* (fixa no espaço mas persistindo ao longo do tempo). De um lado (o direito no diagrama de Penrose) da singularidade há uma região de "buraco de minhoca" que liga os buracos negro e branco e ao mesmo tempo evita a singularidade. Seguir a trajetória ondulante através do buraco de minhoca leva deste universo para outro novo. Do outro lado (esquerdo) da singularidade está um antiverso: um universo preenchido de antimatéria. De forma similar, adicione outro losango à direita representando um buraco de minhoca e um antiverso paralelos.

Mas isso é só o começo. Agora forme uma pilha infinita, ladrilhada por esses losangos. Essa construção "desenrola" o giro do buraco negro e produz uma sequência infinita de buracos de minhoca que ligam infinitos universos diferentes.

Geometricamente, a singularidade de um buraco negro de Kerr não é um ponto, mas um anel circular. Passando através do anel, é possível viajar entre um universo e um antiverso. O que talvez não seja muito sensato, considerando o que a antimatéria faz com a matéria.

O diagrama de Penrose para um buraco negro carregado (Reissner-Nordström) é elaborado de maneira similar, com algumas diferenças de interpretação. A matemática não implica que todos esses estranhos fenômenos de fato existam ou ocorram. Significa apenas que são consequências naturais da estrutura matemática de um buraco negro giratório – estruturas de espaço-tempo que são logicamente consistentes com a física conhecida, e portanto consequências razoáveis dela.[3]

Essa é a aparência matemática dos buracos negros, mas como podem surgir na realidade?

Uma estrela massiva começa a colapsar sob sua própria gravidade quando as reações nucleares que a fazem brilhar esgotam seu combustível. Se isso acontece, como se comporta a matéria na estrela? Esse é um problema bem mais complicado hoje do que foi para Michell e Laplace. As estrelas não mudaram, mas nossa compreensão da matéria sim. Não só precisamos pensar na gravidade (e usar relatividade, não Newton), como também considerar a mecânica quântica das reações nucleares.

Se uma porção de átomos é forçada a se juntar e se apertar cada vez mais por causa da gravidade, suas regiões externas, ocupadas por elétrons, tentam se fundir. Um fato da teoria quântica, o princípio da exclusão de Pauli, implica que dois elétrons não podem ocupar o mesmo estado quântico. Assim, à medida que a pressão cresce, os elétrons buscam quaisquer estados quânticos não ocupados. Em pouco tempo estão espremidos uns contra os outros

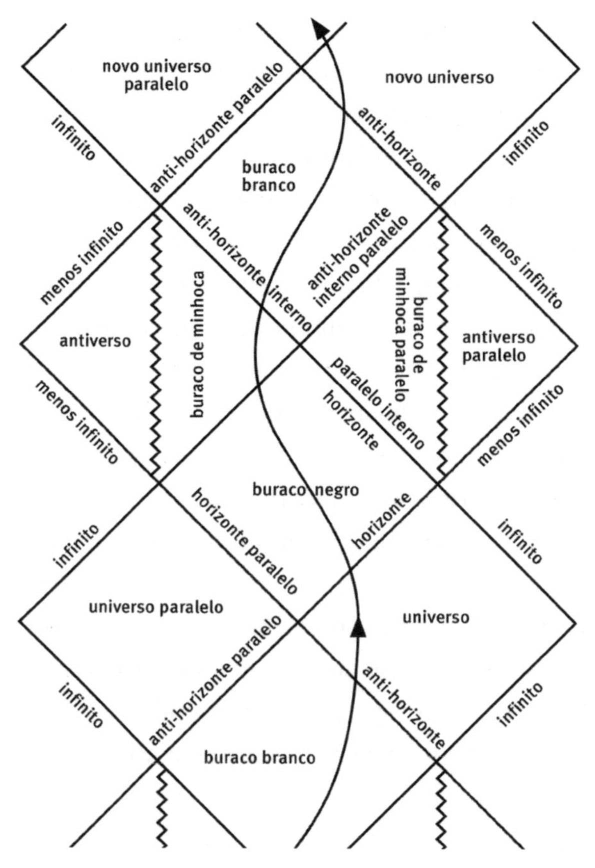


Diagrama de Penrose de um buraco negro giratório ou de Kerr.

como uma pilha de laranjas numa banca de frutas na feira. Quando acaba o espaço para os elétrons e todos os estados quânticos estão ocupados, eles se tornam matéria degenerada de elétrons. Isso ocorre no núcleo das estrelas.

Em 1931 Subrahmanyan Chandrasekhar usou cálculos relativistas para prever que um corpo suficientemente massivo, composto de matéria degenerada de elétrons, deve colapsar sob seu próprio campo gravitacional, formando uma estrela de nêutrons, composta quase inteiramente de nêutrons. Uma estrela de nêutrons típica consegue comprimir o dobro da massa do Sol numa esfera com doze quilômetros de raio. Se a massa for menor que 1,44 vez a massa do Sol, um número chamado limite de Chandrasekhar, ela forma uma anã branca em vez de uma estrela de nêutrons. Se a massa for maior, porém abaixo do limite de Tolman-Oppenheimer-Volkoff de três vezes a massa solar, ela colapsa formando uma estrela de nêutrons. Nesse estágio, um colapso maior em buraco negro é em certa medida impedido pela pressão de degeneração dos nêutrons, e os astrofísicos não estão seguros do resultado. Entretanto, qualquer coisa com massa maior que dez vezes a massa do Sol irá superar a pressão e se tornar um buraco negro. A menor massa já observada num buraco negro é de cerca de cinco vezes a do Sol.

Um modelo puramente relativista indica que um buraco negro em si não pode emitir radiação – só a matéria sendo sugada é que pode fazer isso, estando fora do horizonte de eventos. Entretanto, Hawking percebeu que efeitos quânticos podem levar um buraco negro a emitir radiação a partir do seu horizonte de eventos. A mecânica quântica permite a criação espontânea de um par virtual partícula-antipartícula, contanto que se aniquilem bem rapidamente em seguida. Ou fariam isso, exceto pelo fato de que, quando isso ocorre nos limites do horizonte de eventos, a gravidade do buraco negro puxa uma partícula através do horizonte de eventos e (pela conservação da quantidade de movimento) deixa a outra fora, de onde ela pode escapar totalmente. Essa é a radiação de Hawking, e faz com que buracos negros pequenos evaporem muito rapidamente. Os grandes também evaporam, mas o processo leva um tempo enorme.

As equações de campo de Einstein têm soluções de buracos negros matemáticos, mas isso não é garantia de que eles ocorram na natureza. Talvez leis da física desconhecidas impeçam sua existência. Então, antes de sermos levados longe demais pela matemática e pela astrofísica, é uma boa ideia encontrar evidências observacionais de que os buracos negros existem. Seria fascinante ir além, procurando buracos brancos e buracos de minhoca, e universos alternativos, mas neste momento buracos negros já são ambição suficiente.

A princípio os buracos negros se mantiveram como especulação teórica, impossíveis de serem observados diretamente porque a única radiação que emitem é a fraca radiação de Hawking. Sua existência é deduzida indiretamente, em especial por interações gravitacionais com outros corpos próximos. Em 1964 um instrumento num foguete localizou uma fonte excepcionalmente intensa de raios X na constelação do Cisne (Cygnus, em latim), conhecida como Cygnus X-1. O Cisne voa junto com a Via Láctea, o que é significativo porque Cygnus X-1 está no coração da nossa galáxia, e portanto nos parece estar em algum lugar dentro da Via Láctea.

Em 1972 Charles Bolton, Louise Webster e Paul Murdin combinaram observações de telescópios ópticos e radiotelescópios, mostrando que Cygnus X-1 é um objeto binário.[4] Uma componente, que emite luz visível, é a estrela supergigante azul HDE 226868. A outra, detectada apenas por suas emissões de rádio, tem cerca de quinze vezes a massa do Sol, mas é tão compacta que não pode ser nenhum tipo normal de estrela. Sua massa estimada excede o limite de Tolman-Oppenheimer-Volkoff, então não é uma estrela de nêutrons. Essa evidência fez dela a primeira candidata séria a buraco negro. No entanto, a supergigante azul é tão massiva que fica difícil estimar acuradamente a massa da componente compacta. Em 1975 Thorne e Hawking fizeram uma aposta sobre ela: Thorne disse que era um buraco negro e Hawking, que não. Após observações adicionais em 1990, Hawking reconheceu a derrota e pagou a aposta, embora o status do objeto não esteja ainda definitivamente confirmado.

Existem mais binárias de raios X promissoras, em que a componente comum é menos massiva. A melhor delas é V404 Cygni, descoberta em 1989. Sabe-se hoje que ela está a 7.800 anos-luz de distância. Aqui, a componente comum é uma estrela ligeiramente menor que o Sol e a componente compacta tem massa de cerca de doze vezes a do Sol, acima do limite de Tolman-Oppenheimer-Volkoff. Há outras evidências que servem de apoio, de modo que existe consenso, de forma geral, de que se trata de um buraco negro. Os dois corpos completam uma órbita a cada seis dias e meio. A gravidade do buraco negro deforma a estrela, dando-lhe o formato de um ovo, e rouba seu material num fluxo constante. Em 2015 a V404 começou a emitir breves surtos de luz e de raios X intensos, algo que ocorrera anteriormente em 1938, 1956 e 1989. Acredita-se que a causa seja o material que se acumula em volta do buraco negro e é sugado quando sua massa excede o valor crítico.

Outros buracos negros têm sido detectados por meio dos raios X que emitem. Gases sendo puxados formam um fino disco chamado disco de acreção, e o gás é então aquecido por atrito, enquanto o momento angular migra para fora através do disco. O gás pode se aquecer tanto que produz raios X altamente energéticos, e até 40% dele podem se transformar em radiação. Muitas vezes a energia é carregada para longe em jatos enormes em ângulos retos com o disco de acreção.

Uma descoberta recente fascinante é que a maioria das galáxias suficientemente grandes tem um buraco negro central gigantesco, com massa entre 100 mil e 1 bilhão de sóis. Esses buracos negros supermassivos podem organizar a matéria em galáxias. Nossa galáxia tem um, a fonte de rádio Sagittarius A*. Em 1971 Donald Lynden-Bell e Martin Rees prescientemente sugeriram que poderia ser um buraco negro supermassivo. Em 2005 descobriu-se que M31, a galáxia de Andrômeda, tem um buraco negro central com massa de 110 milhões a 230 milhões de sóis. Outra galáxia em nossa vizinhança, M87, tem um buraco negro cuja massa é de 6,4 bilhões de sóis. A distante radiogaláxia 0402+379 tem dois buracos negros supermassivos que orbitam um ao outro como um sistema estelar binário gigantesco, separados por 24 anos-luz. Leva 150 mil anos para que completem uma órbita.

A MAIORIA DOS ASTRÔNOMOS aceita que tais observações demonstram a existência de buracos negros no sentido relativista convencional, mas não há evidência definitiva de que essa explicação esteja correta. Na melhor das hipóteses é circunstancial, baseada em teorias correntes da física fundamental, mesmo que saibamos que relatividade e mecânica quântica não são boas companheiras de cama – especialmente quando, como aqui, precisamos invocar ambas ao mesmo tempo. Alguns cosmólogos temerários estão começando a questionar se o que vemos são *realmente* buracos negros ou alguma outra coisa com aspecto muito parecido. E também estão se perguntando se nossa compreensão teórica de buracos negros precisa ser repensada.

De acordo com Samir Mathur, *Interestelar* não funciona. Não se pode cair num buraco negro. Vimos que, ao contrário do que se pensava inicialmente, buracos negros podem emitir radiação por razões quânticas. Essa é a radiação de Hawking, na qual uma partícula de um par virtual transitório partícula/antipartícula cai num buraco negro, enquanto a outra escapa. Isso leva ao paradoxo de informação do buraco negro: a informação, tal como a energia, se conserva, então não pode sumir do Universo. Mathur resolve o paradoxo apresentando uma visão diferente de um buraco negro: uma bola de pelos (*fuzzball*) na qual podemos nos grudar mas não penetrar.

Segundo essa teoria, quando você chega a um buraco negro não cai dentro dele. Em vez disso, sua informação é finamente espalhada sobre o horizonte de eventos e você se transforma num holograma. Não é uma ideia nova, mas a última versão permite que o holograma seja uma cópia imperfeita do objeto caindo. Trata-se de uma proposta controversa, em parte porque a mesma lógica parece demonstrar que um horizonte de eventos é uma parede de fogo (*firewall*) altamente energética, e qualquer coisa que a atinja é fritada. Bola de pelos ou parede de fogo? A questão é controversa. Possivelmente ambas são produtos de um sistema de coordenadas inadequado, como a desacreditada visão de que o horizonte de eventos congela o tempo. Por outro lado, não podemos distinguir o que um observador externo vê a partir do que o observador caindo vê, se nada pode cair dentro.

Em 2002 Emil Mottola e Pawel Mazur desafiaram as noções dominantes sobre estrelas em colapso. Em vez de se tornarem buracos negros, sugeriram que elas poderiam se transformar em gravastares* – estranhas bolhas hipotéticas de matéria muito densa.[5] De fora, um gravastar deve se parecer muito com um buraco negro convencional. Porém, seu análogo ao horizonte de eventos é na realidade um casca densa, fria, dentro da qual o

* Gravastar: *gravitational vacuum condensate star* – estrela condensada gravitacional de vácuo. (N.T.)

espaço é elástico. A proposta permanece controversa e diversas questões complicadas não estão resolvidas – tais como a maneira precisa com que tal coisa se forma –, mas é intrigante.

A teoria veio do reexame, à luz da mecânica quântica, do cenário relativista para um buraco negro. O tratamento usual ignora esses efeitos, mas isso leva a estranhas anomalias. O conteúdo de informação de um buraco negro, por exemplo, é muito maior que o de uma estrela que colapsou – mas a informação deveria se conservar. Um fóton caindo num buraco negro deveria adquirir uma quantidade infinita de energia na hora do encontro com a singularidade central.

Mottola e Mazur, intrigados com esses problemas, perguntaram-se se um tratamento quântico adequado poderia solucioná-los. Quando uma estrela em colapso chega perto de formar um horizonte de eventos, cria um imenso campo gravitacional. Este distorce as flutuações quânticas do espaço-tempo, levando a um tipo diferente de estado quântico, semelhante a um "superátomo" gigante (jargão: condensado de Bose-Einstein). Trata-se de um aglomerado de átomos idênticos no mesmo estado quântico, numa temperatura próxima do zero absoluto. O horizonte de eventos se tornaria uma fina casca de energia gravitacional, como uma onda de choque no espaço-tempo. Essa casca exerce pressão negativa (isto é, de dentro para fora), de modo que a matéria que cai dentro dela dá meia-volta e se ergue de volta para atingir a casca. Matéria do mundo exterior, porém, continua sendo sugada.

Gravastares fazem sentido matemático: são soluções estáveis das equações de campo de Einstein. Evitam o paradoxo da informação. Fisicamente, diferem de maneira acentuada dos buracos negros, contudo de fora têm a mesma aparência: a métrica externa de Schwarzschild. Suponha que uma estrela com cinquenta vezes a massa do Sol sofra colapso. Convencionalmente, obtém-se um buraco negro de trezentos quilômetros de diâmetro, que emitiria radiação de Hawking. Na teoria alternativa, obtém-se um gravastar ainda do mesmo tamanho, mas sua casca tem meros $10^{-35}$ metros de espessura, sua temperatura é de 10 bilionésimos de kelvin e ele não emite radiação. (Holly teria gostado.)

Gravastares são uma possível explicação para outro fenômeno desconcertante: emissores de surtos de raios gama. De tempos em tempos o céu se ilumina com um flash de raios gama de alta energia. Segundo a teoria habitual, são estrelas de nêutrons colidindo ou buracos negros formados durante uma supernova. O nascimento de um gravastar é outra possibilidade. Mais especulativamente, o interior de um gravastar do tamanho do nosso universo também estaria sujeito a pressão negativa, o que aceleraria a matéria rumo ao seu horizonte de eventos – ou seja, afastando-se do centro. Os cálculos sugerem que isso teria mais ou menos o mesmo tamanho que a expansão acelerada do Universo normalmente atribuída à energia escura. Talvez nosso universo esteja na verdade no interior de um imenso gravastar.

Entre as previsões de Einstein, mais de um século atrás, estava a ocorrência de ondas gravitacionais, que criam ondulações no espaço-tempo semelhantes àquelas na água de uma lagoa. Se dois corpos massivos, tais como buracos negros, espiralam rapidamente um em torno do outro, provocam agitação na lagoa cósmica e criam ondulações detectáveis. Em fevereiro de 2016 o Ligo (Laser Interferometer Gravitational-Wave Observatory – Observatório de Ondas Gravitacionais por Interferômetro a Laser) anunciou a detecção de ondas gravitacionais causadas pela fusão de dois buracos negros. Os instrumentos do Ligo são pares de tubos de quatro quilômetros em forma de L. Feixes de laser são refletidos de um lado para outro ao longo dos tubos, e seus padrões ondulatórios interferem entre si na junção do L. Se uma onda gravitacional passar, os comprimentos dos tubos se alteram ligeiramente, afetando o padrão da interferência. O equipamento é capaz de detectar um movimento de um milésimo da largura de um próton.

O sinal que o Ligo captou coincide com a previsão relativista para uma colisão espiralada entre dois buracos negros com massas de 29 e 36 vezes a do Sol. O feito inaugura uma era na astronomia: o Ligo é o primeiro graviscópio bem-sucedido, observando o cosmo por meio de gravidade em vez de luz.

Essa extraordinária descoberta gravitacional não fornece nenhuma informação sobre as mais contenciosas características quânticas, que distinguem buracos negros convencionais de alternativas hipotéticas tais como bolas de pelos, paredes de fogo e gravastares. Seus sucessores, flutuando no espaço, serão capazes de identificar não apenas colisões de buracos negros, como também fusões menos violentas de estrelas de nêutrons, e deverão ajudar a solucionar esses mistérios. Enquanto isso, o Ligo levantou um mistério novo: um breve surto de raios gama, aparentemente relacionado com a onda gravitacional. As teorias predominantes sobre fusão de buracos negros não preveem isso.

Nós nos acostumamos com a existência de buracos negros, mas eles ocupam um domínio no qual a relatividade e a teoria quântica se sobrepõem e entram em choque. Na realidade não sabemos que física usar, então os cosmólogos tentam fazer o melhor possível com o que têm à disposição. A última palavra sobre buracos negros ainda não foi dada, e não há razão para supor que nossa compreensão atual esteja completa – ou correta.

# 15. Entrelaçamentos e vazios

> O céu, ademais, deve ser uma esfera, pois essa é a única forma digna de sua essência, já que detém o primeiro lugar na natureza.
>
> ARISTÓTELES, *Do céu*

QUAL É A APARÊNCIA do Universo? Qual é o seu tamanho? Qual é a sua forma?

Sabemos algo sobre a primeira pergunta, e não é o que a maioria dos astrônomos ou físicos originalmente esperava. Nas escalas maiores que podemos observar, o Universo é como a espuma numa tina de lavar. As bolhas de espuma são gigantescos vazios, sem praticamente nenhuma matéria. E é nas películas de sabão ao redor das bolhas que as estrelas e galáxias se congregam.

Constrangedoramente, nosso modelo matemático favorito da estrutura espacial do Universo pressupõe que a matéria esteja regularmente distribuída. Cosmólogos se consolam pensando que, em escalas ainda maiores, as bolhas individuais cessam de ser discerníveis e a espuma tem um aspecto bastante regular – mas não sabemos se a matéria no Universo se comporta dessa maneira. Até aqui, toda vez que observamos o Universo numa escala maior, temos encontrado aglutinações e vazios ainda maiores. Talvez o Universo não seja nada regular. Talvez seja um fractal – uma forma com estrutura detalhada em todas as escalas.

Temos também algumas ideias sobre a segunda questão, o tamanho. As estrelas não estão arranjadas numa tigela hemisférica erigida acima da Terra, como acreditavam algumas civilizações antigas e o Gênesis parece assumir. Elas são uma passagem para um universo tão vasto que parece infinito. Na verdade, ele *pode* ser infinito. Muitos cosmólogos pensam assim, mas é difícil imaginar como testar cientificamente essa alegação. Temos uma boa ideia do tamanho do Universo observável, mas, além dele, como podemos sequer começar a descobrir?

A terceira questão, a forma, é ainda mais complicada. Neste momento não existe concordância em relação à resposta, embora a maioria acredite numa alternativa mais tediosa, uma esfera. Há muito tem havido uma tendência a assumir que o Universo é esférico, o interior de uma imensa bola de espaço e matéria. Porém, em vários momentos recentes também se tem pensado que seja uma espiral, uma rosca, uma bola de futebol ou uma forma geométrica não euclidiana chamada modelo de Picard, que tem a forma de uma corneta. Ele poderia ser plano ou curvo. No segundo caso, a curvatura poderia ser positiva ou negativa, ou variar de um lugar para outro. Poderia ser finito ou infinito, com conexões simples ou cheio de buracos – ou até desconectado, composto de pedaços separados que nunca podem interagir entre si.

A MAIOR PARTE DO UNIVERSO é espaço vazio, mas também há matéria em profusão – cerca de 200 bilhões de galáxias, com 200 bilhões a 400 bilhões de estrelas em cada uma. A maneira como a matéria está distribuída – quanto existe numa dada região – é importante, porque as equações de campo de Einstein relacionam a geometria do espaço-tempo à distribuição da matéria.

A matéria decididamente *não* está espalhada uniformemente no Universo, nas escalas que observamos, mas essa descoberta data de apenas algumas décadas. Antes disso, havia a ideia generalizada de que, acima da escala das galáxias, a distribuição global da matéria pareceria uniforme, mais ou menos como um gramado parece regular a menos que você consiga ver as folhas de grama individuais. No entanto, nosso universo parece mais um gramado com grandes canteiros de trevos e trechos de lama, que criam uma estrutura não regular em escalas maiores. E quando você tenta torná-lo mais regular assumindo um ponto de vista ainda mais amplo, o gramado desaparece e você vê o estacionamento do supermercado. Mais prosaicamente, há uma distinta tendência a que a distribuição de matéria no cosmo seja empelotada numa vasta gama de escalas.

Em nossa própria vizinhança, a maior parte da matéria do sistema solar se aglutinou para formar uma estrela, o Sol. Há pedaços menores, os planetas, e ainda menores – luas, asteroides, objetos do cinturão de Kuiper... mais todo tipo de pequenas rochas, seixos, poeira, moléculas, átomos, fótons. Indo no sentido oposto, para escalas maiores, encontramos outros tipos de aglutinação. Várias estrelas podem estar ligadas gravitacionalmente de modo a formar um sistema estelar binário ou múltiplo. Aglomerados abertos são grupos de mil e tantas estrelas que se formaram mais ou menos na mesma época, na mesma nuvem molecular em colapso. Eles ocorrem dentro de galáxias; cerca de 1.100 deles são conhecidos em nossa própria. Aglomerados globulares são compostos de centenas de milhares de estrelas velhas numa enorme bola difusa, e geralmente ocorrem como satélites orbitando as galáxias. A nossa tem 152 conhecidos e talvez haja 180 no total.

Galáxias são exemplos impressionantes do empelotamento do Universo: bolhas, discos e espirais que contêm entre mil e 100 trilhões de estrelas, com diâmetros que vão de 3 mil a 300 mil anos-luz. No entanto, as galáxias tampouco estão espalhadas uniformemente. Elas tendem a ocorrer em grupos associados de cerca de cinquenta, ou em números maiores (até mil, mil e pouco), formando aglomerados de galáxias. Esses aglomerados por sua vez se agregam, dando origem a superaglomerados, que se agrupam em lâminas e filamentos inimaginavelmente vastos, com colossais vazios entre eles.

Nós, por exemplo, estamos na Via Láctea, que é parte do Grupo Local, junto com a galáxia de Andrômeda (M31) e outras 52. Muitas destas são galáxias anãs, como as Nuvens de Magalhães, que atuam como satélites das duas espirais dominantes: Andrômeda e a nossa. Cerca de dez galáxias anãs não estão presas gravitacionalmente ao restante. A outra galáxia grande principal do Grupo Local é a galáxia do Triângulo, que pode ser

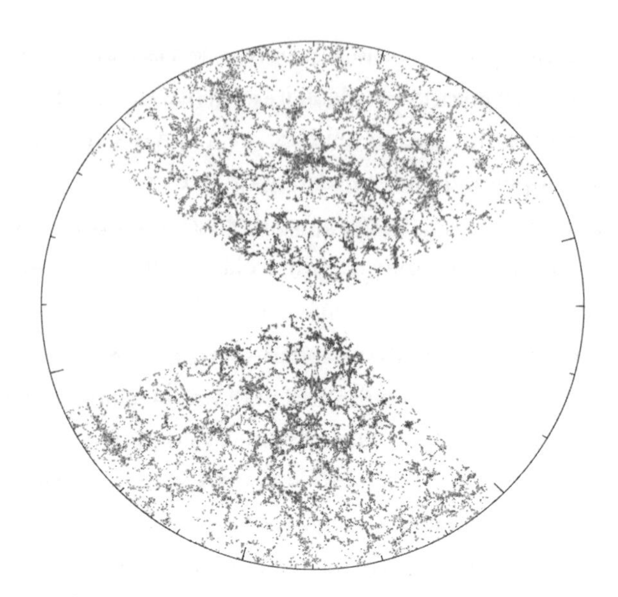

Duas fatias do mapeamento feito pelo SDSS (Sloan Digital Sky Survey – Levantamento Digital Sloan do Céu), mostrando filamentos e vazios. A Terra foi colocada no centro. Cada ponto é uma galáxia, e o raio do círculo é de 2 bilhões de anos-luz.

um satélite de Andrômeda. Todo o Grupo Local tem cerca de 10 mil anos-luz de diâmetro. O Grupo Local é parte do superaglomerado Laniakea, identificado em 2014 num exercício para definir matematicamente superaglomerados analisando como galáxias rápidas se movem uma em relação à outra. O superaglomerado Laniakea tem 520 milhões de anos-luz de diâmetro e contém 100 mil galáxias.

À medida que são descobertos novos e ainda maiores agrupamentos e vazios, os cosmólogos vão revisando a escala na qual pensam que o Universo deveria ser regular. A opinião corrente é que agrupamentos e vazios não devem ser maiores que 1 bilhão de anos-luz, e a maioria seja menor. Algumas observações recentes são, portanto, bastante desconcertantes. Uma equipe sob o comando de András Kovács descobriu um vazio de 2 bilhões de anos-luz de extensão, e Roger Clowes e colegas encontraram uma estrutura cosmológica coerente com o dobro desse tamanho, o Huge Large Quasar Group – conhecido como Huge-LQG ou U1.27 –, que contém 73 quasares. Esses objetos são respectivamente o dobro e o quádruplo do maior tamanho esperado para uma estrutura unificada. O grupo de Lajos Balász observou um anel de emissores de raios gama com 5,6 bilhões de anos-luz de diâmetro, o que é ainda maior.[1]

Essas descobertas, e mais ainda suas explicações, são controversas. Alguns questionam o significado das observações. Outros argumentam que algumas estruturas inusitadamente grandes não impedem o Universo de ser homogêneo "em média". Isso é verdade, mas não inteiramente convincente, porque essas estruturas simplesmente não se encaixam no modelo matemático padrão: uma variedade regular não só em média, mas em todo lugar – exceto por desvios menores que 1 bilhão de anos-luz de um lado a outro. Todas as afirmações anteriores de regularidade em escalas menores se despedaçaram à medida que levantamentos novos, de maior alcance, foram realizados. Parece estar acontecendo de novo.

Identificar aglomerados, aliás, é uma tarefa nada trivial. Afinal, o que é que conta como aglomerado ou superaglomerado? O olho humano vê naturalmente ajuntamentos, mas eles não precisam estar significativamente relacionados em termos gravitacionais. A solução usa uma técnica matemática chamada filtro de Wiener, um tipo elaborado de ajuste de dados por mínimos quadrados que consegue separar sinais e ruído. Aqui ele é adaptado para separar, em uma parte, os movimentos de galáxias que representam a expansão do Universo, que é comum a todas elas, e em outra seus "movimentos próprios" individuais em relação a essa expansão. Galáxias na mesma região geral que tenham movimentos próprios similares pertencem ao mesmo superaglomerado. O cosmo é como um fluido, com estrelas no papel de átomos, galáxias como vórtices e superaglomerados como estruturas de maior escala. Usando o filtro de Wiener, é possível deduzir os padrões de fluxo desse fluido.

Cosmólogos simularam como a matéria se junta no Universo, formando torrões sob a ação da gravidade. O quadro geral de entrelaçamentos delicados e lâminas de matéria separadas por gigantescos vazios parece ser uma estrutura natural para um sistema grande de corpos interagindo por meio da gravidade. Porém, é muito mais difícil fazer com que as

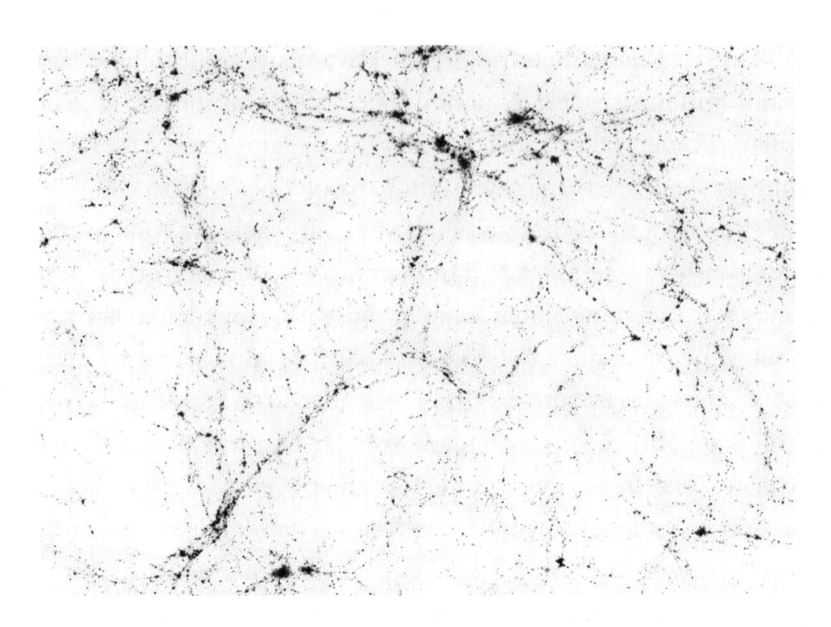

Simulação feita em computador de uma região de 50 milhões de anos-luz de lado a lado para um modelo de distribuição de matéria visível no Universo.

estatísticas de entrelaçamentos e lâminas se encaixem nas observações ou obter uma distribuição realista de matéria dentro da escala de tempo ortodoxa de 13,8 bilhões de anos.

A maneira usual de contornar isso é invocar a existência de partículas esotéricas chamadas matéria escura. Essa premissa, com efeito, fortalece a força da gravidade, de modo que estruturas grandes possam evoluir mais rapidamente, mas não é inteiramente satisfatória (ver capítulo 18). Uma alternativa, em grande parte ignorada, é a possibilidade de que o Universo seja bem mais velho do que pensamos. Uma terceira é que ainda não tenhamos acertado o modelo correto.

O TAMANHO, A SEGUIR.

Ao sondar o Universo com telescópios cada vez mais potentes, os astrônomos não estavam simplesmente vendo mais longe; estavam olhando para trás no tempo. Como a luz tem uma velocidade finita, leva uma quantidade de tempo finita para viajar de um lugar a outro. De fato, o ano-luz é definido como sendo a distância percorrida pela luz em um ano.

A luz se move muito depressa, então o ano-luz é uma distância muito grande: 9,46 trilhões de quilômetros. A estrela mais próxima está a 4,24 anos-luz de distância, então quando alguém a vê hoje num telescópio está vendo como ela era quatro anos e um quarto atrás. Pelo que estamos sabendo, ela poderia ter explodido ontem (ainda que isso seja improvável: ela não está nesse estágio em sua evolução), mas, se de fato explodiu, não seremos capazes de descobrir por mais quatro anos e um quarto.[2]

O raio do Universo observável é calculado hoje como cerca de 45,7 bilhões de anos-luz. Ingenuamente, poderíamos imaginar que podemos portanto ver 45,7 bilhões de anos no passado. Entretanto, não podemos, por duas razões. Primeiro, "Universo observável" refere-se ao que seria possível observar em princípio, não ao que podemos ver na prática. Segundo, acredita-se atualmente que o Universo tenha apenas 13,8 bilhões de anos de idade. Os 31,9 bilhões que sobram são devidos à expansão do Universo, mas voltarei a isso no próximo capítulo.

Isso é um bocado de universo. E é só a parte observável. Poderia haver mais. Voltarei a isso também. Em todo caso, podemos dar uma resposta bem fundamentada à pergunta "qual é o tamanho do Universo?" se a interpretarmos de forma razoável.

EM CONTRASTE, a pergunta "qual é a forma do Universo?" é muito mais difícil de responder, e fonte de muita discussão.

Antes de Einstein ter elaborado como incorporar a gravidade em sua teoria relativista do espaço-tempo, quase todo mundo assumia que a geometria do espaço devia ser a de Euclides. Uma razão era que, por uma grande parte do tempo entre Euclides escrever os *Elementos* e Einstein empreender uma radical revisão da física, supôs-se, de modo generalizado, que a única geometria possível era a de Euclides.

Essa crença foi torpedeada nos anos 1800, quando os matemáticos descobriram geometrias não euclidianas autoconsistentes, mas, embora elas tivessem belíssimas aplicações dentro da matemática, dificilmente alguém esperaria que se aplicassem ao mundo real. Uma exceção foi Gauss, que descobriu a geometria não euclidiana, mas ele se manteve quieto porque duvidava que alguém aceitasse essas ideias, e preferiu evitar críticas. É claro que as pessoas conheciam a geometria sobre a superfície de uma esfera; navegadores e astrônomos usavam rotineiramente uma elaborada teoria de geometria esférica. Mas estava tudo certo, porque a esfera é apenas uma superfície especial no espaço euclidiano comum. Não é um espaço em si.

O que ocorreu a Gauss foi que, se a geometria não precisa ser euclidiana, o espaço real tampouco precisa ser. Um meio de distinguir as várias geometrias é somar os ângulos de um triângulo. Na geometria euclidiana sempre se obtêm 180 graus. Em um tipo de geometria não euclidiana, a geometria elíptica, sempre é mais de 180 graus; em outro tipo, a geometria hiperbólica, sempre é menos de 180 graus. O número preciso depende da área do triângulo. Gauss tentou descobrir a verdadeira forma do espaço medindo um triângulo formado por três picos de montanhas, mas não obteve um resultado convincente. Ironicamente, em vista do que Einstein fez com a matemática que emergiu dessas descobertas, a atração gravitacional das montanhas interferiu em suas medições.

Gauss começou se perguntando como quantificar a curvatura de uma superfície: com que intensidade ela se curva. Até então, a superfície era tradicionalmente vista como a fronteira de um objeto sólido no espaço euclidiano. Não é assim, disse Gauss. Não se precisa de um objeto sólido: a superfície sozinha já é suficiente. Tampouco se precisa de um espaço euclidiano ao redor. Tudo que se precisa é algo que determine a superfície, e em sua visão esse algo é uma noção de distância, uma *métrica*. Matematicamente, uma métrica é uma fórmula para a distância entre dois pontos quaisquer que estejam muito próximos. A partir daí, pode-se calcular o quanto quaisquer dois pontos estão distantes entre si ligando uma série de vizinhos próximos, usando a fórmula para encontrar a distância entre eles, somando todas essas pequenas distâncias e então escolhendo a fieira de vizinhos de modo a obter o resultado menor possível. A fieira de vizinhos se encaixa para formar uma curva chamada geodésica, que é o menor caminho entre esses dois pontos. Essa ideia conduziu Gauss a uma fórmula elegante, ainda que sofisticada, para a curvatura. De maneira intrigante, a fórmula não faz nenhuma referência a um espaço circundante. Ela é intrínseca à superfície. O espaço euclidiano tem curvatura zero: é plano.

Isso sugeria uma ideia radical: o espaço pode se curvar sem que tenha que se curvar *ao redor* de alguma coisa. Uma esfera, por exemplo, é claramente curvada ao redor da bola sólida que contém. Para fazer um cilindro, pega-se uma folha de papel e *enrola-se* a folha num círculo, de modo que a superfície cilíndrica é encurvada ao redor do cilindro sólido que ela limita. Gauss, no entanto, se desfez desse pensamento obsoleto. Ele percebeu que se pode observar a curvatura de uma superfície sem embuti-la num espaço euclidiano.

Ele gostava de explicar isso em termos de uma formiga que vivesse na superfície, incapaz de abandoná-la nem para entrar nem para se lançar no espaço. A superfície é tudo o que a formiga conhece. Até mesmo a luz está confinada à superfície, movendo-se ao longo de geodésicas, de modo que a formiga não pode ver que o seu análogo de espaço é curvo. Entretanto, ela pode deduzir a curvatura fazendo um levantamento topográfico. Minúsculos triângulos lhe contam a métrica de seu universo, e então ela pode aplicar a fórmula de Gauss. Rastejando e medindo distâncias, pode *inferir* que seu universo é curvo.

Essa noção de curvatura difere sob alguns aspectos do uso normal. Por exemplo, um jornal enrolado *não* é curvo, mesmo que pareça um cilindro. Para ver por quê, olhe para as letras numa manchete. Nós as vemos como curvas, mas seu formato permanece inalterado no que diz respeito à relação delas com o papel. Nada se esticou, nada se moveu. Em pequenas regiões do jornal, a formiga não notaria qualquer diferença. No que se refere à métrica, o jornal continua sendo *plano*. Em regiões pequenas, tem a mesma geometria intrínseca de um plano. Os ângulos de um triângulo pequeno, por exemplo, somam 180 graus, contanto que sejam medidos dentro do papel. Um transferidor flexível é o ideal.

Uma métrica plana faz sentido, uma vez que nos acostumemos a ela, porque é *por isso* que se pode enrolar um jornal para formar um cilindro. Todos os comprimentos e ângulos, medidos dentro do papel, permanecem os mesmos. Localmente, uma formiga habitante do jornal não consegue distinguir um cilindro de uma folha plana.

A forma global – a forma geral – já é outra coisa. Um cilindro tem geodésicas diferentes das de um plano. Todas as geodésicas do plano são linhas retas, que continuam para sempre sem nunca se fechar. Num cilindro, algumas geodésicas podem ser fechadas, dando a volta em torno do cilindro e voltando ao ponto de partida. Imagine usar uma fita elástica para manter o jornal enrolado. A fita forma uma geodésica fechada. Esse tipo de diferença global no formato tem a ver com a topologia geral – a maneira como pedaços da superfície se encaixam. A métrica simplesmente nos fala desses pedaços.

As primeiras civilizações estavam mais ou menos na mesma posição que a formiga. Não podiam subir num balão ou avião para ver o formato da Terra. Mas podiam fazer medições e tentar deduzir o tamanho e a topologia. Ao contrário da formiga, tinham, sim, alguma ajuda externa: o Sol, a Lua e as estrelas. Porém, quando se trata da forma do Universo inteiro, estamos exatamente na mesma posição que a formiga. Temos de usar análogos dos artifícios geométricos da formiga para deduzir sua forma a partir de dentro.

Do ponto de vista da formiga, uma superfície tem duas dimensões. Isto é, são necessárias apenas duas coordenadas para mapear qualquer região local. Ignorando pequenas variações de altitude, navegadores terrestres necessitam somente de longitude e latitude para saber onde estão sobre a superfície da Terra. Gauss teve um aluno brilhante chamado Bernhard Riemann, que, incentivado sem a menor sutileza por seu tutor, teve uma ideia brilhante: generalizar a fórmula da curvatura de Gauss para "superfícies" com qualquer número de dimensões. Como essas superfícies não existem na realidade, ele precisou de um termo novo, e escolheu a palavra alemã *Mannigfaltigkeit*, conceito que se traduz como "variedade", referindo-se a uma multiplicidade de coordenadas.

Outros matemáticos, notavelmente um bando de italianos, pegaram o vírus da variedade, criando uma nova área de estudo: a geometria diferencial. Foram eles que desvelaram a maioria das ideias sobre variedades. No entanto, eles trataram as ideias de um ponto de vista puramente matemático. Ninguém imaginava que a geometria diferencial pudesse ser aplicada ao espaço real.

LOGO APÓS SEU SUCESSO com a relatividade especial, Einstein voltou sua atenção ao principal item que estava faltando: a gravidade. Depois de batalhar durante anos até lhe ocorrer que a chave estava na geometria riemanniana, ele lutou ainda mais para dominar essa difícil área da matemática, auxiliado por Marcel Grossmann, um amigo matemático que atuou como seu guia e mentor.

Einstein percebeu que precisava de uma variante não ortodoxa da geometria riemanniana. A relatividade permite que espaço e tempo se misturem em certa medida, mesmo que os dois conceitos desempenhem papéis diferentes. Numa variedade riemanniana convencional, a métrica é definida usando-se a raiz quadrada de uma fórmula que é sempre positiva. Como no teorema de Pitágoras, a fórmula da métrica é uma soma (generalizada e local) de quadrados. Na relatividade especial, porém, a grandeza análoga envolve *subtrair* o quadrado do tempo. Einstein teve de permitir termos negativos na métrica, levando ao que agora chamamos de variedade pseudorriemanniana. O resultado final das heroicas lutas de Einstein foram suas equações de campo, que relacionam a curvatura do espaço-tempo com a distribuição da matéria. A matéria curva o espaço-tempo; o espaço-tempo curvo altera a geometria das geodésicas ao longo das quais a matéria se move.

A lei da gravidade de Newton não descreve diretamente o movimento dos corpos. É uma equação, cujas soluções fornecem essa descrição. De maneira semelhante, as equações de Einstein não descrevem diretamente a forma do Universo. É preciso resolvê-las. Mas são equações não lineares em dez variáveis, então são difíceis.

Temos um grau de intuição natural para as variedades riemannianas, mas variedades pseudorriemannianas são meio um quebra-cabeça, a menos que se trabalhe com elas regularmente. Uma simplificação útil permite-me falar, significativamente, sobre a forma do *espaço* – uma variedade riemanniana – em vez do conceito mais escorregadio da forma do *espaço-tempo* – uma variedade pseudorriemanniana.

Em relatividade, não existe conceito significativo de simultaneidade. Diferentes observadores podem presenciar os mesmos eventos acontecendo numa ordem diferente. Eu vejo o gato saltando pela janela um pouco antes de o vaso se espatifar no chão; você vê o vaso cair antes de o gato saltar. Foi o gato que derrubou o vaso ou o vaso caindo que assustou o gato? (Todos sabemos qual das duas possibilidades é a mais provável, mas o gato tem um advogado brilhante, de nome Albert Einstein.)

No entanto, embora a simultaneidade absoluta não seja possível, há um substituto: um referencial comovente. Esse é um nome rebuscado para um referencial, ou sistema de coordenadas, que representa o Universo conforme é visto por um observador específico. Comece onde estou agora, como a origem das coordenadas, e viaje durante dez anos na velocidade da luz até uma estrela próxima. Defina o referencial de modo que essa estrela esteja a dez anos-luz de distância da origem e dez anos no futuro. Faça o mesmo para todas as direções e tempos: esse é o meu referencial comovente. Todos nós temos um; simplesmente acontece que o seu pode parecer inconsistente com o meu se um de nós dois começar a se mover por aí.

Se o seu movimento parece estacionário no meu referencial comovente, nós somos observadores comoventes. Para nós, a forma espacial do Universo é determinada pelo mesmo sistema fixo de coordenadas espaciais. A forma e o tamanho podem mudar com o tempo, mas há um meio consistente de descrever essas mudanças. Fisicamente, um referencial comovente pode ser distinguido de outros referenciais: o Universo deve parecer o mesmo em todas as direções. Num referencial que não seja comovente, algumas partes do céu são sistematicamente desviadas para o vermelho, enquanto outras são desviadas para o azul. É por isso que posso falar sensatamente sobre o Universo ser, digamos, uma esfera em expansão. Sempre que separo espaço e tempo dessa maneira, estou me referindo a um referencial comovente.

A HISTÓRIA AGORA dá uma guinada bizarra para o reino da mitologia. Físicos e matemáticos descobriram soluções das equações de campo que correspondem a geometrias não euclidianas clássicas. Essas geometrias surgem em espaços de curvatura constante positiva (elípticos), nula (planos, euclidianos) e negativa (hiperbólicos). Até aqui tudo bem. Mas essa afirmação correta rapidamente se transformou na crença de que essas três geometrias são as *únicas* soluções de curvatura constante para as equações de campo.

Desconfio que esse erro surgiu porque matemáticos e astrônomos não estavam se comunicando muito bem. O teorema matemático afirma que para qualquer valor fixo da curvatura, a *métrica* do espaço-tempo de curvatura constante é única, de modo que foi muito fácil assumir que a *geometria* também deve ser única. Afinal, a métrica não define o espaço?

Não.

A formiga de Gauss teria cometido o mesmo erro se não soubesse a diferença entre um plano e um cilindro. Ambos têm a mesma métrica, mas diferentes topologias. A métrica determina apenas a geometria *local*, não a global. Essa distinção se aplica à relatividade geral, com a mesma implicação.

Um exemplo deliciosamente contraditório é o toro plano. Um toro tem a forma de uma rosquinha, com um buraco central, e é tão distante de algo plano quanto se possa imaginar. Contudo, existe uma variedade plana (de curvatura zero) com topologia de rosquinha. Comece com um quadrado, que é plano, e *conceitualmente* cole lados opostos um no outro. Não faça isso dobrando o quadrado fisicamente: apenas faça coincidir pontos correspondentes em lados opostos. Ou seja, acrescente uma regra geométrica para dizer que cada dois pontos são "o mesmo".

Esse ato de fazer coincidir pontos é comum em jogos de computador, quando um monstro alienígena sai correndo por um lado da tela e reaparece no lado oposto. O jargão dos programadores para isso é "*wrap round*" (enrolar dando a volta): uma metáfora vívida, mas insensata se tomada ao pé da letra como uma instrução. A formiga entenderia um toro plano perfeitamente: o *wrap-round* dos lados verticais transforma a tela num cilindro. Então se repete o procedimento para juntar as extremidades do cilindro, criando uma superfície com a mesma topologia de um toro. Sua métrica é herdada do quadrado, porque é plana. A métrica natural de uma verdadeira rosquinha é diferente, porque sua superfície está imersa em espaço euclidiano.

Você pode jogar o jogo do toro plano com espaço-tempo relativista, usando a versão bidimensional reduzida da relatividade criada por Minkowski. Tanto o plano infinito de Minkowski quanto o quadrado com pontos opostos coincidentes que está nesse plano são espaços-tempos planos. Topologicamente, porém, um é um plano e o outro é um toro. Faça o mesmo com um cubo e você obterá um 3-toro plano, com a mesma dimensão que o espaço.

Construções similares são possíveis em espaços elípticos e hiperbólicos. Pegue uma porção de espaço com a forma correta, grude seus lados em pares e você obterá uma variedade com a mesma métrica, mas com topologia diferente. Muitas dessas variedades são compactas – têm tamanho finito, como uma esfera ou um toro. Matemáticos descobriram diversos espaços finitos de curvatura constante perto do fim do século XIX. Schwarzschild chamou a atenção dos cosmólogos para o trabalho deles em 1900, citando explicitamente o 3-toro. Aleksandr Friedmann disse o mesmo para espaços negativamente curvos em 1924. Ao contrário do espaço euclidiano e hiperbólico, o espaço elíptico é finito, mas você ainda pode fazer nele o mesmo truque para obter espaços de curvatura positiva constante com diferentes topologias. Não obstante, por sessenta anos após 1930 os textos de astronomia repetiram o mito de que há somente três espaços de curvatura constante, as geometrias não euclidianas clássicas. Então, os astrônomos trabalharam com essa gama limitada de espaços-tempos na equivocada crença de que nada mais é possível.

Os cosmólogos, em busca de algo maior, voltaram sua atenção para a origem do Universo, consideraram apenas as três geometrias clássicas de curvatura constante e encontraram a métrica do Big Bang, uma história que abordaremos no próximo capítulo. Essa foi uma revelação tão grande que por muito tempo a forma do espaço deixou de ser um assunto premente. Todo mundo "sabia" que era uma esfera, porque essa é a métrica mais simples para o Big Bang. No entanto, há pouca evidência observacional para essa forma.

Civilizações antigas pensavam que a Terra era plana e, embora estivessem erradas, tinham alguma evidência: a aparência da Terra. No que se refere ao Universo, sabemos ainda menos do que aquelas civilizações. Mas há ideias flutuando por aí que poderiam diminuir nossa ignorância.

Se não uma esfera, então o quê?

Em 2003 a missão *WMAP* (*Wilkinson Microwave Anisotropy Probe* – Sonda Wilkinson de Anisotropia das Micro-Ondas), da Nasa, estava medindo o onipresente sinal chamado radiação cósmica de fundo (RCF); seus resultados são mostrados nas páginas finais do próximo capítulo. Uma análise estatística das flutuações na quantidade de radiação vinda de diferentes direções nos dá pistas sobre como a matéria no Universo nascente se aglutinou. Antes da *WMAP*, a maioria dos cosmólogos pensava que o Universo fosse infinito, então deveria sustentar flutuações tão grandes quanto desejasse. Os dados da *WMAP*, porém, mostraram que há um limite para o tamanho das flutuações, indicativo de um Universo *finito*. Como foi publicado na revista *Nature:* "Você não vê ondas quebrando na sua banheira."

O matemático americano Jeffrey Weeks analisou as estatísticas dessas flutuações em busca de variedades com uma diversidade de topologias. Uma possibilidade se encaixou muito de perto nos dados, levando a mídia a anunciar que o Universo tem a forma de uma bola de futebol. Essa era uma metáfora inevitável para uma forma que remonta a Poincaré: o espaço dodecaédrico. No começo do século XXI as bolas de futebol eram feitas costurando ou colando uns nos outros doze pentágonos e vinte hexágonos, de modo a formar o que os matemáticos chamam de icosaedro truncado – um icosaedro com os vértices cortados fora. Um icosaedro é um sólido regular com vinte faces triangulares, arranjadas de cinco em cinco em cada vértice. O dodecaedro, que tem doze faces pentagonais, entra em ação porque os centros das faces de um icosaedro formam um dodecaedro, então ambos os sólidos têm as mesmas simetrias. "Bola de futebol" é um termo mais atraente para a mídia, embora tecnicamente impreciso.

A superfície de uma bola de futebol é uma variedade bidimensional. Poincaré estava começando a desenvolver a topologia algébrica, especialmente em três dimensões, e descobriu que tinha cometido um erro. Para provar que se enganara (ao contrário dos políticos, os matemáticos fazem esse tipo de coisa), ele inventou uma variedade tridimensional análoga. Poincaré a construiu grudando dois toros um no outro, porém mais tarde foi descoberta uma construção mais elegante usando um dodecaedro. É uma variação esotérica do 3-toro plano, que é feita grudando conceitualmente duas faces opostas de um cubo. Faça isso com um dodecaedro, mas dê uma torcidinha girando cada face antes de colar. O resultado é uma variedade tridimensional, o espaço dodecaédrico. Como o 3-toro plano, ele não tem fronteira: qualquer coisa que caia atravessando uma face reaparece através da face oposta. É curvado positivamente e de extensão finita.

Weeks fez os cálculos estatísticos das flutuações da RCF se o Universo fosse um espaço dodecaédrico, e descobriu um encaixe excelente com os dados da *WMAP*. Um grupo liderado por Jean-Pierre Luminet deduziu que um universo com essa forma teria de ter 30 bilhões de anos-luz de ponta a ponta – nada mau. No entanto, observações recentes parecem refutar essa teoria, decepcionando todos os platonistas do planeta.

É difícil ver como poderíamos algum dia provar que o Universo é infinito, mas, se for finito, talvez sejamos capazes de deduzir sua forma. Um universo finito deve ter algumas geodésicas fechadas – menores caminhos que formam laços, como a fita elástica prendendo um jornal enrolado. Um raio de luz viajando ao longo dessa geodésica acabará por retornar a seu ponto de origem. Aponte um telescópio de alta potência nessa direção e você verá a parte de trás de sua própria cabeça. Bem, pode levar algum tempo – o tempo que a luz leva para dar a volta inteira no Universo –, então você vai ter de ficar parado e ser muito paciente. E a cabeça que você observar pode estar num ângulo diferente, virada para baixo ou ser um reflexo espelhado da original.

Uma análise matemática séria que leve em conta a velocidade finita da luz prevê que em tais circunstâncias deveria haver padrões repetidos na RCF, nos quais as mesmas flutuações surjam em círculos distintos no céu. Isso acontece porque as micro-ondas cósmicas de fundo que chegam à Terra hoje começaram sua viagem a partir de distâncias similares, portanto originaram-se numa esfera, a "última superfície de dispersão". Se o Universo é finito e essa esfera for maior que o Universo, ela se enrola dando a volta e faz intersecção consigo mesma. Esferas se encontram em

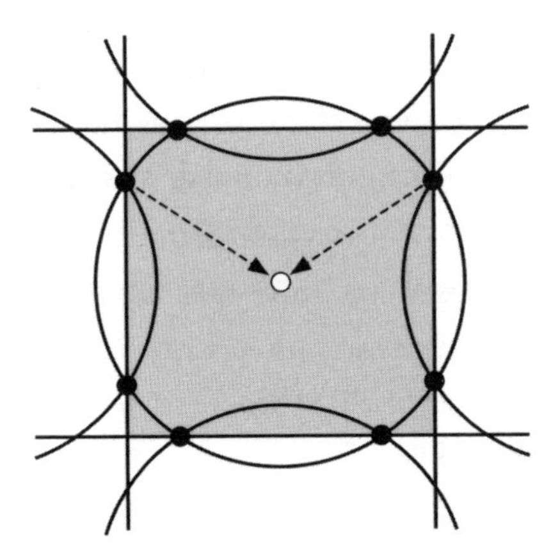

Autointersecções da última superfície de dispersão para um toro plano, representadas aqui pelo círculo grande. Outros círculos parciais são cópias *wrapped-round* (enroladas dando a volta). O toro é o quadrado sombreado com lados opostos coincidentes e a Terra é o ponto branco no centro. Cópias de círculos se encontram nos pontos pretos, que se tornam coincidentes em pares *wrap-round*. Setas pontilhadas mostram micro-ondas chegando da mesma região do espaço ao longo de duas direções distintas.

círculos, e cada ponto em tais círculos emite micro-ondas para a Terra ao longo de duas direções diferentes, graças ao efeito do *wrap-round*.

Podemos ilustrar esse efeito num análogo bidimensional, onde a geometria é mais simples. Se o quadrado na figura seguinte for grande o suficiente para conter o círculo, não haverá intersecção causada pelo *wrap-round*. Se o quadrado for pequeno o suficiente para o círculo se enrolar ao seu redor dando duas voltas, a geometria da intersecção torna-se mais complexa.

Para o 3-toro plano, o quadrado é substituído por um cubo, os círculos por esferas, e os pontos tornam-se círculos sobre as faces do cubo – mais uma vez fazendo pares coincidentes. As linhas pontilhadas tornam-se cones. Da Terra, observamos um par de círculos especiais no céu, que na realidade são o mesmo círculo distante visto nessas duas direções. As flutuações da RCF em torno desses dois círculos deveriam ser quase idênticas, e podemos detectar isso usando correlações estatísticas de flutuações de temperatura: seria de esperar que a mesma sequência de partes quentes ou frias fosse vista em torno de cada círculo – onde "quente" e "frio" significam temperatura ligeiramente superior ou inferior à média.[3]

A partir da geometria desses círculos, podemos em princípio deduzir a topologia do Universo e distinguir o sinal de sua curvatura: positiva, nula ou negativa. Até aqui, porém, isso ainda não foi calculado na prática – seja porque o Universo não é assim, seja porque é grande demais para que tais círculos especiais ocorram.

Então, qual *é* a forma do Universo?

Não temos nenhuma pista.

# 16. O ovo cósmico

> No começo havia nada, que explodiu.
>
> Terry Pratchett, *Lords and Ladies*

Visto de nosso confortável e hospitaleiro planeta, pululante de vida, rico em beleza natural, o restante do Universo parece hostil, remoto, austero e relativamente sem importância. Visto, porém, dos distantes confins do sistema solar, nosso planeta natal se encolhe para um único pixel azul[1] numa fotografia digital – o famoso pontinho azul-claro, a imagem final tirada pela *Voyager 1* em 1990. Não era parte da programação científica, mas o visionário astrônomo Carl Sagan achou que seria uma boa ideia. E acabou se tornando um ícone social e psicológico. A sonda estava aproximadamente à distância de Plutão: cosmicamente falando, ainda no quintal da Terra. Mesmo assim, nosso adorável mundo havia se reduzido a um insignificante cisco. Da estrela mais próxima, uma câmera melhor do que qualquer coisa que temos agora precisaria se esforçar para conseguir ver o nosso mundo. Considerados a partir de estrelas mais distantes, poderíamos muito bem jamais ter existido, avaliando a diferença que nossa presença faria, e o mesmo vale tanto para a Terra quanto para o Sol. E quando a referência são outras galáxias, a própria Via Láctea, que é o nosso lar, torna-se insignificante na escala cósmica.

É um pensamento capaz de suscitar humildade, e mostra quanto nosso planeta realmente é frágil. Ao mesmo tempo, nos leva a admirar a grandiosidade do Universo. De forma mais construtiva, também nos faz perguntar o que mais existe lá fora e de onde veio tudo isso.

Perguntas como essas sem dúvida vieram à mente dos humanos pré-históricos. Com certeza ocorreram mais de 4 mil anos atrás a civilizações tais como as da China, da Mesopotâmia e do Egito, que deixaram registros escritos. Suas respostas mostravam imaginação, se você acredita que atribuir tudo o que não entende a divindades invisíveis com corpos e estilos de vida bizarros conta como exercício de criatividade, mas, em última análise, eram pouco edificantes.

No decorrer dos séculos, a ciência apresentou suas próprias teorias para a origem do Universo. De forma geral, eram menos empolgantes do que tartarugas carregando o mundo, batalhas entre o deus-serpente e um gato mágico com espada, ou deuses sendo cortados numa dúzia de pedaços e voltando à vida quando recompostos. Pode ser que essas teorias não acabem se revelando mais próximas da verdade, porque respostas científicas são sempre provisórias, a ser descartadas se novas evidências as contradisserem. Uma das teorias mais populares, ao longo da maior parte da era científica, é totalmente enfadonha porque nela não acontece absolutamente nada: o Universo não tem origem porque sempre existiu. Eu sempre tive a sensação de que isso não resolvia totalmente a questão, pois temos de explicar *por que* ele sempre existiu. "Simplesmente existiu" é ainda menos satisfatório do que invocar um deus-serpente. Mas muita gente não enxerga desse jeito.

HOJE A MAIORIA DOS COSMÓLOGOS pensa que o Universo inteiro – espaço, tempo e matéria – veio a existir cerca de 13,8 bilhões de anos atrás.[2] Um cisco de espaço-tempo apareceu de lugar nenhum e se expandiu com extraordinária rapidez. Após um bilionésimo de segundo, a violência inicial se reduziu o suficiente para que partículas fundamentais como quarks e glúons surgissem; após outro milionésimo de segundo essas partículas se combinaram para formar os mais familiares prótons e nêutrons. Levou alguns minutos para que estes se agregassem, e além do núcleo de hidrogênio constituíram-se núcleos atômicos dos elementos mais simples, como o hélio, e de deutério, que é um isótopo do hidrogênio. Outros 380 mil anos tiveram de passar antes que os elétrons se unissem aos núcleos. Só então a matéria pôde começar a formar torrões sob a influência da gravidade, e acabaram aparecendo estrelas, planetas e galáxias. Os cosmólogos calcularam essa linha de tempo com extraordinária precisão e considerável detalhe.

Esse cenário é o famoso Big Bang, um nome que Hoyle cunhou, um tanto sarcasticamente. Hoyle era um grande defensor da principal teoria concorrente na época, a teoria do estado estacionário do Universo, cujo nome é bastante autoexplicativo. Mas, apesar do nome, esse não era um universo onde não acontecia absolutamente nada. É só que o que acontecia não provocava mudanças fundamentais. Na visão de Hoyle, o Universo se espalha gradualmente, ganhando espaço extra à medida que novas partículas surgem discretamente do nada nos vazios entre as galáxias.

Os cosmólogos não tiraram o Big Bang simplesmente do nada. Hubble notou um padrão matemático simples em observações astronômicas, o que o fez parecer quase inevitável. Essa descoberta foi um subproduto inesperado de seu trabalho sobre distâncias galácticas, mas a ideia remonta a Lemaître, alguns anos antes. No começo do século XX, o conhecimento dominante em cosmologia era muito simples. Nossa galáxia continha toda a matéria do Universo; fora dela havia um vazio infinito. A Via Láctea não colapsava sob sua própria gravidade porque girava, de maneira que todo o arranjo era estável. Quando Einstein publicou a relatividade geral em 1915, rapidamente percebeu que esse modelo do Universo não era mais estável. A gravidade levaria um universo estático a colapsar – girando ou não. Seu cálculo presumia um universo esfericamente simétrico, mas intuitivamente o mesmo problema afligiria qualquer universo relativista estático.

Einstein buscou um conserto, e em 1917 o publicou. Ele acrescentou um termo matemático adicional a suas equações de campo, a métrica multiplicada por uma constante $\Lambda$ (a letra grega lambda maiúscula), mais tarde chamada constante cosmológica. Esse termo faz com que a métrica se expanda, e ajustando com cuidado o valor de $\Lambda$ a expansão cancela exatamente o colapso gravitacional.

Em 1927 Lemaître embarcou num projeto ambíguo: usar as equações de Einstein para deduzir a geometria do Universo inteiro. Usando a mesma premissa simplificadora de que o espaço-tempo é esfericamente simétrico, deduziu uma fórmula explícita para essa geometria hipotética do espaço-tempo. Quando interpretou o significado da fórmula, Lemaître descobriu que ela previa algo notável.

O Universo estava se expandindo.

Em 1927 a visão padrão era que o Universo sempre tinha existido mais ou menos na sua forma atual. Ele simplesmente *era*, não *fazia* nada. Exatamente como o Universo estático de Einstein. No entanto, agora Lemaître argumentava, com base numa teoria física que muitos ainda achavam um tanto especulativa, que ele *cresce*. De fato, ele se amplia numa taxa constante: seu diâmetro aumenta em proporção com a passagem do tempo. Lemaître tentou estimar a taxa de expansão a partir de observações astronômicas, mas na época elas eram rudimentares demais para ser convincentes.

O Universo em expansão era uma noção difícil de aceitar se você acreditasse que ele era eterno e imutável. De algum modo, tudo o que existia devia estar se transformando cada vez mais. De onde vinha toda aquela coisa nova? Não fazia muito sentido. Não fazia muito sentido nem mesmo para Einstein, que, segundo Lemaître, disse algo do tipo "Seus cálculos estão certos, mas sua física é abominável". Pode não ter ajudado muito o fato de Lemaître ter chamado sua teoria de "o Ovo Cósmico explodindo no momento da criação", especialmente por ser um padre jesuíta. Tudo parecia um pouco bíblico. No entanto, Einstein não rejeitou a ideia totalmente, e sugeriu que Lemaître considerasse espaços-tempos mais genéricos em expansão, sem a forte premissa da simetria esférica.

Em alguns anos, surgiu a evidência para desagravar Lemaître. No capítulo 11 vimos como Henrietta Leavitt, a "computadora" de Hubble, catalogando o brilho de milhares de estrelas, notou um padrão matemático em um tipo de estrela variável particular chamado cefeida. Ou seja, seu brilho intrínseco, ou luminosidade, está relacionado, de um modo matemático específico, com o período de sua variação. Isso permite aos astrônomos usar cefeidas como velas-padrão, cujo brilho aparente pode ser comparado com o brilho real, dizendo-nos a que distância devem estar.

No começo o método estava limitado a estrelas de nossa galáxia, porque os telescópios eram incapazes de discernir estrelas individuais em outras galáxias e menos ainda de observar seus espectros para conferir se poderiam ser cefeidas. Com o aperfeiçoamento dos telescópios, porém, Hubble focou suas observações numa questão maior: a que distância estão as galáxias? Conforme descrito no capítulo 12, em 1924 ele usou a relação distância-luminosidade de Leavitt para estimar a distância até a galáxia de Andrômeda, M31. Sua resposta foi 1 milhão de anos-luz; a estimativa corrente é de 2,5 milhões.

Leavitt dera um passo pequeno para uma mulher, mas um salto gigantesco para cima na escada das distâncias cósmicas. A compreensão das estrelas variáveis vinculou o método geométrico da paralaxe a observações de brilho aparente. Agora Hubble daria um salto além, abrindo a perspectiva de mapear qualquer distância cosmológica, por maior que fosse.

Essa possibilidade brotava de uma descoberta inesperada feita por Vesto Slipher e Milton Humason: os espectros de muitas galáxias são desviados para a extremidade vermelha do espectro. Parecia provável que o desvio fosse causado pelo efeito Doppler, então as galáxias deviam estar se afastando de nós. Hubble pegou 46 galáxias em que se sabia haver cefeidas – o que possibilitava inferir suas distâncias – e pôs os resultados num gráfico, relacionando-os ao grau de desvio para o vermelho. O que descobriu foi uma linha reta, indicando que as galáxias recuam com velocidade proporcional a sua distância. Em 1929 ele enunciou essa relação como uma fórmula, chamada agora de lei de Hubble. A constante de proporcionalidade, a constante de Hubble, é de cerca de setenta quilômetros por segundo por megaparsec. A primeira estimativa de Hubble foi sete vezes maior.

Na verdade, o astrônomo sueco Knut Lundmark teve a mesma ideia em 1924, cinco anos antes de Hubble. Ele usou os tamanhos aparentes de galáxias para inferir a que distância estavam, e seu número para a constante "de Hubble" estava dentro de 1% da de hoje – muito melhor que a do próprio Hubble. Entretanto, seu trabalho foi ignorado porque seus métodos não haviam sido conferidos usando medições independentes.

Os astrônomos puderam, então, passar a estimar a distância de qualquer objeto a partir do seu espectro, contanto que conseguissem localizar linhas espectrais suficientes para deduzir o desvio para o vermelho. Praticamente todas as galáxias exibem desvio para o vermelho, então podemos calcular a que distância estão. Todas elas estão se afastando de nós. Então, ou a Terra está no centro de uma imensa região em expansão, violando o princípio de Copérnico de que não somos especiais, ou o Universo inteiro está ficando maior, e alienígenas em alguma outra galáxia observariam o mesmo comportamento.

A descoberta de Hubble era uma evidência para o ovo cósmico de Lemaître. Se você fizer correr de trás para a frente um universo em expansão, ele se condensa até um ponto. Restaurando o sentido usual do tempo, o Universo deve ter começado como um ponto. O Universo não sai de um ovo: ele *é* um ovo. O ovo surge do nada e cresce. Tanto espaço *quanto tempo* brotam para a existência a partir do nada e, uma vez existindo, desenvolve-se o Universo de hoje.

Quando as observações de Hubble convenceram Einstein de que Lemaître estivera certo o tempo todo, ele percebeu que poderia ter *previsto* a expansão cósmica. Sua solução estática poderia ter sido modificada numa solução de expansão, e esta impediria o colapso gravitacional. Aquela enfadonha constante cosmológica $\Lambda$ era desnecessária: seu papel havia sido ajeitar uma teoria incorreta. Ele removeu $\Lambda$ da teoria e mais tarde disse que incluí-la fora seu maior erro.

O desfecho de todo esse trabalho é um modelo padrão da geometria espaço-temporal do Universo, a métrica Friedmann-Lemaître-Robertson-Walker, montada nos anos 1930. É na verdade uma família de soluções, cada uma das quais dá uma geometria possível. Ela inclui um parâmetro que especifica a curvatura, a qual pode ser zero, positiva ou negativa. Todo universo nessa família é homogêneo (o mesmo em todos os pontos) e isotrópico (o mesmo em todas as direções) – as principais condições assumidas para deduzir a fórmula. O espaço-tempo pode estar se expandindo ou contraindo, e sua topologia subjacente pode ser simples ou complexa. A métrica também inclui uma constante cosmológica opcional.

Como o tempo passa a existir a partir do Big Bang, não há necessidade lógica de dizer o que ocorreu "antes". *Não houve* antes. A física estava pronta para essa teoria radical, porque a mecânica quântica mostra que partículas podem surgir espontaneamente do nada. Se uma partícula pode fazer isso, por que não um universo? Se o espaço pode fazê-lo, por que não o tempo? Os cosmólogos acreditam agora que isso seja basicamente correto, embora estejam começando a se perguntar se "antes" pode ser deixado de lado com tanta facilidade. Cálculos físicos detalhados permitem a construção de uma linha do tempo complexa, muito precisa, segundo a qual o Universo veio a existir 13,8 bilhões de anos atrás como um único ponto, e vem se expandindo desde então.

Uma característica intrigante do Big Bang é que galáxias individuais, até mesmo aglomerados delas gravitacionalmente ligados, *não estão* se expandindo. Podemos estimar os tamanhos de galáxias distantes, e a distribuição estatística dos tamanhos é praticamente a mesma que a das galáxias próximas. O que está acontecendo é muito mais esquisito. O que está mudando é a *escala de distâncias do espaço*. Galáxias se afastam porque aparece mais espaço entre elas, não porque estão viajando em sentidos opostos através de uma quantidade fixa de espaço.

Isso leva a alguns efeitos paradoxais. Galáxias a mais de 14,7 bilhões de anos-luz de distância estão se movendo tão depressa que, em relação a nós, estão viajando mais rápido que a luz. Contudo, ainda podemos vê-las.

Parece haver três coisas erradas nessas afirmações. Como a idade do Universo é de apenas 13,8 bilhões de anos, e originalmente ele estava todo num só local, como é que alguma coisa pode estar a 14,7 bilhões de anos-luz de distância? Ela teria de se mover mais depressa que a luz, o que é proibido pela relatividade. Pela mesma razão, as galáxias não podem estar agora excedendo a velocidade da luz. Finalmente, se estivessem excedendo, nós não as veríamos.

Para entender por que as afirmações fazem sentido, precisamos entender um pouquinho mais de relatividade. Embora ela proíba que a matéria se mova mais depressa que a luz, trata-se de um limite em relação ao espaço em volta. Entretanto, a relatividade não proíbe que o *espaço* se mova mais depressa que a luz. Assim, uma região do espaço poderia exceder a velocidade da luz, enquanto a matéria dentro dela permaneceria abaixo da velocidade da luz em relação ao espaço que a contém.[3] Na verdade, a matéria poderia estar em repouso em relação ao espaço que a cerca, enquanto o espaço estaria disparando dez vezes mais rápido que a luz. Da mesma maneira que ficamos tranquilamente sentados tomando café e lendo jornal dentro de um avião a jato a setecentos quilômetros por hora.

E também é assim que as galáxias podem estar a 14,7 bilhões de anos-luz de distância. Elas não percorreram essa distância como tal. A quantidade de espaço entre nós e elas é que aumentou.

Finalmente, a luz pela qual observamos essas galáxias distantes não é a luz que elas estão emitindo atualmente.[4] É a luz que emitiram no passado, quando estavam mais próximas. É por isso que o Universo observável é maior do que poderíamos esperar.

Talvez você queira ir pegar um café e o jornal enquanto pensa no assunto.

Eis aqui outra consequência curiosa.

Segundo a lei de Hubble, galáxias distantes têm maiores desvios para o vermelho. À primeira vista isso é inconsistente com a métrica Friedmann-Lemaître-Robertson-Walker, que prevê que a taxa de expansão deveria diminuir com o passar do tempo. Porém, mais uma vez precisamos pensar relativisticamente. Quanto mais distante uma galáxia está, mais tempo sua luz levou para chegar até nós. Seu desvio para o vermelho *agora* indica sua velocidade *naquela época*. Assim, a lei de Hubble implica que quanto mais longe no passado nós olhamos, mais depressa o espaço estava se expandindo. Em outras palavras, a expansão foi inicialmente rápida, mas então desacelerou, de acordo com Friedmann-Lemaître-Robertson-Walker.

Isso faz perfeito sentido se toda a expansão foi transmitida no Bang inicial. Quando o Universo começou a crescer, sua gravidade começou a puxá-lo de volta. Observações indicam que até cerca de 5 bilhões de anos atrás, foi isso o que aconteceu. Os cálculos se baseiam na lei de Hubble, que nos diz que a taxa de expansão cresce 218 quilômetros por segundo para cada milhão de anos-luz adicionais na distância. Ou seja, aumento em 218 quilômetros por segundo a cada milhão de anos no passado, então, equivalentemente, decresceu em 218 quilômetros por segundo para cada milhão de anos após o Big Bang.

Veremos no capítulo 17 que essa desaceleração na expansão parece ter se revertido, de modo que ela está novamente acelerando, mas não vamos entrar nisso por enquanto.

O PASSO SEGUINTE foi obter evidência independente que confirmasse o Big Bang. Em 1948 Ralph Alpher e Robert Herman previram que o Big Bang deveria ter deixado uma marca nos níveis de radiação do Universo, na forma de um fundo uniforme de micro-ondas cósmicas. Segundo seus cálculos, a temperatura da RCF – isto é, a temperatura de uma fonte que pudesse produzir aquele nível de radiação – é de cerca de cinco kelvin. Na década de 1960 Yakov Zel'dovich e Robert Dicke redescobriram independentemente o mesmo resultado. Os astrofísicos A.G. Doroshkevich e Igor Novikov perceberam em 1964 que em princípio a RCF pode ser observada e usada para testar o Big Bang.

No mesmo ano, dois colegas de Dicke, David Wilkinson e Peter Roll, começaram a construir um radiômetro de Dicke para medir a RCF. Trata-se de um receptor de rádio capaz de medir a potência média de um sinal em determinada gama de frequências. Porém, antes de poderem completar o trabalho, outra equipe os venceu na tarefa. Em 1965 Arno Penzias e Robert Wilson usaram um radiômetro de Dicke para construir um dos primeiros radiotelescópios. Investigando uma fonte persistente de "ruído", perceberam que sua origem era cosmológica, não um defeito na eletrônica do equipamento. O ruído não tinha localização específica; em vez disso, distribuía-se uniformemente por todo o céu. Sua temperatura era de aproximadamente 4,2 kelvin. Essa foi a primeira observação da RCF.

A explicação para a RCF foi acaloradamente debatida na década de 1960, e físicos que defendiam a teoria do estado estacionário sugeriram que era luz estelar espalhada de galáxias distantes. Por volta de 1970, porém, a RCF era largamente aceita como evidência do Big Bang. Hawking chamou essa observação de "prego final no caixão da teoria do estado estacionário". O gancho foi seu espectro, que tinha aspecto praticamente igual ao da radiação de corpo negro, contrariando a teoria do estado estacionário. A RCF é agora considerada uma relíquia do Universo quando tinha 379 mil anos de idade. Naquela época sua temperatura caiu para 3 mil kelvin, possibilitando aos elétrons combinar-se com prótons para formar átomos de hidrogênio. O Universo tornou-se transparente à radiação eletromagnética. Faça-se a luz!

A teoria prevê que a RCF não seria exatamente uniforme em todas as direções. Deveria haver flutuações muito pequenas, estimadas em algo da ordem de 0,001 a 0,01%. Em 1992 a missão *Cobe* (*Cosmic Background Explorer* – Explorador do Fundo Cósmico) da Nasa mediu essas inomogeneidades. Sua estrutura detalhada foi posteriormente revelada pela sonda *WMAP*,

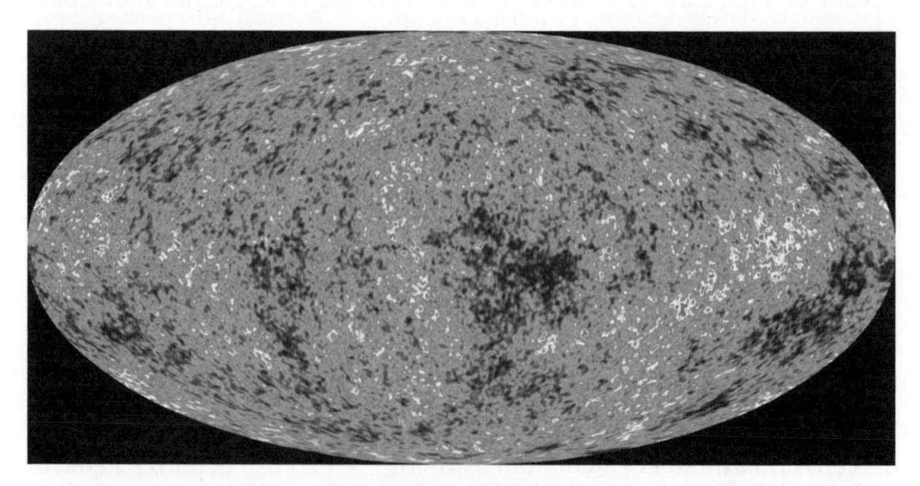

Radiação cósmica de fundo em micro-ondas medida pela *WMAP*. O mapa mostra flutuações de temperatura que datam de pouco depois do Big Bang, sementes de irregularidade que cresceram para criar galáxias. As temperaturas diferem da média por meros 200 milionésimos de kelvin.

da Nasa. Esses detalhes tornaram-se a principal maneira de comparar a realidade com previsões de várias versões do Big Bang e outros cenários cosmológicos.

QUANDO MINHA FAMÍLIA estava viajando na França, alguns anos atrás, achamos muita graça ao ver uma placa indicando o Restaurant Univers. Ao contrário da criação ficcional de Douglas Adams, *O restaurante no fim do Universo*, equilibrado para sempre na borda do último ponto no espaço e no tempo, aquele era um restaurante perfeitamente normal, anexo ao Hotel Univers. Que, por sua vez, era um hotel perfeitamente normal em Reims, no ponto exato do espaço e do tempo para quatro viajantes cansados e famintos.

A questão científica que motivou o restaurante ficcional de Adams era: como vai acabar o Universo? Não com um concerto de rock de proporções cosmológicas, que foi a resposta dele. Pode ser adequado para a humanidade, mas talvez não seja um final que devêssemos infligir a outras civilizações que possam existir por aí.

Talvez ele nem acabe; poderia continuar se expandindo para sempre. Mas, se acabar, tudo vai se desmanchar aos poucos, as galáxias vão recuar umas em relação às outras até a luz não conseguir mais passar entre elas, e ficaremos sozinhos no frio e no escuro. No entanto, segundo Freeman Dyson, "vida" complexa ainda poderia continuar a existir, apesar da chamada "morte térmica" do Universo. Só que seria uma vida *muito lenta*.

De modo menos decepcionante para os fãs de ficção científica, o Universo poderia colapsar num Big Bang em marcha a ré. Poderia até mesmo colapsar de volta a um ponto. Ou seu fim poderia ser bem mais confuso, um Big Rip no qual a matéria iria se esgarçando enquanto a energia escura rasgaria o tecido do espaço-tempo.

Esse poderia ser o fim. Mas é concebível que, depois de colapsar, o Universo repicasse de volta para a existência. Essa é a teoria do Universo oscilante. James Blish a usou no final de *A Clash of Cymbals* (Um choque de címbalos). Talvez as constantes fundamentais da física fossem diferentes após o repique; alguns físicos pensam que sim. Outros não. Talvez nosso universo gere bebês, iguaizinhos ao pai ou totalmente diferentes. Talvez não gere.

A matemática nos permite explorar todas essas possibilidades, e talvez algum dia nos ajude a decidir entre elas. Até lá, só podemos especular sobre o fim de todas as coisas – ou não, como talvez seja o caso.

# 17. A grande explosão

> Se eu tivesse estado presente na criação, teria dado algumas dicas úteis para o melhor arranjo do Universo.
>
> AFONSO, O SÁBIO, rei de Castela (*atribuição*)

ALGUNS ANOS ATRÁS, a teoria do Big Bang para a origem do Universo se encaixava em todas as observações importantes. Em particular, previa a temperatura da radiação cósmica de fundo em micro-ondas, um sucesso inicial que contribuiu significativamente para sua aceitação.[1] Por outro lado, as observações eram poucas e espaçadas. À medida que os astrônomos foram obtendo medições mais detalhadas e fazendo cálculos mais extensivos para ver o que o Big Bang previa, discrepâncias começaram a surgir.

Vimos no capítulo 15 que o Universo de hoje tem um bocado de estrutura em grande escala, com vastos filamentos e lâminas de galáxias cercando vazios ainda maiores – mais ou menos como a espuma num copo de cerveja, com galáxias ocupando a superfície das bolhas, e os vazios correspondendo ao ar dentro delas. Cálculos indicam que a estimativa corrente para a idade do Universo, de 13,8 bilhões de anos, não representa tempo suficiente para que a matéria se tornasse tão empelotada quanto é hoje. E também é um tempo curto demais para explicar o atual achatamento do espaço. Consertar ambas as coisas é complicado porque quanto mais achatado se torna o espaço menor é a propensão da matéria a se tornar empelotada, e um empelotamento maior torna o espaço mais curvo.

De acordo com a opinião cosmológica dominante, um Big Bang ainda maior, conhecido como inflação, é postulado. Num momento crítico, bem cedo na sua existência, o Universo nascente expandiu-se para um tamanho enorme num tempo extraordinariamente curto.

Outras deficiências da teoria original do Big Bang levaram os cosmólogos a disparar mais duas premissas: a matéria escura, uma forma de matéria completamente diferente da matéria normal, e a energia escura, uma forma de energia que faz com que a expansão se acelere. Neste capítulo vou tratar da inflação e da energia escura. Deixarei a matéria escura para o próximo capítulo, porque há muita coisa a ser dita sobre ela.

Os cosmólogos estão muito confiantes acerca da teoria atual, conhecida como modelo ΛCDM (*lambda cold dark matter* – matéria escura fria com lambda) ou modelo padrão da cosmologia. (Lembre-se de que Λ é o símbolo da constante cosmológica de Einstein.) Eles estão confiantes porque a combinação do modelo clássico do Big Bang, inflação e energia escura está de acordo com a maioria das observações, em considerável detalhe. Entretanto, há problemas significativos com todos os três adendos, e talvez seja necessária alguma reconsideração.

Neste capítulo e no próximo contarei primeiro as histórias convencionais, esboçando as observações que motivaram esses três extras e descrevendo como eles as explicam. Depois vou dar uma olhada crítica no modelo padrão da cosmologia, ressaltando alguns dos problemas que ainda permanecem. Por fim, irei descrever algumas alternativas para o modelo padrão que têm sido propostas e ver como elas se saem na comparação.

O CAPÍTULO 16 DESCREVEU a principal evidência do Big Bang, acessórios incluídos: a estrutura da radiação cósmica de fundo (RCF). As medições mais recentes da *WMAP* mostram que a RCF é *quase* uniforme, afastando-se da média em não mais que 200 milionésimos de kelvin. Pequenas flutuações: é isso o que o Big Bang prediz, mas essas são pequenas *demais* – tão pequenas que o atual empelotamento do Universo não teve tempo suficiente para se desenvolver. Essa afirmação se baseia em simulações computadorizadas de modelos matemáticos da evolução do Universo, mencionadas no capítulo 15.

Um jeito de consertar o problema é modificar a teoria de modo que, para começo de conversa, o Universo inicial fosse mais empelotado. Porém, essa ideia enfrenta uma segunda dificuldade, quase oposta à primeira. Embora, hoje, a *matéria* seja empelotada demais para se encaixar no Big Bang padrão, o *espaço-tempo* não é empelotado o bastante. Ele é quase plano.

Os cosmólogos também estavam preocupados com uma questão mais profunda, o problema do horizonte, que Misner destacou nos anos 1960. O Big Bang padrão prevê que partes do Universo que estejam distantes demais para ter algum efeito causal uma sobre a outra deveriam, mesmo assim, ter uma distribuição semelhante de matéria e uma temperatura de RCF similar. Além do mais, isso deveria ser visível para um observador porque o horizonte cosmológico – a distância até onde ele consegue enxergar – aumenta com o passar do tempo. Assim, regiões que não costumavam ter ligação causal mais tarde passam a tê-la. O problema então é: como essas regiões podem "saber" que distribuição e temperatura deveriam ter? Portanto, não é só uma questão de espaço-tempo plano demais: ele é também *uniformemente* plano ao longo de regiões grandes demais para terem se comunicado entre si.

Em 1979 Alan Guth apresentou uma ideia perspicaz que resolve ambas as questões. Ela torna o espaço-tempo plano ao mesmo tempo que permite à matéria permanecer empelotada, e soluciona o problema do horizonte. Para descrevê-la, precisamos saber algo sobre energia do vácuo.

Na física de hoje, o vácuo não é só espaço vazio. É um caldeirão fervente de partículas quânticas virtuais que aparecem do nada em pares e então se aniquilam mutuamente antes que alguém possa observá-las. Isso é possível em mecânica quântica por causa do princípio da incerteza de Heisenberg, que diz que não se pode observar a energia de uma partícula num momento específico. Ou a energia, ou o intervalo de tempo, um dos dois tem de ser impreciso. Se a energia é imprecisa, não precisa ser conservada em cada instante. Partículas podem tomar energia emprestada, e então devolvê-la, durante esse breve intervalo de tempo. Se o instante é impreciso, sua ausência não é notada.

Esse processo – ou alguma outra coisa, os físicos não têm certeza – cria um campo borbulhante de energia de fundo, em todos os lugares do Universo. É uma energia pequena, cerca de um bilionésimo de joule por metro cúbico, suficiente para deflagrar uma faísca elétrica por um trilionésimo de segundo.

A inflação propõe que regiões largamente separadas de espaço-tempo têm a mesma distribuição de matéria e temperatura porque no passado *eram* capazes de se comunicar entre si. Suponha que regiões do Universo agora distantes estivessem um dia próximas o bastante para interagir. Suponha também que naquele tempo a energia do vácuo fosse maior do que é agora. Em tal estado, o horizonte observável não aumenta; em vez disso, permanece constante. Se o Universo então sofre uma expansão rápida, observadores próximos rapidamente são separados, e tudo se torna homogêneo. Essencialmente, quaisquer lombadas ou valetas que existissem antes de a inflação se instalar subitamente se espalham ao longo de um volume realmente gigantesco de espaço-tempo. É como colocar uma pelota de manteiga numa pequena torrada, e então fazer a torrada crescer subitamente até chegar a um tamanho enorme. À medida que a manteiga se espalha, obtém-se uma camada fina, quase uniforme.

Não tente isso em casa.

TANTO A DEFLAGRAÇÃO muito precoce quanto a expansão muito rápida são necessárias para fazer os cálculos inflacionários darem certo. Então o que causa esse rápido crescimento – uma explosão muito mais impressionante do que o modesto Big Bang que deu início a tudo? A resposta é: um campo de inflatons. Não, não é erro de impressão: o inflaton é uma partícula hipotética. Em teoria quântica, campos e partículas caminham de mãos dadas. Uma partícula é uma pelota de campo localizada, e um campo é um contínuo mar de partículas.

Guth imaginou o que aconteceria se o espaço fosse uniformemente preenchido por um campo quântico não percebido – o hipotético campo de inflatons. Seus cálculos mostraram que tal campo gera uma pressão negativa – ou seja, confere um impulso para fora. Brian Greene sugere a analogia de gás dióxido de carbono numa garrafa de champanhe. Estoure a rolha, e o gás se expande com grande rapidez, criando aquelas desejáveis bolhas. Estoure a rolha no Universo, e o campo de inflatons se expande ainda mais rapidamente. O lance novo é que você não precisa de uma rolha: em vez disso, a garrafa inteira (o Universo) pode se expandir, e muito rápido, em quantidade gigantesca. Segundo a teoria atual, entre $10^{-36}$ e $10^{-32}$ segundos após o Big Bang, o volume do Universo multiplicou-se por um fator de pelo menos $10^{78}$.

A boa notícia é que o cenário inflacionário – mais precisamente, algumas das numerosas variações da ideia original que desde então foram propostas – se encaixa em muitas das observações. Isso não é totalmente uma surpresa, porque esse cenário foi concebido para se ajustar a observações básicas, mas, tranquilizadoramente, também corresponde a muitas outras. Serviço feito, então? Bem, talvez não, porque a má notícia é que ninguém jamais detectou nem um inflaton, ou qualquer vestígio do campo que ele alegadamente sustenta. É um coelho quântico ainda não tirado da cartola cosmológica, mas seria muito agradável se pudesse ser persuadido a mostrar seu focinho acima da aba do chapéu.

Todavia, nos últimos anos o coelho começou a parecer menos atraente. À medida que os físicos e cosmólogos foram fazendo perguntas mais profundas sobre a inflação, os problemas emergiram. Um dos maiores é a inflação eterna, descoberta por Alexander Vilenkin. A explicação costumeira da estrutura do nosso universo assume que o campo de inflatons é acionado uma vez, muito cedo na evolução do Universo, e então *permanece* desligado. No entanto, se existe um campo de inflatons, ele pode entrar em ação em qualquer lugar a qualquer momento. Essa tendência é conhecida como inflação eterna e implica que nossa região do Universo é apenas uma bolha inflada num banho de bolhas de espuma cósmica, e um novo período de inflação poderia começar na sua sala de estar nesta tarde, ampliando a sua televisão e o seu gato[2] por um fator de $10^{78}$.

Há maneiras de consertar isso usando variações da ideia original de Guth, mas elas requerem condições iniciais extraordinariamente especiais para nosso universo. Quão especiais pode ser inferido de outro fato curioso: existem outras condições iniciais especiais que levam a um universo igualzinho ao nosso *sem* que ocorra inflação. Ambos os tipos de condições são raros, mas não igualmente. Roger Penrose[3] mostrou que as condições iniciais capazes de produzir nosso universo sem invocar inflação superam as que produzem inflação pelo fator de um googolplex – $10^{10^{100}}$. Então uma explicação para o estado atual do Universo que *não* invoque inflação é esmagadoramente mais plausível que uma que invoque. Penrose usou uma abordagem termodinâmica, e não tenho certeza de que ela seria apropriada neste nosso contexto, mas Gary Gibbons e Neil Turok empregaram um método diferente: reverter o tempo e desenrolar o Universo de volta a seu estado inicial. Mais uma vez, quase todos esses estados não envolvem inflação.

A maioria dos cosmólogos continua convencida de que a teoria da inflação é essencialmente correta porque suas predições concordam notavelmente bem com as observações. Seria prematuro descartá-la por causa das dificuldades que mencionei. No entanto, essas dificuldades sugerem fortemente que o conceito corrente de inflação tem sérias deficiências. Ele pode estar nos apontando a direção correta, mas não, de forma alguma, a resposta final.

HÁ DOIS OUTROS PROBLEMAS no modelo padrão da origem do Universo. Um deles, apresentado no capítulo 12, é: as regiões externas das galáxias estão girando depressa demais para se manterem juntas se for aplicada a gravidade newtoniana (ou, como geralmente se acredita, a einsteiniana). A resposta padrão a isso é a matéria escura, tratada em detalhe no próximo capítulo.

O outro é a variação da taxa de expansão do Universo com o tempo. Os cosmólogos esperavam que ela ou se mantivesse constante, levando a um universo "aberto" que nunca para de crescer, ou diminuísse a marcha à medida que a gravidade freasse e arrastasse de volta as galáxias em expansão, formando um universo "fechado". Porém, em 1998 as observações do desvio para o vermelho em supernovas tipo Ia, feitas pela Equipe High-z de Busca de Supernovas, revelaram que a expansão está *acelerando*. Seu trabalho lhes valeu o Prêmio Nobel de Física em 2011, e o resultado real (ao contrário da inflação e da matéria escura) não é particularmente controverso. Controversa é a sua explicação.

Os cosmólogos atribuem a expansão acelerada do Universo a uma presumida fonte de energia, que chamam de "energia escura". Uma das possibilidades é a constante cosmológica de Einstein $\Lambda$. Um valor positivo para $\Lambda$, inserido nas equações, cria a taxa observada de aceleração. Se isso estiver correto, o maior erro de Einstein não foi colocar a constante cosmológica em suas equações de campo, foi tirá-la outra vez. Para se encaixar nas observações, seu valor deve ser extremamente pequeno: cerca de $10^{-29}$ gramas por centímetro cúbico quando a energia é expressa como massa por meio da famosa equação de Einstein $E = mc^2$.

Uma possível razão física para $\Lambda$ ser maior que zero provém da mecânica quântica: a energia do vácuo. Lembre-se de que esta é um efeito natural de repulsão criado por pares de partícula/antipartícula virtuais surgindo do nada e então aniquilando-se tão depressa que não podem ser detectados. O único problema é que, segundo a mecânica quântica de hoje, a energia do vácuo deve ser $10^{120}$ vezes maior que o valor de $\Lambda$ que se encaixa na taxa de aceleração.

O matemático sul-africano George Ellis chamou a atenção para o fato de que a presença de energia escura é deduzida das observações assumindo que o Universo esteja corretamente descrito pela métrica padrão de Friedmann-Lemaître-Robertson-Walker, na qual $\Lambda$ pode ser interpretada (mediante uma mudança de coordenadas) como energia escura. Vimos que essa métrica deriva de duas exigências simples: o Universo deve ser homogêneo e isotrópico. Ellis mostrou que uma falta de homogeneidade pode explicar as observações sem assumir a existência de energia escura.[4] O Universo é inomogêneo na escala de seus vazios e aglomerados, que são muito maiores que as galáxias. Por outro lado, o modelo padrão da cosmologia assume que, em escalas extremamente grandes, essas inomogeneidades são aplainadas, assim como a espuma parece lisa se não se olhar suficientemente de perto para ver as bolhas. Os cosmólogos comparam portanto as observações do High-z com as previsões desse modelo aplainado.

É então que aflora uma questão matemática delicada, que parece ter sido negligenciada até recentemente: será que uma solução exata do modelo aplainado é parecida com uma solução aplainada do modelo exato? A primeira corresponde à teoria dominante, a última ao modo com que a comparamos com observações. A premissa tácita é que esses dois processos matemáticos produzam praticamente o mesmo resultado – uma versão da premissa de modelagem, comum em física matemática e matemática aplicada, de que termos pequenos em equações podem ser desprezados sem ter muito efeito sobre as soluções.

Essa premissa é frequentemente correta, mas nem sempre, e há indícios de que aqui ela pode produzir resultados incorretos. Thomas Buchert[5] demonstrou que quando é calculada a média das equações de Einstein para a estrutura empelotada em pequena escala para deduzir a equação aplainada da escala grande, o resultado não é o mesmo que o das equações de Einstein para o modelo aplainado em grande escala. Em vez disso, possui um termo extra, uma repulsiva "reação retrógrada" criando um efeito que imita a energia escura.

Observações de fontes cosmológicas distantes também podem ser malinterpretadas, porque o uso de lentes pode focalizar a luz e fazê-la parecer mais brilhante do que deveria ser. O efeito médio de tal focalização, sobre todos os objetos distantes, é o mesmo para modelos detalhados em pequena escala e suas médias em grande escala, o que à primeira vista é animador. No entanto, o mesmo não vale para objetos individuais, e são estes que observamos. Aqui, o procedimento matemático correto é considerar a média dos trajetos da luz, não a média do espaço comum. Deixar de fazer isso pode modificar a luminosidade aparente, mas a modificação exata depende sensivelmente da distribuição da matéria. Não conhecemos isso com precisão suficiente para ter certeza do que acontece. Parece, porém, que a evidência de aceleração da expansão do Universo pode ser duvidosa por duas razões distintas mas relacionadas: as premissas habituais de aplainamento podem dar resultados incorretos tanto para a teoria quanto para as observações.

Outra maneira de explicar as observações do High-z sem invocar a energia escura é remendar as equações de campo de Einstein. Em 2009 Joel Smoller e Blake Temple utilizaram a matemática das ondas de choque para mostrar que uma versão ligeiramente modificada das equações de campo tem uma solução na qual a métrica se expande em ritmo acelerado.[6] Isso explicaria a aceleração observada de galáxias sem invocar energia escura.

Em 2011, numa edição especial sobre relatividade geral de uma revista da Real Sociedade de Londres, Robert Caldwell[7] escreveu: "Até hoje, parece inteiramente razoável que as observações [do High-z] possam ser explicadas por novas leis da gravidade." Ruth Durrer[8] descreveu a evidência de energia escura como fraca: "Nosso único indício para a existência de energia escura vem de medições de distância e sua relação com o desvio para o vermelho." Na opinião dela o restante da evidência estabelece apenas que estimativas de distância a partir do desvio para o vermelho são maiores que o esperado pelo modelo cosmológico padrão. O efeito observado poderia não ser uma aceleração e, mesmo que seja, não há motivo convincente para supor que a causa seja energia escura.

EMBORA A CORRENTE PRINCIPAL da cosmologia continue a se concentrar no modelo padrão – o Big Bang, conforme descrito pela métrica ΛCDM, mais inflação, matéria escura e energia escura –, murmúrios de descontentamento vêm sendo ouvidos há algum tempo. Numa conferência sobre alternativas em 2005, Eric Lerner disse: "As predições do Big Bang são consistentemente erradas e estão sendo consertadas *a posteriori*." Riccardo

Scarpa fez eco a essa opinião: "Toda vez que o modelo básico do Big Bang tem falhado em prever o que vemos, a solução tem sido introduzir algo novo."[9] Ambos foram signatários de uma carta aberta um ano antes, advertindo que a pesquisa de teorias cosmológicas alternativas não estava recebendo verbas, suprimindo o debate científico.

Tais reclamações poderiam ser apenas uvas verdes, mas estavam baseadas em algumas evidências desconcertantes – não apenas objeções filosóficas aos três adendos. O telescópio espacial Spitzer localizou galáxias com um desvio para o vermelho tão intenso que datam de menos de 1 bilhão de anos após o Big Bang. Como tais, deveriam ser dominadas por estrelas azuis, jovens e superquentes. Na verdade, elas contêm demasiadas estrelas vermelhas, velhas e frias. Isso sugere que essas galáxias são mais velhas do que o Big Bang prevê, e portanto o Universo também é. Como apoio, algumas estrelas, hoje, parecem ser mais velhas que o Universo. São gigantes vermelhas tão grandes que o tempo requerido para queimar hidrogênio suficiente para chegar a esse estado deveria ser muito mais longo que 13,8 bilhões de anos. Além disso, há superaglomerados de galáxias com elevado desvio para o vermelho, mas elas não teriam tido tempo para se organizar em estruturas tão grandes. Essas interpretações são discutíveis, mas é especialmente difícil arranjar explicações para a terceira de modo a desconsiderá-la.

Se o Universo é bem mais velho do que atualmente se pensa, como podemos explicar as observações que levaram à teoria do Big Bang? As principais são o desvio para o vermelho e a RCF, junto com uma porção de detalhes mais finos. Talvez a RCF não seja uma relíquia da origem do Universo, mas apenas luz estelar que ricocheteou pelo Universo durante éons, sendo absorvida e irradiada novamente. A relatividade geral se concentra na gravidade, ao passo que esse processo envolve também campos eletromagnéticos. Como a maior parte da matéria do Universo é plasma, cuja dinâmica é dirigida por eletromagnetismo, parece estranho ignorar esses efeitos. No entanto, a cosmologia do plasma perdeu sustentação em 1992 quando os dados da *Cobe* mostraram que a RCF tem um espectro de corpo negro.[10]

E quanto ao desvio para o vermelho? Ele certamente existe, é bastante onipresente, e varia com a distância. Em 1929 Fritz Zwicky sugeriu que a luz perde energia enquanto viaja, então quanto maior a distância percorrida, maior é o desvio para o vermelho. Essa teoria da "luz cansada" é considerada incompatível com os efeitos de dilatação do tempo que combinam com uma origem cosmológica (com expansão) para o desvio para o vermelho, mas teorias similares com mecanismos diferentes evitam esse problema particular.

A gravidade reduz a energia dos fótons, que faz o espectro se desviar para a extremidade vermelha. O desvio para o vermelho gravitacional causado por estrelas comuns é muito pequeno, mas buracos negros como os do centro de galáxias têm um efeito maior. Na verdade, flutuações em grande escala da RCF (conforme medidas pela *WMAP*) são causadas principalmente por desvio para o vermelho gravitacional. No entanto, o efeito ainda é pequeno demais. Apesar disso, Halton Arp argumentou durante anos que o desvio para o vermelho poderia resultar do efeito de gravidade forte sobre a luz – uma teoria que tem sido convencionalmente desprezada sem qualquer refutação satisfatória. Essa alternativa chega a prever a temperatura correta para a RCF. E evita assumir que o espaço se expande mas as galáxias não – mesmo que elas sejam principalmente espaço vazio.[11]

A enchente de alternativas para o Big Bang continua. Uma das últimas, proposta em 2014 por Saurya Das e desenvolvida em conjunto com Ahmed Ali,[12] baseia-se na reformulação feita por David Bohm da mecânica quântica, que remove o elemento de acaso. A teoria quântica de Bohm é heterodoxa mas bastante respeitável; aqueles que a desconsideram o fazem porque ela é equivalente sob muitos aspectos à abordagem padrão, diferindo principalmente em interpretação, e não porque se possa provar que está errada. Ali e Das questionam o habitual argumento em favor do Big Bang, que faz correr para trás a expansão do Universo, produzindo uma singularidade inicial. Eles fazem ver que a relatividade geral se rompe antes de a singularidade ser alcançada, mas os cosmólogos continuam a aplicá-la como se permanecesse válida. Em vez disso, Ali e Das empregam a mecânica quântica de Bohm, na qual a trajetória de uma partícula faz sentido e pode ser calculada. Isso leva a um pequeno termo de correção nas equações de campo de Einstein, que remove a singularidade. Na verdade, o Universo poderia ter sempre existido sem qualquer conflito com observações correntes.

Teorias concorrentes ao Big Bang precisam passar por alguns testes rigorosos. Se o Universo, por um lado, esteve aí desde sempre, a maior parte de seu deutério deveria ter desaparecido por meio de fusão nuclear, mas isso não ocorreu. Por outro lado, se o tempo de vida é finito mas não houve Big Bang, não haveria hélio suficiente. Essas objeções, no entanto, repousam sobre premissas específicas acerca do passado distante do Universo, e ignoram a possibilidade de que algo tão radical quanto o Big Bang – porém diferente – possa ter ocorrido. Nenhuma argumentação realmente forte para uma explicação alternativa específica surgiu até agora, mas tampouco o Big Bang parece muito sólido. Desconfio que, daqui a cinquenta anos, os cosmólogos estarão propondo teorias totalmente diferentes sobre a origem do Universo.

A VISÃO PÚBLICA DOMINANTE da cosmologia, segundo a qual a origem do Universo foi solucionada de uma vez por todas pelo Big Bang, falha em refletir divisões profundas entre os especialistas e ignora a variedade confusa mas empolgante de alternativas que estão sendo contempladas e discutidas. Há também uma tendência a exagerar as implicações da ideia ou descoberta mais recente – ortodoxa ou não – antes que alguém tenha tido tempo de pensar nela criticamente. Perdi a conta do número de vezes que algum grupo de cosmólogos anunciou uma prova definitiva de que a inflação existe só para ser negada poucas semanas ou meses depois por uma interpretação diferente dos dados ou a revelação de um erro. O mesmo pode ser dito com ainda mais força da matéria escura. A energia escura parece mais robusta, mas mesmo ela é discutível.

Um exemplo atual de confirmação rapidamente se tornando retratação foi o anúncio em março de 2014 de que o experimento $Bicep_2$ havia observado padrões na luz de fontes distantes, relíquias do Big Bang, que provavam sem qualquer sombra de dúvida que a teoria inflacionária do Universo está correta. E, como bônus, também confirmavam a existência de ondas gravitacionais, preditas pela relatividade mas nunca antes observadas. Bicep significa "Background Imaging of Cosmic Extragalactic Polarization" (Imagem de Fundo de Polarização Extragaláctica Cósmica), e $Bicep_2$ é um telescópio especial que mede a RCF. Na época o anúncio foi saudado com grande empolgação; qualquer uma dessas descobertas seria pretexto para um Prêmio Nobel. Porém, quase imediatamente outros grupos começaram a se perguntar se a verdadeira causa dos padrões seria poeira interestelar. Não era apenas uma crítica: eles vinham pensando no assunto havia algum tempo.

Em janeiro de 2015 ficou claro que pelo menos metade do sinal que o $Bicep_2$ tinha detectado era causado por poeira, não inflação. As proposições da equipe foram agora totalmente retiradas, porque uma vez que a contribuição que se sabe ser proveniente de poeira é excluída, o que sobra do sinal não é mais estatisticamente significativo. Turok, um dos primeiros críticos dos resultados do $Bicep_2$, também ressaltou que, longe de confirmar a inflação, os dados corrigidos *refutam* vários dos modelos inflacionários mais simples.

Essa história é constrangedora para a equipe do $Bicep_2$, que foi criticada por alegações prematuras. Jan Conrad, escrevendo na *Nature*,[13] comenta que a comunidade científica precisa "assegurar que relatos sedutores de falsas descobertas não esmaguem relatos mais sóbrios de avanços científicos genuínos". Por outro lado, esses eventos mostram a ciência real em ação, com falhas e tudo. Se ninguém tiver permissão para errar, jamais será feito algum progresso. E também ilustra a disposição dos cientistas de *mudar de posição* quando surge uma nova evidência ou se demonstra que uma evidência velha é enganosa. Os dados do $Bicep_2$ são boa ciência; só a interpretação é que estava errada. No mundo de hoje, de comunicações instantâneas, é impossível ficar sentado em cima do que parece ser uma grande descoberta até que ela seja verificada de cabo a rabo.

Mesmo assim, os cosmólogos rotineiramente fazem alegações de tirar o fôlego com base em pouca evidência genuína e exibem suprema confiança em ideias que têm alicerces extremamente frágeis. A arrogância gera oposição, e o espírito de oposição e vingança está à solta pelo ar nos dias de hoje. O espírito da retribuição divina ainda pode ocupar o centro do palco.

# 18. O lado escuro

> Não havia nada no escuro que não estivesse lá quando as luzes se acenderam.
>
> Rod Serling, *Além da imaginação*, episódio 81: "Nada no escuro"

O capítulo 12 terminou com a palavra "ooops". Era um comentário sobre a descoberta de que as velocidades de rotação das galáxias não fazem sentido. Perto do centro, uma galáxia gira bastante devagar, mas a velocidade na qual as estrelas rodam aumenta à medida que vamos nos afastando do centro, e de repente estaciona. No entanto, tanto a gravidade newtoniana quanto a einsteiniana requerem que a taxa de rotação diminua nas regiões externas da galáxia.

Os cosmólogos solucionam essa charada postulando que a maioria das galáxias se encontra no meio de um vasto halo esférico de matéria invisível. Em determinada época tinham a esperança de que se tratasse apenas de matéria comum que não emitia luz suficiente para que a víssemos de distâncias intergalácticas, e a chamaram de matéria escura fria. Talvez fosse apenas um monte de gás, ou poeira, brilhando debilmente demais para que notássemos. Porém, à medida que foram chegando mais evidências, essa saída fácil deixou de ser sustentável. A matéria escura, tal como é atualmente concebida, não se parece com nada que já tenhamos encontrado, e deve haver uma quantidade imensa dela.

Lembremos que na relatividade massa é equivalente a energia. O modelo padrão da cosmologia, mais dados da sonda cosmológica *Planck*, da ESA, sugerem que a massa/energia total do Universo conhecido compreende meros 4,9% de matéria normal, porém 26,8% de matéria escura. Isto deixa uma porcentagem ainda maior de 68,3% atribuída à energia escura. Parece haver cinco vezes mais matéria escura do que matéria normal, e em regiões do Universo em escala galáctica a massa de matéria escura mais a massa efetiva de energia escura é *vinte vezes* maior que a de matéria normal.

O argumento em favor da matéria escura, em enormes quantidades, é simples e direto. Sua existência é inferida comparando-se as previsões da equação de Kepler com observações. Essa fórmula ocupou o centro do palco no capítulo 12. Ela afirma que a massa total de uma galáxia, considerando um raio dado, é igual a esse raio multiplicado pelo quadrado da velocidade de rotação das estrelas a essa distância e dividido pela constante gravitacional. As figuras no final do capítulo 12 mostram que as observações estão em sério desacordo com essa previsão. Perto do núcleo galáctico a velocidade de rotação observada é pequena demais; mais para fora, é grande demais. Na verdade, as curvas de rotação permanecem aproximadamente constantes em distâncias muito maiores que a matéria observável, que é basicamente o que podemos ver por meio da luz que ela emite.

Se você usar velocidades observadas para calcular massas, descobrirá que deve haver uma quantidade enorme de massa além do que é visível. Para resgatar a equação de Kepler, cuja dedução parecia infalível, os astrônomos foram forçados a postular a existência de grandes quantidades de matéria escura não observada. E desde então se ativeram a essa história.

O comportamento anômalo das curvas de rotação galácticas foi a primeira evidência, e ainda é a mais convincente, de que devem existir quantidades muito grandes de matéria invisível no Universo. Observações adicionais e outras anomalias gravitacionais emprestam peso a essa ideia, e indicam que a matéria escura não é somente matéria comum que acontece de não emitir luz. Deve ser um tipo de matéria completamente diferente, que interage com todo o restante por meio da força da gravidade. Portanto, ela deve ser formada de partículas subatômicas inteiramente diferentes de quaisquer já observadas em aceleradores de partículas.

A matéria escura é um tipo de matéria desconhecido da física.

É RAZOÁVEL QUE UM BOCADO de matéria no Universo possa não ser observável, mas a história da matéria escura atualmente carece de solidez. O argumento decisivo real seria criar novas partículas com as propriedades exigidas num acelerador como o LHC (Large Hadron Collider – Grande Colisor de Hádrons). Esse impressionante equipamento fez recentemente a épica observação do bóson de Higgs, uma partícula que explica por que muitas partículas (mas não todas) têm massa. Até o momento, porém, não foi detectada nenhuma partícula de matéria escura nos experimentos do acelerador. E tampouco foi achada qualquer coisa em raios cósmicos – partículas de alta energia do espaço exterior que atingem a Terra em enormes quantidades.

Assim, o Universo está cheio dessa coisa, que é muito mais comum que a matéria normal – mas, para todo lugar onde olhamos, vemos apenas matéria normal.

Os físicos chamam a atenção para precedentes. Partículas hipotéticas esquisitas têm registros históricos. O caso clássico é o neutrino, cuja existência foi inferida aplicando-se a lei da conservação da energia a certas interações de partículas. Era preciso que fosse algo muito estranho em comparação com as partículas então conhecidas: sem carga elétrica, com quase nenhuma massa, capaz de passar praticamente sem impedimentos através do corpo inteiro da Terra. Soava ridículo, mas experimentos detectaram neutrinos. Alguns cientistas estão agora dando passos no sentido de uma astronomia de neutrinos, usando essas partículas para sondar os distantes confins do Universo.

Por outro lado, muitas partículas hipotéticas acabaram se revelando invenções da imaginação exagerada dos teóricos.

Durante algum tempo pensou-se que talvez estivéssemos falhando em localizar um monte de "matéria escura fria" perfeitamente ordinária – objetos massivos compactos do halo, vulgo Machos (*massive compact halo objects*). Esse termo cobre qualquer tipo de corpo que seja feito de matéria normal, emita muito pouca radiação e possa existir num halo galáctico, como anãs marrons, anãs débeis vermelhas e brancas, estrelas de nêutrons, buracos negros… até mesmo planetas. Quando o enigma das curvas de rotação se apresentou, esse tipo de matéria era a candidata óbvia para uma explicação. No entanto, Machos parecem insuficientes para justificar a vasta quantidade de matéria não observada que os cosmólogos acreditam que deve existir.

É necessário um tipo de partícula totalmente novo. Deve ser algo em que os teóricos tenham pensado, ou podem começar a pensar, e por definição tem de ser algo que ainda não saibamos que existe. Então, somos jogados de cabeça no reino da especulação.

Uma possibilidade é uma gama de partículas hipotéticas conhecidas como Wimps, de "*weakly interacting massive particles*" (partículas massivas de interação fraca). A proposta é que essas partículas tenham emergido do plasma denso superaquecido do Universo inicial e interagido com a matéria ordinária apenas por meio da força nuclear fraca. Uma partícula dessas dá conta do recado se tiver uma energia de cerca de cem gigaelétron-volts. A teoria da supersimetria, uma das principais candidatas à unificação de relatividade e mecânica quântica, prevê uma nova partícula com exatamente essas propriedades. Essa coincidência é conhecida como milagre Wimp. Quando o LHC começou suas observações, os teóricos tinham esperança de encontrar toda uma profusão de novos parceiros supersimétricos das partículas conhecidas.

Nadica de nada.

O LHC tem explorado uma gama de energias que incluem cem gigaelétron-volts e não viu absolutamente nada que não fosse explicado pelo modelo padrão.

Vários outros experimentos de caça a Wimps também deram em nada. Nem um vestígio sequer foi detectado em emissões de galáxias próximas, e os Wimps estão notavelmente ausentes em experimentos de laboratório que visam identificar remanescentes de suas colisões com núcleos. O detector italiano Dama/Libra se mantém observando o que parecem ser sinais de Wimps, que deveriam gerar explosões de luz quando atingem um cristal de iodeto de sódio. Esses sinais ocorrem com a regularidade de um relógio todo mês de junho, sugerindo que a Terra esteja passando através de um monte de Wimps em alguma posição específica em sua órbita. O problema é que outros experimentos também deveriam estar detectando esses Wimps – e não estão. O Dama está vendo alguma coisa, mas provavelmente não Wimps.

Poderia a matéria escura ser um tipo de partícula muito mais pesada, uma Wimpzilla? Talvez. O radiotelescópio $Bicep_2$ fornece evidência convincente de que o Universo primordial tinha energia suficiente para criar o elusivo inflaton, e este poderia ter decaído em Wimpzillas. Tudo muito bem, mas essas feras são tão energéticas que não podemos fazê-las, e passam através da matéria comum como se ela não existisse, então não podemos observá-las. Porém, talvez possamos localizar o que elas produzem quando atingem outro material: o experimento IceCube, no polo norte, está verificando. Dos 137 neutrinos de alta energia que ele detectou em meados de 2015, três poderiam ter sido gerados por Wimpzillas.

Ou, então, a matéria escura poderia ser de áxions. Estes foram propostos por Roberto Peccei e Helen Quinn em 1977, como forma de resolver o vexatório problema CP. Algumas interações de partículas violam uma simetria básica da natureza, na qual a conjugação de carga (C, conversão de uma partícula em sua antipartícula) e paridade (P, inversão espelhada do espaço) se combinam. Essa simetria acaba não sendo preservada em algumas interações de partículas por meio de força fraca. Entretanto, a cromodinâmica quântica, que envolve a força forte, tem simetria CP. A questão é: por quê? Peccei e Quinn resolveram essa dificuldade introduzindo uma simetria extra, quebrada por uma nova partícula denominada áxion. Mais uma vez, experimentalistas saíram à procura dela, mas nada convincente foi encontrado.

Se nenhuma das opções acima, o que mais?

Os neutrinos são um exemplo formidável de partículas bizarras que pareciam quase impossíveis de detectar. O Sol produz uma grande quantidade deles, mas os primeiros detectores encontravam apenas um terço do número esperado de neutrinos solares. No entanto, os neutrinos chegam em três tipos, e agora está estabelecido que eles se transmutam de um em outro enquanto viajam. Os primeiros detectores só conseguiam identificar um tipo. Quando aperfeiçoados para detectar os outros, o número triplicou. Agora, é possível que haja um quarto tipo chamado neutrino estéril. Os neutrinos do modelo padrão são levógiros; os estéreis, se existirem, são dextrógiro. (O jargão é quiralidade, propriedade que distingue partículas de suas imagens espelhadas.) Se de fato houver neutrinos estéreis, eles irão fazer os neutrinos se alinharem com todas as outras partículas e também explicarão as massas deles, o que seria ótimo. Talvez eles sejam radiação escura, que mediaria interações entre partículas escuras, se existirem. Diversos experimentos para detectá-los já foram realizados. O MiniBooNE, do Fermilab, não achou nada em 2007, e o satélite *Planck* não achou nada em 2013. Porém, num experimento francês com neutrinos emitidos de um reator nuclear, 3% dos neutrinos sumiram. Poderiam ter sido neutrinos estéreis.

O catálogo de acrônimos para experimentos projetados para detectar matéria escura, ou passíveis de identificá-la, parece uma lista de órgãos do governo ou algo assim: ArDM, CDMS, Cresst, Deap, DMTPC, Drift, Edelweiss, Eureca, LUX, Mimac, Picasso, Simple, Snolab, Warp, Xenon, Zeplin... Embora esses experimentos tenham fornecido dados valiosos, e obtido muitos sucessos, não encontraram matéria escura nenhuma.

O Telescópio Espacial de Raios Gama Fermi localizou, sim, um sinal potencial de matéria escura no coração da Via Láctea em 2010. Alguma coisa estava emitindo uma grande quantidade de raios gama. Essa observação foi vista como forte evidência de matéria escura, algumas formas da qual podem decair em partículas que produzem raios gama ao colidir. De fato, alguns físicos a consideraram uma "pistola fumegante", confirmando a existência de matéria escura. No entanto, parece agora que a causa é matéria comum: milhares de pulsares, que tinham passado despercebidos – não é difícil deixar de ver, dada a enorme quantidade de objetos no atulhado núcleo galáctico e as dificuldades envolvidas em observar essa região. Além disso, se o excesso de raios gama realmente fosse causado por matéria escura, outras galáxias teriam de emitir quantidades semelhantes. Segundo Kevork Abazajian e Ryan Keeley, elas não emitem.[1] A pistola fumegante acabou se revelando pólvora molhada.

Em 2015 Gregory Ruchti, Justin Read e outros procuraram uma evidência diferente de matéria escura, no disco da Via Láctea.[2] Ao longo dos éons, a nossa galáxia vem devorando dezenas de galáxias-satélites menores, e portanto também deve ter engolido seus halos de matéria escura. No que diz respeito à estrutura do disco, essa matéria escura deveria estar concentrada em seu plano, coincidindo aproximadamente com a matéria ordinária da Via Láctea. Isso pode ser detectado, em teoria, porque afeta a química das estrelas. Os intrusos deveriam ser um pouco mais quentes que os nativos. Entretanto, um levantamento de 4.675 estrelas candidatas no disco não revelou nada assim, embora houvesse algumas estrelas dessas mais longe. Parece, portanto, que a Via Láctea carece de um disco de matéria escura. Isso não a impede de ter o halo esférico convencional, mas contribui levemente para a preocupação de que a matéria escura possa absolutamente não existir.

Às vezes a matéria escura se mete em apuros porque há demasiada quantidade dela. Lembremos que os aglomerados globulares são esferas relativamente pequenas de estrelas, presentes em nossa galáxia e em muitas outras. A matéria escura apenas interage por meio da gravidade, então não pode emitir radiação eletromagnética. Sendo assim, não pode se desfazer de calor, um pré-requisito para a contração por gravidade, e dessa forma não pode formar pelotas tão pequenas quanto aglomerados globulares. Portanto, aglomerados globulares não podem conter muita matéria escura. No entanto, Scarpa descobriu que as estrelas em Ômega Centauri, o maior dos aglomerados globulares da Via Láctea, se movem depressa demais para ser explicado pela matéria visível. Como a matéria escura não deveria ocorrer, alguma outra coisa, talvez uma diferente lei da gravidade, poderia ser responsável pela anomalia.

Apesar dos enormes gastos em engenhosidade, tempo, energia e dinheiro numa busca atualmente infrutífera por partículas de matéria escura, a maioria dos astrônomos, especialmente cosmólogos, considera a existência da matéria escura fato consumado. Na realidade, a matéria escura não tem um desempenho tão bom quanto em geral se afirma.[3] Um halo esférico de matéria escura, a premissa padrão, não produz uma curva de rotação galáctica tremendamente convincente. Outras distribuições de matéria escura funcionariam melhor – mas então seria preciso explicar por que uma matéria que interage apenas por meio da gravidade deveria estar distribuída de tal maneira. Esse tipo de dificuldade tende a ser varrido para baixo do tapete, e questionar a existência de matéria escura é tratado como uma forma de heresia.

Deve-se admitir que inferir a existência de matéria invisível observando anomalias nas órbitas de estrelas ou planetas é um método com uma longa e respeitável história. Foi o que levou à previsão bem-sucedida de Netuno. Houve um golpe de sorte no caso de Plutão, em que o cálculo se baseou em premissas que acabaram se revelando não válidas, mas mesmo assim foi achado um objeto perto da localização prevista. O método também revelou diversas pequenas luas dos planetas gigantes. E confirmou a relatividade quando aplicado a uma anomalia na precessão do periélio de Mercúrio. Mais ainda, muitos exoplanetas têm sido descobertos por inferência a partir da maneira como sua estrela-mãe bamboleia.

Por outro lado, em pelo menos uma ocasião esse método teve um resultado muito menos admirável: Vulcano. Como vimos no capítulo 4, a previsão desse mundo inexistente, que supostamente orbitaria o Sol mais perto que Mercúrio, foi uma tentativa de explicar a precessão do periélio de Mercúrio atribuindo a anomalia a uma perturbação provocada por uma planeta não observado.

Usando os termos desses precedentes, a grande questão é se a matéria escura seria um Netuno ou um Vulcano. A esmagadora ortodoxia astronômica diz que é um Netuno. Mas, se for, é um Netuno que atualmente carece de uma característica-chave: o próprio Netuno. Contra a visão ortodoxa devemos estabelecer uma convicção crescente, especialmente entre alguns físicos e matemáticos, de que é um Vulcano.

Como a matéria escura parece notavelmente tímida sempre que alguém realmente procura por ela, talvez devêssemos contemplar a possibilidade de que não exista. Os efeitos gravitacionais que levaram os cosmólogos a postular sua existência parecem inegáveis, então possivelmente devemos procurar uma explicação em outra parte. Poderíamos, por exemplo, imitar Einstein e buscar uma nova lei da gravidade. Para ele deu certo.

Em 1983 Mordehai Milgrom introduziu a Mond (Modified Newtonian Dynamics – Dinâmica Newtoniana Modificada). Em mecânica newtoniana, a aceleração de um corpo é exatamente proporcional à força aplicada. Milgrom sugeriu que essa relação pudesse falhar quando a aceleração é muito pequena.[4] No contexto das curvas de rotação, essa premissa também pode ser reinterpretada como uma ligeira mudança na lei da gravidade de Newton. As implicações dessa proposta têm sido elaboradas em mais detalhes, e várias objeções rechaçadas. A Mond foi muitas vezes criticada por não ser relativista, mas em 2004 Jacob Bekenstein formulou uma generalização relativista, a TeVeS (*tensor-vector-scalar gravity* – gravidade tensor-vetor-escalar).[5] É sempre pouco sensato criticar uma proposta nova por alegadamente carecer de algum atributo quando você não se deu ao trabalho de procurar por ele.

Curvas de rotação galácticas não são a única anomalia gravitacional que os astrônomos descobriram. Em particular, alguns aglomerados de galáxias parecem estar unidos mais fortemente do que o campo gravitacional da matéria visível pode explicar. O exemplo mais poderoso de tais anomalias (de acordo com os proponentes da matéria escura) ocorre no aglomerado Bala (Bullet Cluster), em que dois aglomerados de galáxias estão colidindo. O centro de massa dos dois aglomerados está deslocado em relação ao inferido a partir das regiões mais densas de matéria normal, e a discrepância é considerada incompatível com qualquer proposta corrente de modificar a gravidade newtoniana.[6] No entanto, esse não é o final da história. Em 2010 um novo estudo sugeriu que as observações também são inconsistentes com a matéria escura, conforme formulada no modelo cosmológico padrão ΛCDM. Enquanto isso, Milgrom argumentou que a Mond pode explicar as observações do aglomerado Bala.[7] Há muito se aceitou que a Mond não explica totalmente a dinâmica dos aglomerados galácticos, mas ela lida com cerca da metade da discrepância que de outra forma seria atribuída à matéria escura. A outra metade, acredita Milgrom, é meramente matéria comum não observada.

Isso é mais provável do que os entusiastas da matéria escura tendem a admitir. Em 2011 Isabelle Grenier ficou preocupada com o fato de os cálculos cosmológicos não darem certo. Esqueça a matéria escura e a energia escura: cerca de metade da matéria *comum* (jargão: bariônica) do Universo está faltando. Agora o grupo de Grenier encontrou um bocado dela, na forma de regiões de hidrogênio, tão frias que não emitem nenhuma radiação que possamos detectar da Terra.[8] A evidência veio de raios gama, emitidos por moléculas de monóxido de carbono, associado a nuvens de poeira cósmica nos vazios entre as estrelas. Onde há monóxido de carbono, há normalmente hidrogênio, mas ele é tão frio que apenas o monóxido de carbono pode ser detectado. Cálculos sugerem que enormes quantidades de hidrogênio estão deixando de ser levadas em conta.

E não é só isso: a descoberta mostra que nossos pontos de vista atuais subestimam barbaramente a quantidade de matéria normal. Não o suficiente para substituir a matéria escura por matéria comum, apesar de tudo – mas o bastante para exigir que todos os cálculos de matéria escura sejam repensados. Tais como os do aglomerado Bala.

De modo geral, a Mond pode explicar a maioria das observações anômalas relacionadas com a gravidade – a maior parte das quais, de qualquer maneira, está aberta a diversas interpretações conflitantes. Apesar disso, a teoria não tem sido vista com bons olhos pelos cosmólogos, que argumentam que sua formulação é bastante arbitrária. Pessoalmente não vejo por que seja mais arbitrária do que postular vastas quantidades de um tipo de matéria radicalmente novo, mas suponho que o ponto é que desse modo seja possível manter intactas as preciosas equações. Se você muda as equações, necessita de evidência para apoiar sua escolha de equações novas, e "o encaixe nas observações" deixa de atender à necessidade precisamente *dessa* modificação. Mais uma vez, não estou convencido por esse argumento, porque o mesmo vale para novos tipos de matéria. Especialmente quando ninguém jamais a detectou exceto por inferência a partir de seus supostos efeitos sobre a matéria visível.

Existe uma tendência a assumir que há apenas duas possibilidades: Mond ou matéria escura. Entretanto, nossa teoria da gravidade não é um texto sagrado, e a quantidade de maneiras para modificá-la é enorme. Se não explorarmos essa possibilidade, poderemos estar apostando no cavalo errado. E é um pouco injusto comparar resultados tentativos de alguns pioneiros de tais teorias com o vasto esforço feito pela cosmologia e pela física convencionais na busca pela matéria escura. Cohen e eu chamamos a isso de "problema do Rolls-Royce": nenhum projeto de carro vai conseguir decolar se você insistir em que o primeiro protótipo deve ser melhor que o Rolls-Royce.

Há outros meios de evitar invocar a matéria escura. José Ripalda investigou a simetria da reversão do tempo na relatividade geral e seu efeito em energias negativas.[9] Considera-se que esse efeito geralmente deve ser excluído porque faria com que o vácuo quântico decaísse mediante a criação de pares partícula/antipartícula. Ele ressalta que tais cálculos pressupõem que o processo ocorra apenas para a frente no tempo. Se o processo de tempo reverso, no qual pares de partículas se aniquilam mutuamente, também é levado em consideração, o efeito líquido sobre o vácuo é zero. Quer a energia seja positiva, quer seja negativa, ela não é absoluta; depende de o observador estar viajando para o futuro ou para o passado. Isso introduz uma noção de dois tipos de matéria: apontando para o futuro e apontando para o passado. Sua interação requer duas métricas distintas em vez da usual, com sinais diferentes, então essa abordagem pode ser vista como uma modificação da relatividade geral.

Segundo essa proposta, um universo inicial estático e homogêneo sofreria uma expansão acelerada conforme a gravidade amplificasse as flutuações quânticas. Isso remove a necessidade da energia escura. Quanto à matéria escura, Ripalda escreve: "Um dos aspectos mais intrigantes da 'matéria escura' é que sua aparente distribuição é diferente daquela da matéria. Como isso é possível se a 'matéria escura' interage gravitacionalmente e segue as mesmas geodésicas que toda a matéria e a energia?" Em vez disso, Ripalda emprega uma analogia com a eletrostática para sugerir que o presumido halo esférico de matéria escura ao redor de uma galáxia é na verdade um vazio esférico numa distribuição onipresente de matéria apontando para o passado.

Poderia ser possível até mesmo livrar-se de todos os três adendos, e possivelmente do próprio Big Bang. A teoria desenvolvida por Ali e Das, que elimina a singularidade inicial do Big Bang e até permite um universo infinitamente velho, é uma forma de conseguir isso. Outra forma, de acordo com Robert MacKay e Colin Rourke, é substituir o modelo usual de um universo que seja uniforme em escalas grandes por outro que seja empelotado em escalas pequenas.[10] Esse modelo é consistente com a geometria atual do Universo – de fato, mais consistente do que a variedade pseudorriemanniana padrão – e não requer nenhum Big Bang. A distribuição de matéria do Universo poderia ser estática, enquanto estruturas individuais como galáxias surgiriam e desapareceriam num ciclo com duração de $10^{16}$ anos. O desvio para o vermelho poderia ser geométrico, causado pela gravidade, em vez de cosmológico, produzido pela expansão do espaço.

Mesmo que esteja errada, essa teoria demonstra que mudando algumas premissas sobre a geometria do espaço-tempo torna-se possível preservar a forma padrão das equações de campo de Einstein, jogar fora os três *dei ex machina* da inflação, energia escura e matéria escura, e derivar um comportamento que seja razoavelmente consistente com as observações. Tendo em mente o problema do Rolls-Royce, passa a ser justo considerar modelos mais imaginativos, em vez de comprometer-se com uma física radical e sem outras sustentações.

ESTOU GUARDANDO na manga um modo potencial de reter as leis usuais da natureza e ao mesmo tempo jogar totalmente fora a matéria escura. Não porque haja alternativas exóticas, mas porque o cálculo que parece provar que a matéria escura existe pode estar errado.

Digo "pode estar" porque não quero ficar vendendo exageradamente essa ideia. Entretanto, matemáticos estão começando a questionar as premissas que entram na equação de Kepler, e seus resultados, apesar de incompletos, mostram que há um caso a responder. Em 2015 Donald Saari[11] analisou os argumentos matemáticos usados por cosmólogos para justificar a presença de matéria escura, e encontrou evidência de que as leis de Newton podem ter sido aplicadas de forma errada em sua teoria da estrutura galáctica e das curvas de rotação.

Se assim for, a matéria escura provavelmente é um Vulcano.

A preocupação de Saari diz respeito somente à estrutura lógica do modelo matemático padrão que os astrônomos usam para deduzir a equação de Kepler. Os cálculos dele colocam em dúvida se esse modelo é apropriado. É uma proposta radical, mas Saari é especialista na matemática do problema dos *n* corpos e em gravitação em geral, então vale a pena acompanhar seu raciocínio. Vou poupá-los dos cálculos detalhados – se quiserem checá-los, consultem seu artigo.

Tudo reside na equação de Kepler. Esta se segue direta e corretamente de uma premissa-chave de modelagem. Um modelo realista de uma galáxia envolveria centenas de bilhões de estrelas. Seus planetas e outros corpos pequenos podem provavelmente ser desprezados, mas um modelo literal é um problema de *n* corpos no qual *n* é 100 bilhões ou mais. Talvez reduzir essa cifra não altere demais os resultados, mas, como vimos no capítulo 9, até mesmo quando *n* é igual a três (na verdade dois e meio) o problema de *n* corpos é intratável.

Os astrônomos adotam assim uma premissa de modelagem, a qual, junto com um elegante teorema matemático, simplifica a galáxia num único corpo. Então eles analisam o movimento da estrela dando voltas nesse corpo para deduzir a curva de rotação teórica a partir da equação de Kepler. A premissa é que, quando vistas em escalas galácticas, as galáxias se parecem mais com um fluido contínuo – uma sopa de estrelas – do que com um sistema de *n* corpos distintos. Nesse cenário "contínuo", um belo teorema provado por Newton é aplicável. (Ele o usava para justificar tratar planetas esféricos como massas pontuais.) Em outras palavras, sujeita a algumas premissas de simetria razoáveis, a força total exercida externamente é a mesma que seria se toda a matéria no interior da casca fosse condensada no ponto central.

Considere uma estrela na galáxia – vamos chamá-la de estrela-teste – e imagine uma casca esférica, com o mesmo centro que a galáxia, que passe pela estrela. A massa dentro da casca é o que anteriormente chamei "a massa dentro daquele raio". Independentemente do que as estrelas dentro da casca estejam fazendo, podemos aplicar o teorema de Newton para concentrar a massa total no centro da galáxia, sem afetar a força total experimentada pela estrela-teste. As estrelas fora da casca não exercem força nenhuma, porque a estrela-teste está sobre a casca. Assim, o movimento da estrela-teste ao redor da galáxia se reduz a um problema de *dois* corpos: uma estrela dando voltas em torno de um ponto de massa muito pesada. A equação de Kepler segue diretamente disso.

A premissa de simetria requerida para aplicar o teorema de Newton é que todas as estrelas sigam órbitas circulares e que estrelas à mesma distância do centro se movam com a mesma velocidade. Ou seja, a dinâmica tem simetria rotacional. Então fica fácil deduzir soluções exatas das equações do movimento para uma sopa de estrelas. Você pode escolher ou a fórmula para a distribuição da massa ou a fórmula para a curva de rotação, e usar a equação de Kepler para deduzir a outra. Não há restrição: a massa deve aumentar à medida que o raio aumenta.

O modelo da sopa de estrelas é, portanto, autoconsistente, concorda exatamente com a gravidade newtoniana e obedece à equação de Kepler. A premissa subjacente de simetria circular também parece estar de acordo com as observações. Assim, obtemos um modelo consagrado, baseado numa matemática sagaz e válida, e que torna o problema solúvel. Não é de admirar que os astrônomos gostem dele.

Infelizmente, ele tem uma falha matemática. Ainda não está claro quanto ela é séria, mas não é inofensiva, e poderia ser fatal.

Dois aspectos do modelo são questionáveis. Um é a premissa de órbitas circulares para as estrelas. O mais significativo, porém, é a aproximação como um continuum – a sopa de estrelas. O problema é que ajeitar todas as estrelas dentro da casca elimina uma parte importante da dinâmica. A saber, as *interações* entre as estrelas perto da casca e a estrela cuja velocidade de rotação estamos tentando calcular.

Num modelo contínuo, não faz diferença se a matéria dentro da casca está girando ou estacionária. Tudo o que importa é a massa total dentro da casca. Além disso, a força que essa massa exerce sobre a estrela-teste sempre aponta na direção do centro da galáxia. A equação de Kepler depende desses fatos.

Contudo, num sistema real de *n* corpos, as estrelas são objetos discretos. Se uma segunda estrela passar muito perto da estrela-teste, o caráter discreto implica que ela domine o campo gravitacional local e atraia a estrela-teste para si. Então, essa estrela próxima "puxa" a estrela-teste e a arrasta consigo. Isso *acelera* a rotação da estrela-teste em torno do centro galáctico. É claro que ela também desacelera a estrela de passagem, mas esta é rapidamente substituída por outra estrela, que segue atrás dela. Esse argumento intuitivo sugere que a equação de Kepler subestima as velocidades rotacionais a grandes distâncias. Se assim for, isso ajuda a explicar a anomalia.

Eis uma analogia muito simplificada. Pense num minúsculo rolamento de bola em repouso em cima de uma roda girando (com ambos confinados num plano e sem gravidade para perturbar o rolamento). Se a roda for um círculo perfeitamente liso, não terá efeito nenhum sobre o rolamento e poderia muito bem ser estacionária. Um modelo discreto de *n* corpos, porém, substitui a roda lisa por uma engrenagem dentada. Agora cada dente da engrenagem bate no rolamento, dando-lhe um cutucão no sentido da rotação. Dentes menores não eliminam o cutucão porque há mais dentes. Então, o cutucão limitador para dentes muito pequenos não é a mesma coisa que o cutucão para a ausência total de dentes, pois este é zero.

Esse argumento não é apenas uma elucubração vaga. Saari faz os cálculos para provar que a sopa fluida de estrelas *não* serve adequadamente de modelo para uma distribuição de *n* corpos para um *n* grande. Em particular, ignora os puxões. No entanto, o efeito geral dos puxões pode ser pequeno, porque a dinâmica real para *n* corpos é mais complicada do que o cenário que acabamos de analisar. Para avaliar a importância do efeito dos puxões, temos de usar um modelo exato de *n* corpos para todas as estrelas dentro da casca, de modo a achar seu efeito combinado sobre a estrela-teste.

A melhor maneira de fazer isso é elaborar um estado de *n* corpos que retenha todas as propriedades fundamentais assumidas para a sopa de estrelas, exceto a continuidade. Se esse estado particular modificar a equação de Kepler, podemos ter bastante confiança de que a causa é a substituição dos *n* corpos discretos por uma sopa de estrelas contínua. Essas propriedades fundamentais são uma distribuição de massa simétrica, com cada estrela movendo-se num círculo e sua aceleração apontando para o centro da galáxia.

Embora em geral não possamos anotar soluções explícitas para problemas de *n* corpos, há uma classe de soluções para as quais isso pode ser feito, conhecidas como configurações centrais. Nesses estados especiais, anéis concêntricos de estrelas assemelhando-se a uma teia de aranha giram

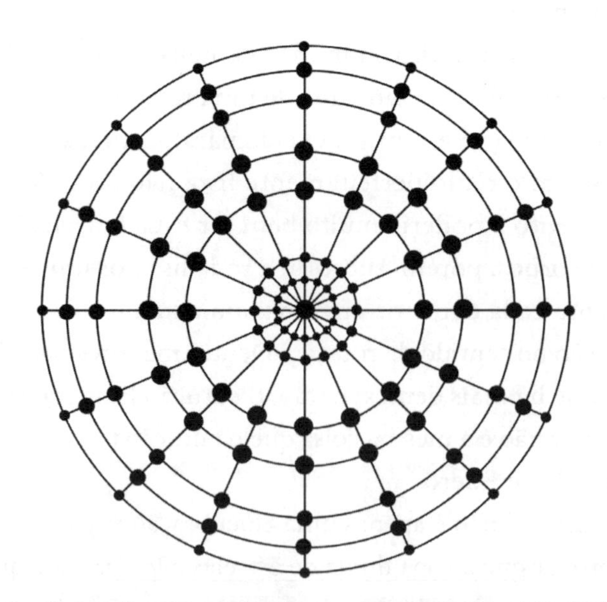

Configuração central. Qualquer número de raios e anéis é possível. As massas sobre cada anel são iguais mas diferentes anéis podem ter massas diferentes. Os raios dos anéis podem ser ajustados. Para uma dada velocidade de rotação, as massas podem ser escolhidas para se ajustar a raios dados, ou o inverso. Variações sobre o tema da teia de aranha também são possíveis.

todos com a mesma velocidade angular, como se a configuração fosse rígida. A ideia remonta a um artigo de 1859 de James Clerk Maxwell sobre a estabilidade dos anéis de Saturno, mencionada no capítulo 6 como prova de que os anéis não podem ser sólidos. Saari usa um conceito similar para sugerir que a sopa de estrelas não pode modelar corretamente a dinâmica da galáxia.

Configurações centrais são artificiais, no sentido de que ninguém esperaria que uma galáxia real tivesse uma forma tão regular. Por outro lado, são uma escolha razoável para testar como o modelo contínuo e o modelo de *n* corpos se encaixam. Se escolhermos linhas radiais suficientes na teia, e círculos suficientes, obteremos um grupo muito denso de estrelas, que se aproxima bastante de uma configuração contínua. A configuração da teia de aranha também satisfaz, com muito boa aproximação, as condições de simetria para deduzir a equação de Kepler. Então a aproximação da sopa de estrelas deveria funcionar.

Em particular, a equação de Kepler deveria ser válida para uma teia de aranha girando. Podemos checar isso usando a versão que expressa a distribuição de massa em termos da velocidade a um dado raio. Como a teia de aranha gira rigidamente, a velocidade é proporcional ao raio. A equação de Kepler prevê assim uma distribuição de massa proporcional ao cubo do raio. Esse resultado é válido quaisquer que sejam na verdade as massas das estrelas nessa configuração.

Para checar isso, fazemos agora o cálculo *exato* de *n* corpos discretos para a teia de aranha. A teoria da configuração central permite um bocado de flexibilidade na escolha das massas das estrelas. Por exemplo, se cada estrela (portanto cada anel) tem a mesma massa, configurações centrais existem, e a massa da distribuição é sempre menor que uma constante vezes o raio. Neste caso, porém, a equação de Kepler nos diz que o anel mais externo tem *um milhão de vezes* a massa do mais interno, quando na verdade suas massas são iguais. Então o cálculo exato *não* valida o modelo simplificado que leva à equação de Kepler. Ao contrário, à medida que o raio aumenta, a massa correta cresce muito mais lentamente do que a fórmula de Kepler prevê.

Esse cálculo prova que o modelo da sopa de estrelas pode produzir resultados muito incorretos, mesmo quando as premissas nas quais o modelo se baseia são satisfeitas. Apesar do dito popular, uma única exceção já *desconfirma* a regra.[12]

Os cálculos de Saari têm outra consequência importante. Se a matéria escura existe e forma vastos e massivos halos em torno das galáxias, conforme pensam os astrônomos, então ela não pode de fato explicar a curva de rotação anômala que deu início à coisa toda. Ou a lei da gravidade ou as tradicionais premissas de modelagem devem estar erradas.

# 19. Fora do Universo

> Às vezes o Fazedor de Estrelas lançava criações que eram com efeito grupos de muitos universos interligados, sistemas físicos totalmente diferentes dos mais diversos tipos.
>
> OLAF STAPLEDON, *Star Maker*

POR QUE ESTAMOS AQUI?

Essa é a questão filosófica definitiva. Os humanos olham através das janelas de seus olhos para um mundo muito maior e mais poderoso do que eles. Mesmo quando o único mundo que conheçamos seja uma pequena aldeia na clareira de uma floresta, há tempestades com raios e trovões, leões e o ocasional hipopótamo para enfrentar, e isso já é o bastante para inspirar temor e reverência. Quando, como os cosmólogos agora pensam, nosso mundo tem 91 bilhões de anos-luz de um lado a outro, e está *crescendo*, isso nos torna absolutamente humildes. Há uma porção enorme de "aqui" e muito pouco de "nós" na pergunta inicial. O que faz disso um imenso "por quê".

Entretanto, a noção que a humanidade tem de si própria nunca permanece humilde por muito tempo. Felizmente, tampouco isso acontece com a capacidade de se maravilhar ou sua insaciável curiosidade. Então ousamos fazer as perguntas definitivas.

As objeções discutidas nos dois capítulos anteriores não abalaram a convicção dos cosmólogos de que sabem a resposta: o Big Bang e seus adendos descrevem corretamente como o Universo veio a existir. Os físicos estão igualmente convencidos de que a relatividade e a teoria quântica juntas explicam como o Universo se comporta. Seria bom unificar essas teorias, mas elas geralmente funcionam bem, cada uma por si, se escolhermos a teoria certa.

A biologia nos conta uma história ainda mais convincente da origem da vida e sua evolução até os milhões de espécies que habitam a Terra atualmente, nós entre eles. Alguns devotos de certos sistemas de crenças alegam que a evolução requer coincidências incrivelmente improváveis, mas os biólogos têm explicado repetidamente os furos nesses argumentos. Nossa compreensão da vida na Terra tem muitas lacunas, mas uma a uma elas estão sendo preenchidas. A história central se sustenta, apoiada por pelo menos quatro linhas de evidência independentes – registro fóssil, DNA, cladística e experimentos de procriação.

No entanto, quando chegamos à cosmologia, até mesmo os cosmólogos e físicos ficam preocupados com o fato de que o Universo como o entendemos requeira algumas enormes coincidências. O problema não é explicar o que o Universo faz; é por que essa explicação particular é válida, em vez de uma legião de outras que à primeira vista parecem igualmente prováveis. Esse é o problema da sintonia fina cosmológica, e tanto criacionistas quanto cosmólogos a levam muito a sério.

A sintonia fina entra em jogo porque a física depende de certo número de constantes fundamentais, tais como a velocidade da luz, a constante de Planck na teoria quântica e a constante de estrutura fina, que determina a intensidade da força eletromagnética.[1] Cada constante tem um valor numérico específico, que foi medido pelos cientistas. A constante de estrutura fina é de cerca de 0,00729735, por exemplo. Nenhuma teoria física aceita prevê os valores dessas constantes. Até onde sabemos, a constante de estrutura fina poderia ter sido 2,67743 ou 842.006.444,998, ou ainda 42.

Será que isso tem importância? Muita. Valores diferentes para as constantes levam a físicas diferentes. Se a constante de estrutura fina fosse um pouquinho menor ou um pouquinho maior, os átomos teriam uma estrutura diferente e poderiam até mesmo se tornar instáveis. Então não haveria pessoas, ou um planeta para elas viverem, ou átomos a partir dos quais formá-las.

Segundo muitos cosmólogos e físicos, os valores das constantes que tornam as pessoas *possíveis* precisam estar dentro de algum percentual dos valores neste Universo. A chance de isso acontecer para apenas *uma* constante é a mesma de tirar seis caras seguidas no lançamento de uma moeda. Como há pelo menos 26 constantes, a chance de que o Universo tenha os valores que tem, e que portanto seja adequado para a existência de vida, é como tirar 156 caras seguidas no cara ou coroa. O que é mais ou menos $10^{-47}$, ou

0,00000000000000000000000000000000000000000000001

Então, basicamente não deveríamos absolutamente estar aqui.

No entanto… aqui estamos nós. E essa é a charada.

Algumas pessoas religiosas veem esse cálculo como prova da existência de Deus, que se dá ao luxo de selecionar valores para as constantes fundamentais que tornem a vida possível. No entanto, um Deus com esse tipo de poder poderia ter escolhido igualmente constantes fundamentais totalmente diferentes e então feito um milagre, de modo que o Universo existisse de qualquer maneira apesar de ter as constantes erradas. De fato, não há motivo para que um criador onipresente tenha de usar constantes fundamentais.

Parece haver duas opções. Ou algum poder sobrenatural arranjou tudo isso, ou a futura física explicará as aparentes coincidências e mostrará por que as constantes fundamentais existentes são inevitáveis.

Recentemente, os cosmólogos adicionaram uma terceira: o Universo experimenta todos os valores possíveis, um de cada vez. Se assim for, o Universo acabará por tropeçar nos números adequados para a vida, e a vida se desenvolverá. Se aparecer vida inteligente e a sua compreensão da cosmologia crescer, ela ficará realmente intrigada sobre as razões de estar ali. Só quando pensar na terceira opção é que vai parar de se preocupar.

A terceira opção é chamada de multiverso. Ela é nova, original e pode-se fazer alguma física realmente inteligente com ela. Vou passar a maior parte deste capítulo tratando de várias versões dela.

E então lhe darei a opção quatro.

A COSMOLOGIA MODERNA compôs o que acredita ser uma descrição bastante acurada daquilo a que normalmente nos referimos como "Universo", então uma palavra nova foi inventada: multiverso. Este compreende o Universo no sentido usual mais qualquer quantidade de adicionais hipotéticos. Esses mundos "paralelos" ou "alternativos" podem coexistir com o nosso, estar localizados fora dele ou ser totalmente independentes dele. Tais especulações são muitas vezes desconsideradas, como algo não científico, porque é difícil testá-las em relação a dados reais. Contudo, algumas são testáveis, pelo menos em princípio, pelo método científico padrão de inferir coisas que não podem ser vistas ou medidas diretamente a partir de coisas que podem. Comte julgava impossível saber algum dia a composição química de uma estrela. A espectroscopia virou essa crença de cabeça para baixo: frequentemente a composição química de uma estrela é quase tudo o que sabemos sobre ela.

Em *A realidade oculta*,[2] o físico-matemático Brian Greene descreve nove tipos diferentes de multiverso. Discutirei quatro deles:

- *Multiverso repetitivo:* uma colcha de retalhos infinita na qual qualquer região tem uma cópia quase exata em algum outro lugar.
- *Multiverso inflacionário:* sempre que a inflação eterna amplia a televisão e o gato, um novo universo com constantes fundamentais diferentes borbulha.
- *Multiverso da paisagem:* uma rede de universos alternativos interligados por tunelamento quântico, cada um obedecendo a sua própria versão da teoria das cordas.
- *Multiverso quântico:* uma superposição de mundos paralelos, cada um com sua própria existência separada. Esta é uma versão para Universo do celebrado gato de Schrödinger, simultaneamente vivo e morto.

Greene argumenta que é sensato considerar esses universos alternativos e explica como são em certa medida respaldados pela física moderna. Adicionalmente, várias questões que não entendemos podem ser resolvidas pelo pensamento focado em multiversos. Ele ressalta que a física fundamental tem mostrado repetidamente que a visão ingênua do mundo apresentada pelos nossos sentidos está errada e que podemos esperar que esse estado de coisas continue. E coloca algum peso no traço comum das teorias de multiverso: todas "sugerem que nossa imagem de senso comum da realidade é apenas parte de um todo maior".

Não estou convencido de que ter montes de especulações mutuamente inconsistentes torne mais provável que qualquer uma dessas teorias seja verdadeira. É como no caso de seitas religiosas: a menos que você seja um verdadeiro crente, as diferenças fundamentais de doutrina aliadas a alegações comuns de revelação divina tendem a desacreditar todas elas. Vamos porém dar uma olhada em alguns multiversos, e você poderá decidir por si mesmo. Naturalmente, vou também lançar alguns pensamentos meus.

Vou começar com o multiverso repetitivo. Na verdade, não se trata realmente de um multiverso, mas de um universo tão grande que seus habitantes podem observar apenas retalhos. Ele depende de o espaço ser infinito, ou pelo menos inimaginavelmente vasto – muito maior do que o Universo observável. Quando essa ideia é combinada com a natureza discreta da mecânica quântica, tem uma consequência interessante. O número de estados quânticos possíveis para o Universo observável, embora gigantesco, é finito. O Universo observável pode fazer apenas uma quantidade finita de coisas diferentes.

Para simplificar, considere um universo infinito. Corte-o conceitualmente em pedacinhos, como uma colcha de retalhos, de modo que cada pedaço seja grande o suficiente para conter todo o Universo observável. Retalhos de igual tamanho têm o mesmo número de possíveis estados quânticos: vou chamá-los de estados-retalhos. Como um universo infinito contém infinitos retalhos, cada um com o mesmo número finito de estados, pelo menos um estado-retalho deve ocorrer com infinita frequência.[3] Levando em conta a natureza aleatória da mecânica quântica, *todos* os estados-retalhos com certeza ocorrem com infinita frequência.

O número de estados-retalhos distintos para retalhos do tamanho do Universo observável é cerca de $10^{10^{122}}$. Ou seja, escreva o algarismo 1 seguido de 122 zeros; depois comece outra vez, escrevendo o 1 seguido por *esse* gigantesco número de zeros. (Não tente isso em casa. O Universo contém demasiadamente poucas partículas para fazer a tinta ou o papel, que terminariam logo depois de você começar.) Por raciocínio semelhante, a cópia exata mais próxima de *você* está a cerca de $10^{10^{128}}$ anos-luz de distância. Para efeito de comparação, a borda do Universo observável está a menos de $10^{11}$ anos-luz de distância.[4]

Cópias inexatas são mais fáceis de arranjar, e mais interessantes. Poderia haver um retalho com uma cópia de você, exceto que a cor do seu cabelo é diferente, ou seu sexo é diferente, ou você mora na casa vizinha, ou em outro país. Ou você é o primeiro-ministro de Marte. Essas pequenas diferenças são mais comuns que cópias exatas, embora também sejam demasiadamente raras e distanciadas entre si.

Não podemos visitar regiões a alguns anos-luz de distância, muito menos a $10^{10^{128}}$ anos-luz, então parece impossível testar cientificamente essa teoria. A definição de um retalho exclui conexões causais entre retalhos que não se sobrepõem, então não se pode chegar lá partindo daqui. Possivelmente alguma consequência teórica poderia ser testada, mas a esperança é tênue, e dependeria da teoria sobre a qual a inferência se baseasse.

O MULTIVERSO DA PAISAGEM é especialmente interessante porque poderia solucionar o incômodo enigma cosmológico da sintonia fina.

A ideia é simples. A chance de *qualquer universo específico* ter justamente as constantes fundamentais certas pode ser pequena, mas isso não é obstáculo se você fizer universos suficientes. Com probabilidade de 1 para $10^{47}$ tem-se uma chance razoável de obter um universo apropriado para vida fazendo $10^{47}$ deles. Faça ainda mais, e o número provável de sucessos aumenta. Em qualquer um desses universos – e somente neles – a vida pode se originar, desenvolver e chegar a ponto de perguntar "por que estamos aqui?", descobrir quanto isso é improvável e começar a se preocupar com o assunto.

À primeira vista isso é como o princípio antrópico fraco: os únicos universos nos quais criaturas podem perguntar "por que estamos aqui?" são aqueles que possibilitam estar aqui. A visão geral é que esse fato por si só não resolve totalmente a dificuldade. Ele levanta a questão: se há apenas um universo, como é possível ter sido feita uma escolha tão improvável? No entanto, no contexto do multiverso da paisagem, isso não é problema. Se você fizer suficientes universos aleatórios, a vida em pelo menos um deles torna-se certeza. É um pouco como a loteria. A chance de a senhora Smith ali da casa em frente ganhar na loteria num dado sorteio é (no Reino Unido, até recentes mudanças) de cerca de um em 14 milhões. No entanto, milhões de pessoas jogam na loteria, então a chance de que *alguém* ganhe é muito maior, cerca de duas vezes em três. (Um terço das vezes ninguém ganha, e há a "acumulada", quando o prêmio é somado ao prêmio do sorteio seguinte.)

No multiverso da paisagem, a vida ganha a loteria cosmológica comprando todos os bilhetes.

Tecnicamente, o multiverso da paisagem é uma variante do multiverso inflacionário baseada na teoria das cordas. A teoria das cordas é uma tentativa de unificar a relatividade com a mecânica quântica substituindo partículas puntiformes por minúsculas "cordas" multidimensionais. Este não é o lugar para entrar em detalhes, mas há um grande problema: existem cerca de $10^{500}$ maneiras diferentes de montar a teoria das cordas.[5] Algumas produzem constantes fundamentais muito parecidas com aquelas do nosso universo; a maioria não. Se houvesse algum jeito mágico de escolher uma versão particular da teoria das cordas, poderíamos prever as constantes fundamentais, mas neste momento não há razão para preferir uma versão a qualquer outra.

Um multiverso baseado na teoria das cordas permite que todos sejam explorados, um de cada vez – mais ou menos como uma monogamia em série. Se você exigir do teórico bastante empenho, a incerteza quântica pode permitir ocasionais transições de uma versão da teoria das cordas para outra, de modo que *o* universo caminhe como bêbado através do espaço de todos os universos da teoria. As constantes são próximas das nossas, então a vida pode se desenvolver. Acontece que essas constantes fundamentais também produzem universos muito duradouros com características como buracos negros. Então o universo em mutação serial tende a permanecer perto das localidades interessantes – frequentadas por seres como nós.

Isso levanta um pergunta sutil. Como podem a adequação para a vida e a longevidade estar associadas? Lee Smolin sugeriu uma resposta para o multiverso inflacionário: novos universos que brotam de buracos negros poderiam se desenvolver por seleção natural, abrigando uma combinação de constantes fundamentais que não só possibilitam a vida, mas dão a ela tempo de sobra para começar e se tornar mais complexa. É uma bela ideia, mas não está claro como dois universos podem competir entre si para fazer a seleção darwiniana entrar no jogo.

O multiverso da paisagem tem certa quantidade a seu favor, mas, nas palavras de Lewis Carroll, é "uma máxima tremenda mas banal".[6] Pode explicar *qualquer coisa*. Um ciberorganismo metaloide de sete tentáculos que viva num universo com constantes fundamentais totalmente diferentes poderia progredir exatamente pela mesma razão pela qual *seu* universo existe e está finamente sintonizado para a cibervida metaloide. Quando uma teoria prevê todo resultado possível, como se pode testá-la? Ela realmente pode ser considerada científica?

George Ellis há muito é cético em relação aos multiversos. Escrevendo sobre o multiverso inflacionário, mas acrescentando que comentários similares se aplicam a todos os tipos, ele diz:[7]

> O caso do multiverso é inconclusivo. A razão básica é a extrema flexibilidade da proposta ... então estamos supondo a existência de um número enorme – talvez até mesmo uma infinidade – de entidades não observáveis para explicar apenas um universo existente. Isso dificilmente se encaixa na restrição do filósofo inglês do século XIV Guilherme de Ockham de que "entidades não devem ser multiplicadas além da necessidade".

Ele encerra com uma nota mais positiva: "Não há nada de errado na especulação filosófica baseada em ciência, que é o que são as propostas de multiverso. Mas elas devem ser denominadas pelo que realmente são."

O MULTIVERSO QUÂNTICO É o mais velho que anda por aí, e tudo por culpa de Erwin Schrödinger. O gato, certo? Você sabe, aquele que está vivo e morto ao mesmo tempo até você espiar para descobrir. Ao contrário dos outros multiversos, os diferentes mundos do multiverso quântico coexistem ocupando o mesmo espaço e tempo. Escritores de ficção científica o adoram.

A coexistência independente é possível porque os estados quânticos podem ser *sobrepostos*: somados entre si. Na física clássica, ondas de água fazem algo semelhante: se grupos se cruzam, seus picos se somam, criando picos maiores, mas um pico e um vale se cancelam. No entanto, esse efeito vai muito mais longe no reino quântico. Por exemplo, uma partícula pode girar no sentido horário ou anti-horário (aqui estou simplificando para você captar a ideia). Quando esses estados se sobrepõem, eles *não* se cancelam. Em vez disso, obtém-se uma partícula que gira nos dois sentidos ao mesmo tempo.

Se você fizer uma medição quando o sistema estiver num desses estados combinados, acontece algo notável. Você obtém uma resposta definida. Isso levou a muita discussão entre os pioneiros da teoria quântica, resolvida numa conferência na Dinamarca em que a maioria deles concordou que o ato de observar o sistema de alguma forma faz "colapsar" o estado para um ou outro componente. Isso é chamado de interpretação de Copenhague.

Schrödinger não ficou totalmente convencido e inventou um experimento mental para explicar por quê. Coloque um gato numa caixa impermeável, junto com um átomo radiativo, um frasco de gás venenoso e um martelo. Monte algum mecanismo de modo que se o átomo decair, emitindo uma partícula, o martelo quebre o frasco e o gás mate o gato. Feche a caixa e espere.

Depois de algum tempo, você pergunta: o gato está vivo ou morto?

Na física clássica (isto é, não quântica), ele está ou vivo ou morto, mas você não pode concluir qual das duas alternativas até abrir a caixa. Em física quântica, o estado do átomo radiativo está numa superposição de "decaído" e "não decaído", e assim permanece até você observá-lo, abrindo a caixa. Então o estado do átomo imediatamente colapsa para uma coisa ou outra. Schrödinger fez ver que o mesmo se aplica ao gato, que pode ser pensado como um enorme sistema de partículas quânticas interagindo. O mecanismo dentro da caixa garante que o gato permaneça vivo se o átomo não tiver decaído, mas que ele morra se tiver. Então o gato deve estar vivo e morto ao mesmo tempo... até você abrir a caixa, fazer colapsar a função de onda do gato e descobrir como ele está.

Em 1957 Hugh Everett aplicou um raciocínio semelhante ao Universo como um todo, sugerindo que isso poderia explicar como a função de onda colapsa. Bryce DeWitt posteriormente chamou a proposta de Everett de interpretação dos muitos mundos da mecânica quântica. Extrapolando a partir do gato, o próprio Universo é uma combinação de todos os possíveis estados quânticos. No entanto, dessa vez não há meio de abrir a caixa, porque não há nada do lado de fora do Universo. Então nada pode fazer colapsar o estado quântico do Universo. Um observador interno, no entanto, é parte de um de seus estados componentes, e sendo assim vê apenas a parte correspondente da função de onda do Universo. O gato vivo vê um átomo que não decaiu, enquanto o gato morto paralelo... Humm, bem, deixa eu pensar um pouquinho mais nisso.

Em suma, cada observador paralelo se vê habitando apenas um dentre um vasto número de mundos paralelos, todos coexistindo, mas em estados diferentes. Everett visitou Niels Bohr em Copenhague para lhe contar sua ideia, mas Bohr ficou indignado com a proposta de que a função de onda quântica do Universo não colapsa nem pode colapsar. Ele e seus colegas de mentalidade similar decidiram que Everett não entendia nada de mecânica quântica, e disseram isso em termos nada agradáveis. Everett descreveu a visita como "predestinada ao fracasso desde o início".

É uma ideia muito curiosa, ainda que possa ser formulada de maneira matematicamente razoável. Não ajuda muito que a interpretação dos muitos mundos seja frequentemente expressa em termos de acontecimentos históricos, numa tentativa equivocada de torná-la compreensível. No universo componente que você e eu estamos observando, Hitler perdeu a Segunda Guerra Mundial. Mas há outro universo paralelo no qual ele (bem, na realidade um Hitler completamente outro, embora ninguém diga isso) ganhou a guerra (bem, uma guerra diferente...), e aquelas versões de você e de mim percebem-se como vivendo naquele universo. Ou talvez tenhamos morrido na guerra, ou jamais tenhamos nascido... Quem pode saber?

Muitos físicos insistem em que o Universo *realmente é desse jeito*, e podem provar isso. Então eles lhe falam sobre experimentos com elétrons. Ou, mais recentemente, moléculas. Porém, a intenção de Schrödinger era ressaltar que um gato não é um elétron. Visto como um sistema de mecânica quântica, um gato consiste num número verdadeiramente gigantesco de partículas quânticas. Experimentos com uma única partícula, ou uma dúzia, ou até mesmo um bilhão, não dizem nada sobre o gato. Ou sobre o Universo.

O gato de Schrödinger tornou-se viral entre os físicos e filósofos, gerando uma enorme literatura, com todo tipo de questões suplementares. Por que não colocar também uma filmadora, filmar o que acontece e depois olhar o filme? Mas não, não vai dar certo: até você abrir a caixa, a filmadora estará numa combinação de "gato morto filmado" e "gato vivo filmado". O gato não pode observar seu próprio estado? Sim se estiver vivo, não se estiver morto – mas um observador externo ainda precisa esperar até a caixa ser aberta. Dê ao animal um telefone celular – não, isso é uma bobagem, e *o telefone* também estará em superposição. De qualquer maneira, é uma caixa impermeável. Precisa ser, ou você poderia inferir de fora o estado do gato.

Caixas impermeáveis não existem de verdade. Quanto é válido um experimento mental com uma impossibilidade? Suponha que façamos a substituição daquele átomo radiativo por uma bomba atômica, que ou explode ou não. De acordo com o mesmo argumento, até abrirmos a caixa, não saberemos se houve ou não a explosão. Os militares matariam por uma caixa que permanece sem ser perturbada quando se ativa uma arma atômica dentro dela.

Alguns vão ainda mais longe, alegando que somente um observador humano (ou pelo menos um observador inteligente) serviria para o experimento – uma colossal injúria para a raça felina. Alguns sugerem que a razão de o Universo nos ter trazido à existência foi para que possamos observá-lo, fazendo assim colapsar sua função de onda e *trazendo-o* à existência. Nós estamos aqui porque estamos aqui porque estamos aqui.

ESSA EXTRAORDINÁRIA INVERSÃO causal eleva a importância da humanidade, mas ignora a característica que levou Bohr a desconsiderar a teoria de Everett: na interpretação dos muitos mundos a função de onda do Universo *não colapsa*. Ela se opõe ao princípio copernicano e cheira a arrogância. E também erra no ponto fundamental: a charada do gato de Schrödinger diz respeito a observações, não a observadores. E não trata realmente do que acontece quando uma observação é feita. Trata do que uma observação *é*.

O formalismo matemático da mecânica quântica tem dois aspectos. Um é a equação de Schrödinger, que é usada para modelar estados quânticos e tem propriedades matemáticas bem-definidas. O outro é como representamos uma observação. Em teoria, essa é uma função matemática. Coloca-se um sistema quântico na função, e seu estado – o resultado da observação – aparece na outra ponta. Exatamente como quando você insere o número 2 na função logarítmica e aparece o log de 2. Isso é tudo muito certinho e arrumado, mas o que efetivamente acontece é que o estado do sistema interage com o estado do aparelho de medição, que é um sistema quântico muito mais complexo. Essa interação é complicada demais para ser estudada matematicamente em detalhe, então se assume que ela se reduz a uma única função, bem-ordenada. Não há razão, no entanto, para supor que esse seja realmente o caso, e toda a razão para suspeitar que não seja.

O que temos é uma incompatibilidade entre uma representação quântica exata mas intratável do processo de medição, e uma função hipotética, adicionada *ad hoc*. Não é de admirar que surjam interpretações estranhas e conflitantes. Questões similares aparecem por toda a teoria quântica, largamente despercebidas. Todo mundo se concentra nas equações e em como resolvê-las; ninguém pensa sobre as "condições de fronteira" que representam o aparelho ou as observações.

Uma caixa à prova de bomba nuclear é um caso que se encaixa nisso. Outro exemplo é uma superfície semiespelhada, que reflete alguma luz ao mesmo tempo que deixa o resto passar direto. Experimentalistas quânticos gostam desse equipamento porque ele age como difusor de feixes, pegando um fluxo de fótons e separando-o aleatoriamente em duas direções diferentes. Depois de terem feito o que você quiser que executem no teste, você recombina os dois feixes de luz para comparar o que aconteceu. Em equações de mecânica quântica, uma superfície semiespelhada é um objeto puro que não tem efeito sobre o fóton exceto redirecioná-lo em ângulos retos com 50% de probabilidade. É como se fosse uma tabela numa mesa de sinuca que em geral faz a bola ricochetear, de forma perfeitamente elástica, e às vezes desaparece e deixa a bola passar reto.

Entretanto, uma superfície semiespelhada real é um enorme sistema quântico composto de átomos de prata espalhados sobre uma lâmina de vidro. Quando um fóton atinge a superfície, ele ou ricocheteia numa partícula subatômica de um átomo de prata ou penetra mais. Ele pode ser rebatido em qualquer direção, não apenas em ângulo reto. A camada de átomos de prata é fina, porém mais grossa que um átomo único, então o fóton pode atingir um átomo numa profundidade maior, não importa quão confusa seja a estrutura atômica do vidro. Milagrosamente, quando todas essas interações são combinadas o fóton é ou refletido ou passa através da superfície inalterado. (Outras possibilidades existem, mas são tão raras que podemos ignorá-las.) Então a realidade não funciona como a bola de sinuca. É mais como entrar com um carro de fóton numa cidade pelo norte e deixá-lo interagir com milhares de outros carros, após o que ele milagrosamente emerge indo para o sul, ou para leste, ao acaso. Esse complicado sistema de interações é ignorado no modelo certinho e arrumado. Tudo o que temos então é um fóton difuso e um espelho sólido, refletindo ao acaso.

Sim, eu sei que é um modelo, e parece funcionar. Mas não se pode ficar jogando esse tipo de idealização dentro da panela e ao mesmo tempo sustentar que se está usando a equação de Schrödinger.

Mais recentemente, os físicos têm pensado sobre observações quânticas de um ponto de vista genuinamente da mecânica quântica, em vez de postular restrições irrealistas do tipo clássico. O que descobriram põe a questão toda sob uma luz muito mais sensata.

Primeiro, devo reconhecer que superposições de estado tipo gato foram criadas em laboratório para sistemas quânticos cada vez maiores. Exemplos, em ordem aproximada de tamanho, incluem um fóton, um íon de berílio, uma molécula de buckminsterfulereno (sessenta átomos de carbono arranjados de modo a formar uma gaiola icosaédrica truncada) e uma corrente elétrica (composta de bilhões de elétrons) num Squid (*superconducting quantum interference device* – dispositivo de interferência quântica supercondutor). Um diapasão piezoelétrico, feito de trilhões de átomos, foi colocado em superposição de estados de vibração e não vibração. Ainda não gatos, mas extraordinário e contraintuitivo. Chegando mais perto de criaturas vivas, Oriol Romero-Isart e colegas propuseram-se em 2009 a criação de um vírus de gripe de Schrödinger.[8] Ponha um vírus no vácuo, resfrie-o até seu estado quântico de energia mais baixa e atinja-o com um laser. O vírus da gripe é resistente o bastante para sobreviver a esse tratamento, e deve acabar numa superposição desse estado e de um estado excitado de energia mais alta.

Esse experimento ainda não foi realizado, mas mesmo que alguém o faça dar certo, um vírus não é um gato. Estados quânticos de objetos de grande escala diferem daqueles de objetos de escala pequena, como elétrons e Squids, porque superposições de estados de sistemas grandes são muito mais frágeis. Pode-se pôr um elétron numa combinação de spins horário e anti-horário e mantê-la quase indefinidamente isolando o elétron do mundo exterior. Se você tentar isso com um gato, a superposição sofre decoerência: sua delicada estrutura matemática rapidamente se fragmenta. Quanto mais complexo o sistema, mais depressa a decoerência se instala. O desfecho é que mesmo num modelo quântico o gato se comporta como um objeto clássico a menos que você olhe para ele por um tempo inobservavelmente curto. O destino do gato de Schrödinger não é mais misterioso do que não saber qual é o seu presente de Natal da tia Vera até desembrulhá-lo. Sim, ela sempre manda meias ou um cachecol, mas isso não quer dizer que seu presente seja uma superposição das duas coisas.

Dissecar a função de onda do universo quântico em superposições de narrativas humanas – Hitler ganhou ou não ganhou – sempre foi uma bobagem. Estados quânticos não contam histórias humanas. Se você pudesse olhar a função de onda quântica do Universo, não seria capaz de localizar Hitler. Mesmo as partículas que o compõem ficariam mudando quando ele perdesse cabelo ou juntasse poeira no seu sobretudo. Da mesma maneira, não há como saber a partir da função de onda quântica de um gato se ele está vivo, morto ou acabou de se transformar num cacto.

MESMO DENTRO DO REFERENCIAL da mecânica quântica, há também uma questão matemática, com a abordagem usual ao paradoxo do gato de Schrödinger. Em 2014 Jaykov Foukzon, Alexander Potapov e Stanislaw Podosenov[9] desenvolveram uma abordagem nova, complementar. Seus cálculos indicam que mesmo quando o gato *está* em estado superposto, o estado observado quando a caixa é aberta tem "resultados de medição definido e previsíveis". Eles concluem que, "ao contrário de [outras] opiniões, 'olhar' o resultado não muda nada além de informar ao observador o que já aconteceu". Em outras palavras, o gato está definitivamente ou vivo ou morto antes de alguém abrir a caixa – mas nesse estágio um observador externo não sabe qual dos dois.

O núcleo de seu cálculo é uma distinção sutil. A representação usual do estado superposto do gato é

$$|\text{gato}\rangle = |\text{vivo}\rangle + |\text{morto}\rangle$$

Aqui os símbolos $|$ e $\rangle$ são a forma de os físicos quânticos escreverem um tipo particular de estado,[10] de modo que você possa ler como "estado de". Deixei de fora algumas constantes (amplitudes de probabilidade) pelas quais os estados são multiplicados.

Entretanto, essa formulação é inconsistente com a evolução temporal dos estados quânticos. O modelo Ghirardi-Rimini-Weber, uma técnica matemática para analisar o colapso da função de onda,[11] requer a introdução explícita do tempo. A causalidade proíbe combinar estados que ocorram em instantes diferentes, então precisamos escrever o estado como

$$|\text{gato no instante } t\rangle = |\text{gato vivo no instante } t \text{ e átomo não decaído no instante } t\rangle + |\text{gato morto no instante } t \text{ e átomo decaído no instante } t\rangle$$

Esse é um estado *emaranhado*, em jargão quântico. Não é uma superposição de estados "puros" tais como "gato vivo" ou "átomo não decaído". Em vez disso, é uma superposição de estados misturados, estado-gato *e* estado-átomo, que representa o estado colapsado do *sistema* acoplado gato/átomo. Ele nos diz que antes de abrir a caixa, ou o átomo já tinha decaído *e* (inteiramente previsível) matado o gato ou não tinha decaído nem matado o gato. É isso que se esperaria de um modelo clássico do processo observacional, e não é paradoxal.

Em 2015 Igor Pikovski, Magdalena Zych, Fabio Costa e Časlav Brukner introduziram um ingrediente novo, descobrindo que a gravidade provoca uma decoerência ainda mais rápida das superposições. O motivo é a dilatação relativística do tempo – o efeito que faz o tempo congelar num horizonte de eventos de um buraco negro. Mesmo a dilatação extremamente diminuta causada por um campo gravitacional fraco interfere com superposições quânticas. Então a gravidade provoca a decoerência do gato de Schrödinger quase instantaneamente em ou "vivo" ou "morto". A não ser que se assuma que a caixa é impérvia à gravidade, o que é complicado, já que tal material não existe.

Provavelmente há mais pontos de vista sobre o gato de Schrödinger – e a intimamente associada interpretação dos muitos mundos da mecânica quântica – do que físicos quânticos. Discuti apenas algumas tentativas de resolver o paradoxo, o que sugere que o multiverso quântico não é de maneira nenhuma um caso fechado. Então, pode parar de se preocupar com a ideia de que exista em algum lugar um universo paralelo a este no qual outro você esteja vivendo num mundo onde Hitler triunfou. Poderia ser *possível*, mas a mecânica quântica não fornece nenhuma razão convincente para acreditar que seja verdade.

Mas *é* verdade para um fóton. E mesmo isso é extraordinário.

A ESTA ALTURA VOCÊ terá percebido que sou um pouco cético em relação a multiversos. Adoro a matemática deles e acho que proporcionam imaginativos enredos de ficção científica, mas envolvem em demasia premissas não respaldadas. Entre as várias versões que discuti, o multiverso da paisagem se destaca por ter algo a seu favor. Não porque haja evidência de que realmente exista – seja lá o que isso quer dizer –, mas porque parece resolver a incômoda questão da incrivelmente improvável sintonia fina das constantes fundamentais.

O que finalmente me traz à opção quatro.

O multiverso da paisagem é um exagero filosófico. Ele tenta solucionar uma única questão que atualmente intriga alguns humanos cosmicamente insignificantes postulando um objeto extraordinariamente vasto e complexo que transcende por inteiro a experiência humana. É como a cosmologia geocêntrica, em que o restante do vasto Universo gira uma vez por dia ao redor de uma Terra central, fixa. O físico Paul Steinhardt, que trabalhou na teoria da inflação desde o seu começo, apresentou um argumento semelhante sobre o multiverso inflacionário:[12] "Para explicar o Universo simples que podemos ver, a hipótese do multiverso inflacionário postula uma variedade infinita de universos com quantidades variáveis de complexidade que não podemos ver."

Seria mais simples admitir que não sabemos por que a sintonia fina acontece. Talvez nem precisemos ir tão longe, porque há outra possibilidade. A saber, o problema da sintonia fina tem sido maciçamente exagerado, e na realidade não existe. Essa é a opção quatro. Se estiver correta, multiversos são conversa fiada supérflua.

O raciocínio se baseia numa análise mais cuidadosa da alegada evidência da sintonia fina, aquela chance de $10^{-47}$ de obter uma combinação de constantes fundamentais que seja apropriada para a vida. O cálculo requer algumas premissas fortes. Uma é que a única maneira de fazer um universo é escolher 26 constantes para inserir em nossas equações correntes. É verdade que matematicamente essas constantes agem como "parâmetros" numéricos, modificando as equações sem afetar sua forma matemática geral e, até onde podemos saber, cada modificação dá um conjunto viável de equações que definem um universo. Na realidade, porém, não sabemos isso. Nunca observamos um universo modificado.

Sendo matemático, preocupo-me com uma porção de outros parâmetros que são tacitamente incluídos nas equações, mas nunca são escritos porque em nosso universo eles acontecem de ser zero. Por que eles também não podem variar? Em outras palavras, que tal colocar uns termos a mais nas equações, diferentes daqueles que atualmente escrevemos? Cada termo extra desse tipo introduz ainda mais sintonia fina para explicar. Por que o estado do Universo *não* depende do número total de salsichas vendidas no mercado de Smithfield, em Londres, em 1997? Ou da derivada terceira do campo karmabhumi, ainda desconhecido da ciência?

Céus, mais duas constantes cujos valores têm de ser muito, muito próximos do que acontece neste universo.

É admiravelmente pouco imaginativo pensar que o único jeito de criar universos alternativos seja variar as constantes fundamentais conhecidas nas equações do modelo correntemente em voga. É como os habitantes de uma ilha nos mares do Sul, no século XVI, imaginando que o único jeito de melhorar a agricultura seria cultivar um tipo melhor de coco.

Contudo, vamos dar aos devotos da sintonia fina o benefício da dúvida e considerar essa premissa específica como certa. Seguramente *então* aqueles $10^{-47}$ entram em jogo e exigem uma explicação, correto? Para responder a essa pergunta, precisamos saber um pouco mais sobre o cálculo. Falando de forma ampla, o método consiste em fixar todas as constantes fundamentais exceto uma, e descobrir o que acontece quando essa constante específica varia. Pegue então alguns fenômenos reais importantes, tais como um átomo, e veja qual efeito esse novo valor da constante teria sobre sua descrição padrão. E, surpresa, veja só, a matemática costumeira do átomo se desmancha a não ser que a variação na constante seja muito pequena.

Agora faça o mesmo com outra constante fundamental. Talvez esta afete as estrelas. Deixe todas as outras constantes com seu valor neste universo, mas dessa vez altere aquela outra. Agora você descobre que modelos convencionais de estrelas deixam de funcionar a não ser que a variação *daquela* constante seja muito pequena. Juntando tudo, a mudança de qualquer constante por um valor mais do que algo muito minúsculo faz com que *alguma coisa* dê errado. Conclusão: a única maneira de obter um universo com as características importantes deste aqui é usar praticamente as mesmas constantes que as deste aqui. Faça os cálculos, e de repente surge $10^{-47}$.

Soa convincente, especialmente se você olhar toda a impressionante física e matemática envolvida nos cálculos. Em *The Collapse of Chaos* (O colapso do caos), de 1994, Cohen e eu apresentamos um argumento análogo em que o erro conceitual é mais óbvio. Pense num carro – digamos, um Ford Fiesta. Pense em algum componente, digamos os parafusos que mantêm o motor unido, e pergunte o que acontecerá se você mudar o diâmetro dos parafusos *enquanto deixa todo o restante fixo*. Bem, se os parafusos forem grossos demais, não vão entrar; se forem finos demais, ficarão soltos e cairão. Conclusão: para obter um carro viável, o diâmetro dos parafusos tem que ser muito próximo daquele que você encontra num Ford Fiesta. O mesmo vale para as rodas (mude o tamanho delas e os pneus não se encaixarão), os pneus (mude o tamanho deles e as rodas não vão se encaixar), a ignição, cada engrenagem individual no câmbio, e assim por diante. Junte tudo isso e a chance de escolher partes que formem um carro fica muito menor que $10^{-47}$. Você não consegue sequer fazer uma roda.

Em particular, existe apenas um carro possível, e tem de ser um Ford Fiesta.

Agora ponha-se na esquina da rua e veja todos aqueles Volkswagens, Toyotas, Audis, Nissans, Peugeots e Volvos passando.

Alguma coisa claramente está errada.

O ERRO É CONSIDERAR variar as constantes *uma de cada vez*.

Se você está construindo um carro, não começa com um projeto que funcione e muda então todos os tamanhos de parafusos enquanto deixa as porcas do mesmo tamanho que antes. Nem muda o tamanho dos pneus enquanto deixa as rodas fixas. Isso é loucura. Quando você muda a especificação de um componente, há efeitos resultantes automáticos sobre outros componentes. Para obter um projeto novo para um carro que funcione, você faz mudanças coordenadas em *muitos* números.

Encontrei uma resposta para essa crítica da sintonia fina que se resume a "Ah, mas fazer os cálculos é muito mais difícil se você variar diversas constantes". Sim, é. Mas isso não justifica fazer um cálculo mais simples se for o cálculo *errado*. Se você entrasse num banco, perguntasse o saldo de sua conta e o funcionário dissesse "Desculpe, é muito mais difícil achar o *seu* saldo, mas a senhora Lopes tem 607 reais", você ficaria satisfeito?

Os cálculos usados para a sintonia fina também tendem a ignorar uma questão muito interessante e importante: se a física convencional não funciona quando você muda algumas constantes, o que acontece *em vez disso*? Talvez alguma outra coisa possa desempenhar um papel similar. Em 2008 Fred Adams examinou essa possibilidade para uma parte central do problema, a formação de estrelas.[13] (É claro que as estrelas são apenas parte do processo que equipa um universo com formas de vida inteligentes. Victor Stenger ataca vários outros aspectos em seu *The Fallacy of Fine-Tuning*[14] (A falácia da sintonia fina), uma obra com argumentação extremamente cuidadosa. O resultado é o mesmo: a sintonia fina é um tremendo exagero.) Apenas três constantes são significativas para a formação de estrelas: a constante gravitacional, a constante da estrutura fina e uma constante que governa taxas de reações nucleares. As outras 23, longe de requerer sintonia fina, podem assumir qualquer valor sem causar problema nesse contexto.

Adams examinou então todas as combinações possíveis dessas três importantes constantes, para descobrir quando elas produzem "estrelas" viáveis. Não há motivo para limitar a definição de estrela às características exatas que ocorrem em nosso universo. Você não ficaria impressionado pela sintonia fina se alguém lhe dissesse que ela previu que estrelas não podem existir, mas que objetos ligeiramente mais quentes, 1% maiores, de aparência notavelmente similar à das estrelas, podem. Então Adams define estrela como qualquer objeto que se mantém unido sob sua própria gravidade, é estável, sobrevive por um longo tempo e usa reações nucleares para produzir energia. Seus cálculos demonstram que estrelas nesse sentido existem para uma enorme gama de constantes. Se o criador do Universo escolhe constantes ao acaso, há uma probabilidade de 25% de obter um universo capaz de fazer estrelas.[15]

Isso não é sintonia fina. Mas os resultados de Adams são ainda mais fortes. Por que não permitir que objetos mais exóticos também contem como "estrelas"? Sua emissão de energia ainda poderia dar sustentação a uma forma de vida. Talvez a energia venha de processos quânticos em buracos negros ou de pelotas de matéria escura que geram energia aniquilando matéria comum. Agora a probabilidade aumenta para 50%. No que diz respeito às estrelas, nosso universo não está tendo de superar chances de 10 milhões de trilhões de trilhões de trilhões contra um. É simplesmente uma alternativa chamada "cara", e a moeda da constante fundamental caiu com "cara" para cima.

# Epílogo

O Universo é um lugar grande, talvez o maior.

KILGORE TROUT (PHILIP JOSÉ FARMER), *Venus on the Half Shell*

NOSSA JORNADA MATEMÁTICA nos levou da superfície da Terra aos extremos confins do cosmo e do começo dos tempos até o fim do Universo. A jornada começou nas profundezas da pré-história, quando os primeiros seres humanos olharam para o céu noturno e se perguntaram o que acontecia lá em cima. Seu final ainda não está à vista, pois, quanto mais aprendemos sobre o cosmo, mais fracassamos em entendê-lo.

A matemática se desenvolveu lado a lado com a astronomia e áreas relacionadas, como a física nuclear, a astrofísica, a teoria quântica, a relatividade e a teoria das cordas. Às vezes o caminho é oposto, e descobertas matemáticas preveem novos fenômenos. O empenho de Newton em formular as leis da gravidade e do movimento motivou a teoria das equações diferenciais e o problema de *n* corpos; estes por sua vez inspiraram cálculos que previram a existência de Netuno e as viravoltas caóticas de Hipérion.

Como resultado, a matemática e a ciência – a astronomia em particular – tornaram-se mais sofisticadas, na medida em que cada uma inspira novas ideias na outra. Os registros babilônicos do movimento planetário requeriam aritmética de alta precisão. O modelo de Ptolomeu do sistema solar se apoiava na geometria das esferas e dos círculos. A versão de Kepler tem como base as seções cônicas dos geômetras gregos. Quando Newton reformulou a coisa toda numa lei universal, apresentou-a usando geometria complicada, mas seu pensamento estava fundamentado no cálculo e nas equações diferenciais.

A abordagem das equações diferenciais acabou se revelando mais adequada para as complexidades dos fenômenos astronômicos. Depois que o movimento de dois corpos gravitando mutuamente foi compreendido, os astrônomos e matemáticos se empenharam em passar para três ou mais. Essa tentativa foi frustrada pelo que agora entendemos como dinâmica caótica; de fato, foi no problema dos dois corpos e meio que o caos ergueu pela primeira vez a cabeça. Apesar disso, ainda era possível avançar. As ideias de Poincaré inspiraram uma área inteiramente nova da matemática: a topologia. Ele próprio se destacou nos primórdios de seu desenvolvimento. A topologia é a geometria num sentido muito flexível.

A simples pergunta "como o Sol brilha?" abriu a caixa de Pandora quando se percebeu que, se ele usasse uma fonte de energia convencional, já deveria ter ardido até se tornar cinzas muito tempo atrás. A descoberta da física nuclear explica como estrelas produzem calor e luz, culminando em previsões acuradas das abundâncias na Galáxia de quase todos os elementos químicos.

A dinâmica das galáxias, com suas formas impressionantes, inspirou novos modelos e ideias, mas também lançou um gigantesco quebra-cabeça: curvas de rotação que estão em desacordo com a lei da gravidade de Newton, a menos que (como alegam os cosmólogos) a maior parte da matéria no Universo seja completamente diferente de qualquer coisa que já tenhamos observado ou criado em aceleradores de partículas. Ou, talvez, como alguns matemáticos estão começando a se perguntar, o problema resida não na física, mas em um modelo matemático inapropriado.

Quando Einstein criou uma revolução na física e quis estendê-la à gravidade, outro tipo de geometria veio em seu socorro: a teoria das variedades de Riemann, surgindo a partir da abordagem radical de Gauss para a curvatura. A teoria da relatividade geral resultante explica a precessão anômala do periélio de Mercúrio e a curva que o Sol provoca na luz. Quando foi aplicada a estrelas massivas, estranhas características matemáticas das soluções chamaram a atenção para aquilo a que agora nos referimos como buracos negros. O Universo estava começando a parecer realmente muito estranho.

Quando a relatividade geral foi aplicada ao Universo como um todo, ele pareceu ainda mais estranho. A descoberta de Hubble do desvio para o vermelho das galáxias, implicando que o Universo está se expandindo, levou Lemaître a seu explosivo ovo cósmico, vulgo Big Bang. Compreender o Big Bang exigiu uma física e uma matemática novas e poderosos novos métodos computacionais. O que à primeira vista parecia uma resposta completa começou a se desmanchar à medida que mais dados foram surgindo, exigindo três diferentes adendos: inflação, matéria escura e energia escura. Os cosmólogos os promovem como profundas descobertas, o que é verdade se suas teorias sobreviverem ao escrutínio; no entanto, cada adendo tem seus próprios problemas, e nenhum é respaldado por confirmação independente das abrangentes premissas exigidas para fazê-los funcionar.

Os cientistas estão constantemente refinando sua compreensão do cosmo e cada descoberta levanta novas questões. Em junho de 2016 a Nasa e a ESA usaram o telescópio Hubble para medir as distâncias a estrelas de dezenove galáxias. Os resultados, obtidos por uma equipe sob o comando de Adam Riess, usaram métodos estatísticos de alta precisão para revisar a constante do Hubble, elevando-a para 73,2 quilômetros por segundo por megaparsec.[1] Isso significa que o Universo está se expandindo de 5% a 9% mais depressa do que se pensava anteriormente. Com o modelo padrão da cosmologia, esse número não está mais de acordo com observações da radiação de micro-ondas cósmica de fundo feitas pela *WMAP* e pelo satélite *Planck*, da ESA. Esse resultado inesperado pode ser uma nova pista para a natureza da matéria escura e da energia escura, ou um sinal de que nenhuma delas existe e que nossa imagem do Universo necessita ser revista.

É assim que a ciência real avança, é claro. Três passos adiante, dois passos atrás. Os matemáticos têm o privilégio de viver numa bolha lógica, onde uma vez que algo é provado verdadeiro, *permanece* verdadeiro. Interpretações e provas podem mudar, mas os teoremas não são "desprovados" por descobertas posteriores. Apesar disso, podem se tornar obsoletos ou irrelevantes para as preocupações correntes. A ciência é sempre provisória, somente tão boa quanto a evidência atual. Em resposta a tal evidência, os cientistas se reservam o direito de *mudar de opinião.*

Mesmo quando pensamos que entendemos algo, surgem problemas inesperados. Teoricamente, todos os tipos de variações do nosso universo fazem exatamente tanto sentido quanto ele. Quando os cálculos pareciam indicar que a maioria dos universos variantes não podia sustentar vida, ou mesmo átomos, a charada filosófica da sintonia fina fez sua grande entrada no palco. Tentativas de resolvê-la levaram a algumas das ideias mais imaginativas, embora especulativas, que os físicos já conceberam. No entanto, nenhuma delas é necessária se, conforme sugere uma análise mais meticulosa do raciocínio, todo o problema não passa de alarme falso.

A principal inspiração de *Desvendando o cosmo* veio da necessidade – e do estarrecedor êxito – do raciocínio matemático em astronomia e cosmologia. Mesmo quando critiquei teorias populares, comecei por explicar a visão convencional, e por que tanta gente a acompanha. Mas, quando parece haver boas razões para considerar certas alternativas, e especialmente quando elas não estão sendo levadas a sério, penso que vale a pena apresentá-las – mesmo que sejam controversas ou muitos cosmólogos as rejeitem. Não quero que você aceite alegações confiantes de que as charadas do Universo foram solucionadas quando muitas questões não resolvidas permanecem. Por outro lado, quero explicar também as soluções convencionais: elas são belas aplicações de matemática, podem estar certas e, se não estiverem, estão pavimentando o caminho rumo a algo melhor.

As alternativas muitas vezes parecem radicais – não houve Big Bang, a matéria escura é uma quimera... Contudo, apenas algumas décadas atrás, nenhuma teoria tinha quaisquer proposições. A pesquisa nas fronteiras distantes do conhecimento é sempre difícil, e não podemos instalar o Universo num laboratório, colocá-lo sob um microscópio, destilá-lo para descobrir do que é feito ou exercer pressão sobre ele para ver o que se quebra. Temos de usar inferência e imaginação – além de nossas faculdades críticas, razão pela qual coloquei mais ênfase do que o habitual em ideias que não refletem o conhecimento convencional. Elas também são partes válidas do processo científico.

Chegamos a nos deparar com dezenas de teorias errôneas que pareciam inteiramente razoáveis não muito tempo atrás. A Terra é o centro do Universo. Os planetas se formaram quando uma estrela passando puxou uma quantidade de massa em forma de charuto do Sol. Há um planeta orbitando o Sol mais perto que Mercúrio. Saturno tem orelhas. O Sol é a única estrela com planetas. A Via Láctea está em repouso no centro do Universo, cercada de um vazio infinito. A distribuição das galáxias é regular. O Universo sempre existiu, mas matéria nova é criada no vazio interestelar. Em sua época essas teorias eram amplamente aceitas, e a maioria delas se baseava nas melhores evidências então disponíveis. Algumas delas sempre foram um pouquinho tolas, é preciso reconhecer; os cientistas às vezes têm ideias muito estranhas, reforçadas pelo comportamento de manada e um fervor quase religioso em vez de pela evidência.

Não vejo motivo para que as teorias valorizadas de hoje devam estar se saindo melhor. Talvez a Lua não tenha sido criada pela colisão de um corpo do tamanho de Marte com a Terra. Talvez não tenha havido nenhum Big Bang. Talvez o desvio para o vermelho não seja evidência de um universo em expansão. Talvez buracos negros não existam. Talvez a inflação nunca tenha acontecido. Talvez a matéria escura seja um equívoco. Talvez a vida alienígena seja radicalmente diferente de qualquer coisa com que já tenhamos nos deparado, possivelmente ainda mais do que possamos imaginar.

Talvez.

Talvez não.

O divertido vai ser descobrir.

# *Unidades e terminologia*

**ano-luz:** Distância que a luz percorre em um ano: $9{,}460528 \times 10^{15}$ metros, ou 9,46 trilhões de quilômetros.

**antimatéria:** Matéria composta de antipartículas, as quais têm as mesmas massas que partículas comuns mas cargas elétricas opostas.

**asteroide:** Pequeno corpo rochoso ou feito de gelo que orbita o Sol, principalmente entre Marte e Júpiter.

**Big Bang:** Teoria de que o Universo se originou numa singularidade 13,8 bilhões de anos atrás.

**buraco negro:** Região do espaço da qual a luz não pode escapar; frequentemente formado por uma estrela massiva que colapsou sob sua própria gravidade.

**centauro:** Corpo que ocupa uma órbita que cruza a eclíptica entre as órbitas de Júpiter e Netuno.

**cometa:** Pequeno corpo formado de gelo que se aquece quando se aproxima do Sol, mostrando uma atmosfera visível (coma) e talvez uma cauda, causada por gás fluindo para longe no vento solar.

**cone de luz:** Região do espaço-tempo acessível de um dado evento seguindo uma curva tipo tempo ou uma linha de mundo.

**constante de estrutura fina $\alpha$:** Constante fundamental que caracteriza a intensidade da interação entre partículas carregadas. Igual a $7{,}297352 \times 10^{-3}$. (É um número adimensional, independente de unidades de medida.)

**constante de Planck $h$:** Uma constante básica em mecânica quântica, que determina a quantidade mínima de energia numa onda eletromagnética (que é $h$ vezes a frequência). É muito pequena, igual a $1{,}054571 \times 10^{-34}$ joule-segundo.

**constante gravitacional G:** Constante de proporcionalidade na lei da gravidade de Newton. Igual a $6{,}674080 \times 10^{-11}$ m$^3$ kg$^{-1}$ s$^{-2}$.

**curva de luz:** Como a emissão da radiação de uma estrela varia com o tempo.

**curvatura:** Medida intrínseca de como uma superfície ou variedade difere de um espaço plano euclidiano.

**Dermott, lei de:** O período orbital do enésimo satélite de um planeta é proporcional à enésima potência $C^n$ de uma constante $C$. Diferentes sistemas de satélites têm diferentes constantes.

**eixo maior:** Eixo mais longo de uma elipse.

**eixo menor:** Eixo mais curto de uma elipse.

**elétron-volt** (eV): Unidade de energia usada em física de partículas, igual a $1{,}6 \times 10^{-19}$ joules. *Ver* joule.

**elipse:** Curva fechada oval formada esticando-se uniformemente um círculo em uma direção.

**emissor de surtos de raios gama:** Fonte de surtos súbitos de raios gama, que se acredita ser de dois tipos: resultado da formação de uma estrela de nêutrons ou buraco negro, ou da fusão de estrelas de nêutrons binárias.

**espaço-tempo:** Variedade quadridimensional com três coordenadas espaciais e uma coordenada temporal.

**espectro:** Como a quantidade de radiação emitida por um corpo (geralmente uma estrela) varia com o comprimento de onda. Picos (linhas de emissão) e vales (linhas de absorção) são as características mais importantes.

**excentricidade:** Medida de quanto uma elipse é estreita ou larga. *Ver* nota 2 do capítulo 1.

**exolua:** Satélite natural de um planeta que orbita outra estrela que não o Sol.

**exoplaneta:** Planeta que orbita outra estrela que não o Sol.

**GeV** (**gigaelétron-volt**): Unidade de energia usada em física de partículas. Um bilhão de elétron-volts. *Ver* elétron-volt.

**grau:** (ângulos) 360 graus equivalem a um círculo inteiro. (temperatura) As unidades usadas neste livro são kelvin (K) e graus célsius (°C). A escala célsius varia de 0 (água congela) a 100 (água vira vapor). Kelvin é célsius mais 273,16 e 0 kelvin (–273,16 graus célsius) é a temperatura mais baixa possível, o zero absoluto.

**horizonte de eventos:** Fronteira de um buraco negro, através da qual a luz não pode escapar.

**isótopo:** Variante de um elemento químico; distingue-se pela quantidade de nêutrons que possui.

**joule** (**J**): Unidade de energia equivalente à produção de um watt de potência por segundo. (Uma única barra de aquecedor elétrico geralmente produz mil watts.)

**Kelvin (K):** *Ver* grau.

**Kepler, leis do movimento planetário de:**
1. A órbita de um planeta é uma elipse, com o Sol situado em um dos focos.
2. A linha que vai do Sol até o planeta varre áreas iguais em intervalos de tempo iguais.
3. O quadrado do período de revolução é proporcional ao cubo da distância.

**Liapunov, tempo de:** Escala de tempo na qual um sistema dinâmico é caótico. O tempo para que a distância entre trajetórias próximas aumente por um fator de $e \sim 2{,}718$. Às vezes $e$ é substituído por 2 ou 10. Relaciona-se ao horizonte de previsão, além do qual previsões se tornam não confiáveis.

**luminosidade:** Energia total irradiada por uma estrela por unidade de tempo. Medida em joules por segundo (watts). A luminosidade do Sol é de $3{,}846 \times 10^{26}$ watts.

**magnitude:** Medida logarítmica do brilho. A magnitude aparente é o brilho conforme visto da Terra; magnitude absoluta é o brilho conforme seria visto de uma distância de dez parsecs (para estrelas) e uma unidade astronômica (para asteroides e planetas). Objetos mais brilhantes têm magnitudes mais baixas, que podem ser negativas. O Sol tem magnitude aparente −27, a lua cheia, −13, Vênus, −5, e a estrela visível mais brilhante, Sirius, −1,5. Um decréscimo de cinco na magnitude corresponde a um aumento de cem vezes no brilho.

**MeV (megaelétron-volt):** Unidade de energia usada em física de partículas. Um milhão de elétron-volts. *Ver* elétron-volt.

**minuto (de arco):** 60 minutos = 1 grau.

**Newton, lei da gravidade de:** Todo corpo atrai todo outro corpo com uma força proporcional a suas massas e inversamente proporcional ao quadrado da distância entre eles. A constante de proporcionalidade é chamada constante gravitacional.

**Newton, leis do movimento de:**
1. Corpos continuam a se mover em linha reta com velocidade constante a menos que sobre eles atue uma força.
2. A aceleração de qualquer corpo, multiplicada por sua massa, é igual à força que age sobre ela.
3. Toda ação produz uma reação igual e contrária.

**objeto transnetuniano (TNO, na sigla em inglês):** Asteroide ou outro corpo pequeno que orbita o Sol a uma distância média maior que a de Netuno (trinta UA).

**oblato:** Achatado nos polos.

**ocultação:** Quando um objeto celestial parece passar por trás de outro, que o esconde. Especialmente usado para estrelas ocultadas por uma lua ou planeta.

**paralaxe:** Metade do ângulo formado pelas duas retas traçadas na direção de uma estrela a partir de dois pontos opostos na órbita da Terra, pontos estes que se encontram sobre o diâmetro da órbita que forma ângulos retos com a linha que vai do Sol até a estrela.

**parsec:** Unidade de distância equivalente a 3,26 anos-luz. Isto é, a distância que uma estrela tem do Sol quando sua paralaxe equivale a um segundo de arco.

**periélio:** Ponto de maior aproximação em relação ao Sol.

**período:** Tempo em que um comportamento periodicamente recorrente se repete. Exemplos são o período de revolução de um planeta em torno de sua primária (aproximadamente 365 dias, no caso da Terra) ou o período de rotação (24 horas para a Terra).

**planetesimal:** Pequenos corpos que podem se agregar para formar planetas; acredita-se que eram comuns nos primórdios do sistema solar.

**precessão:** Rotação lenta do eixo de uma órbita elíptica.

**primária:** Corpo-mãe em torno do qual orbita o corpo considerado. A primária da Terra é o Sol, a primária da Lua é a Terra.

**radiação cósmica de fundo (RCF):** Radiação quase uniforme a uma temperatura de três kelvin, que geralmente se acredita ser uma relíquia do Big Bang.

**radiação de corpo negro:** Espectro de radiação eletromagnética de um corpo opaco não refletor em temperatura constante.

**raio gama:** Forma de radiação eletromagnética que consiste em fótons de alta energia.

**ressonância:** Coincidência temporal em que os períodos de dois efeitos repetitivos estão em relação fracionária simples. *Ver* nota 6 do capítulo 2.

**ressonância rotação-revolução:** Relação fracionária entre o período de rotação de um corpo em torno de seu eixo e seu período de revolução ao redor de sua primária.

**satélite:** (natural) Corpo menor em órbita ao redor de um planeta; uma "lua". (artificial) Máquina feita pelo homem em órbita ao redor da Terra ou de algum outro corpo do sistema solar.

**segundo (de arco):** 60 segundos = 1 minuto.

**semieixo maior:** Metade do comprimento do eixo mais longo da elipse.

**semieixo menor:** Metade do comprimento do eixo mais curto da elipse.

**Titius-Bode, lei de:** A distância do Sol ao enésimo planeta é $0{,}075 \times 2^n + 0{,}4$ unidade astronômica.

**toro:** Superfície matemática com a forma de uma rosquinha (ou um *donut* americano, com furo).

**unidade astronômica** (UA): Distância média do Sol à Terra, 149.597.871 quilômetros.

**variedade:** Espaço multidimensional regular, como uma superfície, mas com qualquer número de coordenadas.

**velocidade da luz** $c$: Igual a 299.792.458 metros por segundo.

# *Notas e referências*

## Prólogo (p.7-18)

1. Mars Odyssey, Mars Express, MRO, Mars Orbiter Mission e Maven.
2. Os veículos exploradores da Nasa *Opportunity* e *Curiosity*. O veículo explorador *Spirit* parou de funcionar em 2011.
3. "Esta ideia tola de atirar contra a Lua é um exemplo da absurda extensão à qual a perversa especialização conduzirá os cientistas. Para escapar da gravidade da Terra um projétil necessita de uma velocidade de 7 milhas por segundo. A energia térmica nessa velocidade é de 15.180 calorias [por grama]. Portanto, a proposição parece ser basicamente impossível." Alexander Bickerton, professor de química, 1926.

   "Sou atrevido o suficiente para dizer que uma viagem à Lua feita pelo homem nunca vai ocorrer, independentemente de todos os avanços científicos." Lee de Forest, inventor de eletrônica, 1957.

   "Não há esperança para a fantasiosa ideia de chegar à Lua por causa de barreiras intransponíveis para escapar da gravidade da Terra." Forest Moulton, astrônomo, 1932.
4. Num editorial de 1920, o *New York Times* publicou: "O professor Goddard ... não conhece a relação entre ação e reação e a necessidade de ter alguma coisa melhor do que o vácuo contra o que reagir." A terceira lei do movimento de Newton afirma que para toda ação há uma reação igual e contrária. A reação vem da conservação da quantidade de movimento, e não é necessário nenhum meio *contra* o qual reagir. Tal meio impediria o progresso, não o auxiliaria. Para ser justo, o jornal se desculpou em 1969 quando os astronautas da *Apollo 11* estavam a caminho da Lua. Para toda publicação há uma retratação igual e contrária.
5. Nicolas Bourbaki é o pseudônimo de um grupo sempre mutável de matemáticos, principalmente franceses, formado pela primeira vez em 1935, que escreveu uma longa série de livros reformulando a matemática numa base genérica e abstrata. Isso foi ótimo para a matemática de pesquisa, porque unificava o tema, estabelecia conceitos básicos e fornecia provas rigorosas. Mas a adoção generalizada de uma filosofia similar no ensino da matemática escolar, conhecida como "matemática moderna", teve pouco sucesso e era, para dizer o mínimo, controversa.

## 1. Atração à distância (p.19-36)

1. Em 1726 Newton passou uma noite jantando com William Stukeley em Londres. Num documento preservado nos arquivos da Real Sociedade, Stukeley escreveu:

> Depois do jantar, o tempo estando quente, fomos para o jardim e tomamos chá sob a sombra de uma macieira; somente ele e eu. Em meio a outra conversa, ele me disse que estava exatamente na mesma situação quando anteriormente a noção de gravitação lhe veio à mente. Por que haveria aquela maçã de descer sempre de modo perpendicular ao chão, pensou ele consigo mesmo – o que foi ocasionado pela queda de uma maçã, enquanto estava sentado em estado de espírito contemplativo. Por que haveria de não ir para o lado, ou para cima? Mas constantemente para o centro da Terra? Seguramente a razão é que a Terra a atrai. Deve haver um poder de atração na matéria. E a soma do poder de atração da matéria da Terra deve estar no centro da Terra, e não em qualquer lado da Terra. Portanto essa maçã cai perpendicularmente ou em direção ao centro? Se matéria atrai assim matéria, isso deve acontecer em proporção à sua quantidade. Portanto a maçã atrai a Terra, assim como a Terra atrai a maçã.

Outras fontes confirmam que Newton contou essa história, mas nada disso prova que a história seja verdadeira. Newton poderia tê-la inventado para explicar suas ideias. Uma árvore ainda existente – Flor de Kent, de um tipo de maçã para cozinhar, em Woosthorpe Manor – é considerada aquela da qual a maçã caiu.

2. Se uma elipse tem um raio maior $a$ e um raio menor $b$, então o foco está a uma distância $f = \sqrt{a^2 - b^2}$ do centro. A excentricidade é $\varepsilon = \varepsilon\sqrt{\frac{a^2-b^2}{a}}$.
3. A. Koyré. "An unpublished letter of Robert Hooke to Isaac Newton", *Isis* 43 (1952), p.312-37.
4. A. Chenciner e R. Montgomery. "A remarkable periodic solution of the three-body problem in the case of equal masses", *Ann. Math.* 152 (2000), p.881-901.

   Uma animação e informação adicional sobre tipos similares de órbitas estão em http://scholarpedia.org/article/N-body_choreographies.
5. C. Simó. "New families of solutions in N-body problems", *Proc. European Congr. Math.*, Barcelona, 2000.
6. E. Oks. "Stable conic-helical orbits of planets around binary stars: analytical results", p.106.
7. Newton colocou a questão desta forma numa carta a Richard Bentley, escrita em 1692 ou 1693: "É inconcebível que matéria inanimada deva, sem a mediação de alguma outra coisa que não seja material, operar sobre e afetar outra matéria sem contato mútuo ... Que um corpo possa agir sobre outro a uma distância através do vácuo, sem a mediação de alguma outra coisa ... para mim é um absurdo tão grande que acredito que nenhum homem que tenha em assuntos filosóficos uma faculdade competente de pensar algum dia possa abraçar essa ideia."
8. Isso é ligeiramente simplista. Passar *através* da velocidade da luz é que é proibido. Nada que esteja presentemente se movendo mais devagar que a luz pode acelerar para se tornar mais rápido que a luz; se algo por acaso estiver se movendo mais depressa que a luz não pode desacelerar para se tornar mais lento que a luz. Partículas como essa são chamadas táquions: são inteiramente hipotéticas.

9. Numa carta de 1907 a seu amigo Conrad Habicht, Einstein escreveu que estava pensando sobre "uma teoria relativista da lei gravitacional com a qual espero dar a resposta para a ainda inexplicada variação secular no movimento do periélio de Mercúrio". Suas primeiras tentativas significativas começaram em 1911.
10. Atualmente combinamos as equações de Einstein numa única equação tensorial (com dez componentes – um tensor 4×4 simétrico). Mas o nome padrão continua sendo "equações de campo".

## 2. Colapso da nebulosa solar (p.37-52)

1. Os minerais mais velhos achados em meteoritos, vestígios modernos do primeiro material sólido na nebulosa pré-solar, têm 4,5682 bilhões de anos.
2. Ele o escreveu em 1662-63, mas adiou sua publicação por causa da Inquisição. O livro surgiu pouco depois de sua morte.
3. Uma definição apropriada requer vetores.
4. H. Levison, K. Kretke e M. Duncan. "Growing the gas-giant planets by gradual accumulation of pebbles", *Nature* 524 (2015), p.322-4.
5. I. Stewart. "The second law of gravitics and the fourth law of thermodynamics", in *From Complexity to Life* (org. N.H. Gregsen), Oxford University Press, 2003, p.114-50.
6. Neste livro a notação *p:q* para uma ressonância significa que o primeiro corpo mencionado dá *p* voltas enquanto o segundo dá *q* voltas. Seus *períodos* estão portanto na razão $q/p$. Por outro lado, suas *frequências* estão na razão $p/q$. Alguns autores usam a convenção oposta; outros usam a notação "ressonância $p/q$". Inverter a ordem dos corpos transforma uma ressonância *p:q* numa ressonância *q:p*.
7. Vênus não tem velhas crateras porque sua superfície foi remodelada por vulcanismo menos de 100 milhões de anos atrás. Os planetas de Júpiter para fora são gigantes de gás e gelo, e tudo o que podemos ver é sua atmosfera superior. Porém, muitas de suas luas têm crateras – algumas novas, algumas velhas. A sonda *New Horizons* revelou que Plutão e sua lua Caronte têm menos crateras que o esperado.
8. K. Batygin e G. Laughlin. "On the dynamical stability of the solar system", *Astrophys. J.* 683 (2008), p.1207-16.
9. J. Laskar e M. Gastineau. "Existence of collisional trajectories of Mercury, Mars and Venus with the Earth", *Nature* 459 (2009), p.817-9.
10. G. Laughlin. "Planetary Science: The Solar System's extended shelf life", *Nature* 459 (2009), p.781-2.

## 3. Lua inconstante (p.53-69)

1. A química de depósitos de urânio em Oklo, no Gabão, sugere que no pré-cambriano constituíam um reator natural de fissão.
2. R.C. Paniello, J.M.D. Day e F. Moynier. "Zinc isotopic evidence for the origin of the Moon", *Nature* 490 (2012), p.376-9.

3. A.G.W. Cameron e W.R. Ward. "The origin of the Moon", *Abstr. Lunar Planet. Sci. Conf.* 7 (1976), p.120-2.
4. W. Benz, W.L. Slattery e A.G.W. Cameron. "The origin of the moon and the single impact hypothesis I", *Icarus* 66 (1986), p.515-35.
W. Benz, W.L. Slattery e A.G.W. Cameron. "The origin of the moon and the single impact hypothesis II", *Icarus* 71 (1987), p.30-45.
W. Benz, A.G.W. Cameron e H.J. Melosh. "The origin of the moon and the single impact hypothesis III", *Icarus* 81 (1989), p.113-31.
5. R.M. Canup e E. Asphaug. "Origin of the Moon in a giant impact near the end of the Earth's formation", *Nature* 412 (2001), p.708-12.
6. A. Reufer, M.M.M. Meier e W. Benz. "A hit-and-run giant impact scenario", *Icarus* 221 (2012), p.296-9.
7. J. Zhang., N. Dauphas., A.M. Davis, I. Leya e A. Fedkin. "The proto-Earth as a significant source of lunar material", *Nature Geosci.* 5 (2012), p.251-5.
8. R.M. Canup. "Simulations of a late lunar-forming impact", *Icarus* 168 (2004), p.433-56.
9. A. Mastrobuono-Battisti, H.B. Perets e S.N. Raymond. "A primordial origin for the compositional similarity between the Earth and the Moon", *Nature* 520 (2015), p.212-5.

## 4. O cosmo como um mecanismo de relógio (p.70-88)

1. Ver nota 6 do capítulo 2 para por que não a chamamos de ressonância 3:5.
2. A lei de Dermott, uma fórmula empírica para o período orbital de satélites no sistema solar, foi identificada por Stanley Dermott na década de 1960. Ela assume a forma $T(n) = T(0)\,C^n$, onde $n = 1, 2, 3, 4, \ldots$ Aqui $T(n)$ é o período orbital do enésimo satélite, $T(0)$ é uma constante da ordem de dias e $C$ é uma constante do sistema de satélites em questão. Valores específicos são: *Júpiter*: $T(0) = 0{,}444$ dias, $C = 2{,}0$. *Saturno*: $T(0) = 0{,}462$ dias, $C = 1{,}59$. *Urano*: $T(0) = 0{,}488$ dias, $C = 2{,}24$.
S.F. Dermott. "On the origin of commensurabilities in the solar system II: the orbital period relation", *Mon. Not. RAS* 141 (1968), p.363-76.
S.F. Dermott. "On the origin of commensurabilities in the solar system III: the resonant structure of the solar system", *Mon. Not. RAS* 142 (1969), p.143-9.
3. F. Graner e B. Dubrulle. "Titius-Bode laws in the solar system. Part I: Scale invariance explains everything", *Astron. & Astrophys.* 282 (1994), p.262-8.
B. Dubrulle e F. Graner. "Titius-Bode laws in the solar system. Part II: Build your own law from disk models", *Astron. & Astrophys.* 282 (1994), p.269-76.
4. Deriva de "QB1-0", após (15760) 1992 $QB_1$, o primeiro TNO descoberto.
5. É complicado medir o diâmetro de Plutão da Terra, mesmo usando o telescópio Hubble, porque ele tem uma fina atmosfera que torna suas bordas difusas. Éris não tem atmosfera.

6. Proposições 43 a 45 do livro I do *Philosophiae naturalis principia mathematica*.
7. A.J. Steffl, N.J. Cunningham, A.B. Shinn e S.A. Stern. "A search for Vulcanoids with the Stereo heliospheric imager", *Icarus* 233 (2013), p.48-56.

## 5. Polícia celeste (p.89-104)

1. O comentário de Wigner é frequentemente mal compreendido. É fácil explicar a *efetividade* da matemática. Grande parte dela é motivada por problemas do mundo real, então não causa surpresa quando ela os resolve. A palavra importante na frase de Wigner é "irrazoável". Ele estava se referindo à maneira como aquilo que a matemática inventa com um propósito muitas vezes acaba se revelando útil numa área totalmente diferente, inesperada. Exemplos simples são a geometria grega das seções cônicas, que aparece nas órbitas planetárias 2 mil anos depois, ou as especulações da Renascença sobre números imaginários, agora centrais para a física matemática e a engenharia. Esse difundido fenômeno não pode ser desconsiderado com tanta facilidade.
2. Suponha, para efeito de simplicidade, que todos os asteroides estejam no mesmo plano – o que, para a maioria deles, não está muito longe da realidade. O cinturão de asteroides se encontra entre 2,2 e 3,3 UA do Sol, ou seja, entre cerca de 320 milhões e 480 milhões de quilômetros. Projetada no plano da eclíptica, a área total ocupada pelo cinturão de asteroides é $\pi(480^2 - 320^2)$ *trilhões* de quilômetros quadrados, ou seja, $4 \times 10^{17}$ quilômetros quadrados. Dividida entre 1,5 milhão de rochas, isso dá uma área de $2{,}6 \times 10^{11}$ quilômetros quadrados para cada uma. É a mesma área que a de um círculo com diâmetro de 575 mil quilômetros. Se os corpos estiverem distribuídos de forma aproximadamente uniforme, o que é bom o suficiente para nosso cálculo, essa é a distância típica entre asteroides vizinhos.
3. M. Moons e A. Morbidelli. "Secular resonances inside mean-motion commensurabilities: the 4/1, 3/1, 5/2 and 7/3 cases", *Icarus* 114 (1995), p.33-50; M. Moons, A. Morbidelli e F. Migliorini. "Dynamical structure of the 2/1 commensurability with Jupiter and the origin of the resonant asteroids", *Icarus* 135 (1998), p.458-68.
4. Uma animação que mostra a relação entre os cinco pontos de Lagrange e o potencial gravitacional pode ser encontrada em https://en.wikipedia.org/wiki/File:Lagrangian_points_equipotential.gif.
5. Ver a animação em https://www.exploremars.org/trojan-asteroids-around-jupiter-explained.
6. F.A Franklin. "Hilda asteroids as possible probes of Jovian migration", *Astron. J.* 128 (2004), p.1391-406.
7. Ver http://www.solstation.com/stars/jupiter.htm.

## 6. O planeta que engoliu seus filhos (p.105-17)

1. P. Goldreich e S. Tremaine. "Towards a theory for the Uranian rings", *Nature* 277 (1979), p.97-9.
2. M. Kenworthy e E. Mamajek. "Modeling giant extrasolar ring systems in eclipse and the case of J1407b: sculpting by exomoons?", arXiv: 1501.05652 (2015).
3. F. Braga-Rivas e 63 outros. "A ring system detected around Centaur (10199) Chariklo", *Nature* 508 (2014), p.72-5.

## 7. Estrelas de Cosme (p.118-28)

1. E.J. Rivera, G. Laughlin, R.P. Butler, S.S. Vogt, N. Haghighipour e S. Meschiari. "The Lick-Carnegie exoplanet survey: a Uranus-mass fourth planet for GJ 876 in an extrasolar Laplace configuration", *Astrophys. J.* 719 (2010), p.890-9.
2. B.E. Schmidt, D.D. Blankenship, G.W. Patterson e P.M. Schenk. "Active formation of 'chaos terrain' over shallow subsurface water on Europa", *Nature* 479 (2011), p.502-5.
3. P.C. Thomas, R. Tajeddine, M.S. Tiscareno, J.A. Burns, J. Joseph, T.J. Loredo, P. Helfenstein e C. Porco. "Enceladu's measured physical libration requires a global subsurface ocean", *Icarus* (2016): doi:10.1016/j.icarus.2015.08.037.
4. S. Charnoz, J. Salmon e A. Crida. "The recent formation of Saturn's moonlets from viscous spreading of the main rings", *Nature* 465 (2010), p.752-4.

## 8. Viajando num cometa (p.129-43)

1. M. Massironi e 58 outros. "Two independent and primitive envelopes of the bilobate nucleus of comet 67P", *Nature* 526 (2015), p.402-5.
2. A. Bieler e 33 outros. "Abundant molecular oxygen in the coma of comet 67P/Churyumov-Gerasimenko", *Nature* 526 (2015), p.678-81.
3. P. Ward e D. Brownlee. *Rare Earth*, Nova York, Springer, 2000.
4. J. Horner e B.W. Jones. "Jupiter – friend or foe? I: The asteroids", *Int. J. Astrobiol.* 7 (2008), p.251-61.

## 9. Caos no cosmo (p.144-64)

1. Ver vídeo em http://hubblesite.org/newscenter/archive/releases/2015/24/video/a/.
2. J.R. Buchler, T. Serre e Z. Kolláth. "A chaotic pulsating star: the case of R. Scuti", *Phys. Rer. Lett.* 73 (1995), p.842-5.
3. Não obstante, um 6 tem a mesma probabilidade que qualquer outro valor, para um dado honesto. No longo prazo, a quantidade de 6 deveria chegar arbitraria-

mente perto de um sexto da quantidade de lançamentos. Mas como isso acontece é instrutivo. Se em alguma etapa havia, digamos, cem a mais vezes dando 6 do que qualquer outra coisa, isso não quer dizer que o 6 seja mais provável. O dado simplesmente continua despejando mais e mais números. Após, digamos, mais 100 milhões de lançamentos, aqueles cem a mais afetam a proporção de 6 em apenas uma parte em 1 milhão. Não é que os desvios são anulados porque o dado "sabe" que o 6 saiu demais. Eles são diluídos pelos novos resultados de lançamentos, gerados por um dado que não tem memória.

4. Dinamicamente, um dado é um cubo sólido, e seu movimento é caótico porque as arestas e os vértices "esticam" a dinâmica. Mas há outra fonte de aleatoriedade em dados: condições iniciais. A maneira como você segura o dado na mão e como o solta tornam de qualquer forma o resultado aleatório.
5. Lorenz não chamou o efeito de borboleta, embora tenha dito algo semelhante sobre uma gaivota. Alguma outra pessoa colocou a borboleta no título da palestra pública que Lorenz deu em 1972. E o que Lorenz originalmente tinha em mente provavelmente não era *esse* efeito borboleta, porém um mais sutil. Ver: T. Palmer. "The real butterfly effect", *Nonlinearity* 27 (2014), p.R123-41.
   Nada disso afeta a discussão, e o que descrevi é aquilo a que agora nos referimos como "efeito borboleta". Ele é real, é característico do caos, mas é sutil.
6. V. Hoffmann, S.L. Grimm, B. Moore e J. Stadel. "Chaos in terrestrial planet formation", *Mon. Not. RAS* (2015), arXiv: 1508.00917.
7. A. Milani e P. Farinella. "The age of the Veritas asteroid family deduced by chaotic chronology", *Nature* 370 (1994), p.40-2.
8. June Barrow-Green, *Poincaré and the Three Body Problem*, Providence, American Mathematical Society, 1997.
9. M.R. Showalter e D.P. Hamilton. "Resonant interactions and chaotic rotation of Pluto's small moons", *Nature* 522 (2015), p.45-9.
10. J. Wisdom, S.J. Peale e F. Mignard. "The chaotic rotation of Hyperion", *Icarus* 58 (1984), p.137-52.
11. K = *Kreide*, "creta, calcário, giz", em alemão, referindo-se a Cretáceo, e T = Terciário. Por que cientistas fazem esse tipo de coisa? Acaba comigo.
12. M.A. Richards e nove outros. "Triggering of the largest Deccan eruptions by the Chicxulub impact", *GSA Bull.* (2015), doi: 10.1130/B31167.1.
13. W.F. Bottke, D. Vokrouhlický e D. Nesvorný. "An asteroid breakup 160 Myr ago as the probable source of the K/T impactor", *Nature* 449 (2007), p.48-53.

## 10. A super-rodovia interplanetária (p.165-80)

1. M. Minovitch. "A method for determining interplanetary free-fall reconnaissance trajectories", *JPL Tech. Memo.* TM-312-130 (1961), p.38-44.

2. M. Lo e S. Ross. "Surfing the solar system: invariant manifolds and the dynamics of the solar system", *JPL IOM* 312/97, 1997.
   M. Lo e S. Ross. "The Lunar L1 gateway: portal to the stars and beyond", *AIAA Space 2001 Conf.*, Albuquerque, 2001.
3. Em http://sci.esa.int/where_is_rosetta/ há uma animação impressionante dessa trajetória cheia de rodeios.
4. Uma causa (entre muitas) da Primeira Guerra Mundial foi o assassinato do arquiduque Francisco Ferdinando da Áustria numa visita a Sarajevo. Seis assassinos fizeram uma tentativa fracassada com uma granada. Mais tarde um deles, Gavrilo Princip, matou-o com um tiro de pistola, assim como a sua esposa, Sofia. A reação inicial por parte do populacho foi praticamente inexistente, mas o governo austríaco estimulou tumultos contra os sérvios em Sarajevo, que sofreram uma escalada.
5. W.S. Koon, M.W. Lo, J.E. Marsden e S.D. Ross. "The *Genesis* trajectory and heteroclinic connections", *Astrodynamics* 103 (1999), p.2327-43.

## 11. Grandes bolas de fogo (p.181-205)

1. Estritamente falando, este termo se refere à emissão total de energia, mas esta está intimamente relacionado com o brilho intrínseco.
2. Uma animação da evolução estelar através do diagrama de Hertzsprung-Russell pode ser encontrada em http://spiff.rit.edu/classes/phys230/lectures/star_age/evol_hr.swf.
3. F. Hoyle. "Synthesis of the elements from hydrogen", *Mon. Not. RAS* 106 (1946), p.343-83.
4. E.M. Burbidge, G.R. Burbidge, W.A. Fowler e F. Hoyle. "Synthesis of the elements in stars", *Rev. Mod. Phys.* 29 (1957), p.547-650.
5. A.J. Korn, F. Grundahl, O. Richards, P.S. Barklem, L. Mashonkina, R. Collet, N. Piskunov e B. Gustafsson. "A probable stellar solution to cosmological lithium discrepancy", *Nature* 442 (2006), p.657-9.
6. F. Hoyle. "On nuclear reactions occurring in very hot stars: the synthesis of the elements between carbon and nickel", *Astrophys. J. Suppl.* 1 (1954), p.121-46.
7. F. Hoyle. "The universe: past and present reflections", *Eng. & Sci.* (nov 1981), p.8-12.
8. G.H. Miller et al. "Abrupt onset of the Little Ice Age triggered by volcanism and sustained by sea-ice/ocean feedbacks", *Geophys. Res. Lett.* 39 (2012), p.L02708.
9. H.W. Babcock. "The topology of the Sun's magnetic field and the 22-year cycle", *Astrophys. J.* 133 (1961), p.572-87.
10. E. Nesme-Ribes, S.L. Baliunas e D. Sokoloff, "The stellar dynamo", *Scientific American* (ago 1996), p.30-6.
    Para detalhes matemáticos e trabalho mais recente com modelos mais realistas, ver: M. Proctor. "Dynamo action and the Sun", *EAS Publ. Ser.* 21 (2006), p.241-73.

## 12. O grande rio celeste (p.206-21)

1. Isto é, $M_{(r)} = rv_{(r)}^2/G$. Então $v_{(r)} = \sqrt{GM_{(r)}/r}$. Aqui $M_{(r)}$ é a massa até o raio $r$, $v_{(r)}$ é a velocidade de rotação das estrelas no raio $r$ e $G$ é a constante gravitacional.

## 13. Mundos alienígenas (p.222-45)

1. X. Dumusque e dez outros. "An earth-mass planet orbiting α Centauri B", *Nature* 491 (2012), p.207-11.
2. V. Rajpaul, S. Aigrain e S.J. Roberts. "Ghost in the time series: no planet for Alpha Cen B", arXiv: 1510.05598; *Mon. Not. RAS* (2016).
3. Z.K. Berta-Thompson et al. "A rocky planet transiting a nearby low-mass star, *Nature* 527 (2015), p.204-7.
4. "Semelhante à Terra" ou "do tipo da Terra" aqui significa um mundo rochoso, com mais ou menos o mesmo tamanho e massa da Terra, numa órbita que permitiria a existência de água no estado líquido sem nenhuma outra condição especial. Posteriormente requeremos também oxigênio.
5. E. Thommes, S. Matsumura e F. Rasio. "Gas disks to gas giants: Simulating the birth of planetary systems", *Nature* 321 (2008), p.814-7.
6. M. Hippke e D. Angerhausen. "A statistical search for a population of exo-Trojans in the Kepler dataset", arXiv: 1508.00427 (2015).
7. Em *Evolving the Alien* Cohen e eu propomos que o que realmente conta é a *exteligência*: a habilidade de seres inteligentes reunirem seu conhecimento de maneira que todos possam acessá-lo. A internet é um exemplo. É preciso exteligência para construir naves espaciais.
8. M. Lachmann, M.E.J. Newman e C. Moore. "The physical limits of communication", artigo de trabalho 99-07-054, Instituto Santa Fé, 2000.
9. I.N. Stewart. "Uninhabitable zone", *Nature* 524 (2015), p.26.
10. P.S. Behroozi e M. Peeples. "On the history and future of cosmic planet formation", *Mon. Not. RAS* (2015), arXiv: 1508.01202.
11. D. Sasselov e D. Valencia. "Planets we could call home", *Scientific American* 303 (agosto de 2010), p.38-45.
12. S.A. Benner, A. Ricardo e M.A. Carrigan. "Is there a common chemical model for life in the universe?", *Current Opinion in Chemical Biology* 8 (2004), p.676-80.
13. J. Stevenson, J. Lunine e P. Clancy. "Membrane alternatives in worlds without oxygen: Creation of an azotosome", *Science Advances* 1 (2015), e1400067.
14. J. Cohen e I. Stewart. *Evolving the Alien*, Londres, Ebury Press, 2002.
15. W. Bains. "Many chemistries could be used to build living systems", *Astrobiology* 4 (2004), p.137-67.
16. J. von Neumann. *Theory of Self-Reproducing Automata*, Urbana, University of Illinois Press, 1966.

## 14. Estrelas escuras (p.246-68)

1. Em unidades que tornam a velocidade da luz igual a 1, digamos, anos para o tempo e anos-luz para o espaço.
2. R. Penrose. "Conformal treatment of infinity", in *Relativity, Groups and Topology* (orgs. C. de Witt e B. de Witt), Gordon and Breach, Nova York, 1964, p.563-84; *Gen. Rel. Grav.* 43 (2011), p.901-22.
3. Animações de como pareceria a passagem através desses buracos de minhoca podem ser encontradas em http://jila.colorado.edu/~ajsh/insidebh/penrose.html.
4. B.L. Webster e P. Murdin. "Cygnus X-1 – A spectroscopic binary with a heavy companion?", *Nature* 235 (1972), p.37-8.
   H.L. Shipman, Z. Yu e Y.W. Du. "The implausible history of triple star models for Cygnus X-1: Evidence for a black hole", *Astrophys. Lett.* 16 (1975), p.9-12.
5. P. Mazur e E. Mottola. "Gravitational condensate stars: An alternative to black holes", arXiv: gr-qc/0109035 (2001).

## 15. Entrelaçamentos e vazios (p.269-86)

1. Colin Stuart. "When worlds colide", *New Scientist* (24 out 2015), p.30-3.
2. Você pode objetar dizendo que "hoje" não tem significado porque a relatividade implica que eventos não ocorrem simultaneamente para todos os observadores. Isso é verdade, mas quando digo "hoje" estou me referindo ao *meu* referencial, tendo a mim como observador. Posso acertar conceitualmente relógios distantes fazendo mudanças de um ano por ano-luz; vistos daqui, estarão sincronizados. Mais genericamente, observadores em referenciais comoventes vivenciam a simultaneidade da forma esperada em física clássica.
3. N.J. Cornish, D.N. Spergel e G.D. Starkman. "Circles in the sky: Finding topology with the microwave background radiation", *Classical and Quantum Gravity* 15 (1998), p.2657-70.
   J.R. Weeks. "Reconstructing the global topology of the universe from the cosmic microwave background", *Classical and Quantum Gravity* 15 (1998), p.2599-604.

## 16. O ovo cósmico (p.287-98)

1. Menos que isso! Segundo a Nasa, era de 12% de um pixel.
2. Com base em supernovas tipo Ia, flutuações de temperatura na RCF e a função de correlação de galáxias, o Universo tem uma idade estimada de 13,798 ± 0,037 bilhões de anos. Ver a colaboração *Planck* (numerosos autores). "*Planck* 2013 results XVI: Cosmological parameters", *Astron. & Astrophys.* 571 (2014), arXiv: 1303.5076.
3. M. Alcubierre. "The warp drive: hyper-fast travel within general relativity", *Classical and Quantum Gravity* 11 (1994), p.L73-7.

S. Krasnikov. "The quantum inequalities do not forbid spacetime shortcuts", *Phys. Rev.* D 67 (2003), 104013.
4. Ver nota 2 do capítulo 15 sobre a simultaneidade num universo relativista.

## 17. A grande explosão (p.299-312)

1. O valor atual para a temperatura é 2,72548 ± 0,00057 kelvin, ver D.J. Fixsen. "The temperature of the cosmic microwave background", *Astrophys. J.* 707 (2009), p.916-20.
   Outros valores mencionados no texto são estimativas históricas, agora obsoletas.
2. Esta frase é reutilizada de Terry Pratchett, Ian Stewart e Jack Cohen. *The Science of Discworld IV: Judgement Day*, Londres, Ebury, 2013.
3. O trabalho de Penrose é relatado em: Paul Davies. *The Mind of God*, Nova York, Simon & Schuster, 1992.
4. G.F.R. Ellis. "Patchy solutions", *Nature* 452 (2008), p.158-61; "The universe seen at different scales", *Phys. Lett.* A 347 (2005), p.38-46.
5. T. Buchert. "Dark energy from structure: a status report", *T. Gen. Rel. Grav.* 40 (2008), p.467-527.
6. J. Smoller e B. Temple. "A one parameter family of expanding wave solutions of the Einstein equations that induces an anomalous acceleration into the standard model of cosmology", arXiv: 0901.1639.
7. R.R. Caldwell. "A gravitational puzzle", *Phil. Trans. R. Soc. London* A 369 (2011), p.4998-5002.
8. R. Durrer. "What do we really know about dark energy?", *Phil. Trans. R. Soc. London* A 369 (2011), p.5102-14.
9. Marcus Chown. "End of the beginning", *New Scientist* (2 jul 2005), p.30-5.
10. D.J. Fixsen. "The temperature of the cosmic microwave background", *Astrophys. J.* 707 (2009), p.916-20.
11. As estrelas nas galáxias se mantêm ligadas pela gravidade, que se acredita contrabalançar a expansão.
12. S. Das. "Quantum Raychaudhuri equation", *Phys. Rev.* D 89 (2014) 084068.
    A.F. Ali e S. Das. "Cosmology from quantum potential", *Phys. Lett.* 741 (2015), p.276-9.
13. J. Conrad. "Don't cry wolf", *Nature* 523 (2015), p.27-8.

## 18. O lado escuro (p.313-30)

1. K.N. Abazajian e E. Keeley. "A bright gamma-ray galactic center excess and dark dwarfs: strong tension for dark matter annihilation despite Milky Way halo profile and diffuse emission uncertainties", arXiv: 1510.06424 (2015).

2. G.R. Ruchti et al. "The Gaia-ESO Survey: a quiescent Milky Way with no significant dark/stellar accreted disc", *Mon. Not. RAS* 450 (2015), p.2874-87.
3. S. Clark. "Mystery of the missing matter", *New Scientist* (23 abr 2011), p.32-5; G. Bertone. D. Hooper e J. Silk. "Particle dark matter: evidence, candidates and constraints", *Phys. Rep.* 405 (2005), p.279-390.
4. A segunda lei do movimento de Newton é $F = ma$, onde $F$ = força, $m$ = massa, $a$ = aceleração. A Mond a substitui por $F = \mu(a/a_0)ma$, onde $a_0$ é uma nova constante fundamental que determina a aceleração abaixo da qual a lei de Newton deixa de se aplicar. O termo $\mu(x)$ é uma função não especificada que tende a 1 à medida que $x$ aumenta, de acordo com a lei de Newton, mas para $x$ quando $x$ é pequeno, o que modela as curvas de rotação galácticas observadas.
5. J.D. Bekenstein. "Relativistc gravitation theory for the modified Newtonian dynamics paradigm", *Physical Review* D70 (2004), 083509.
6. D. Clowe. M. Bradač, A.H. Gonzalez, M. Markevitch, S.W. Randall, C. Jones e D. Zaritsky. "A direct empirical proof of the existence of dark matter", *Astrophys. J. Lett.* 648 (2006), p.L109.
7. Ver http://www.astro.umd.edu/~ssm/mond/moti_bullet.html.
8. S. Clark. "Mystery of the missing matter", *New Scientist* (23 abr 2011), p.32-5.
9. J.M. Ripalda. "Time reversal and negative energies in general relativity", arXiv: gr-qc/9906012 (1999).
10. Ver os artigos listados em http://msp.warwick.ac.uk/~cpr/paradigm/.
11. D.G. Saari. "Mathematics and the 'dark matter' puzzle", *Am. Math. Mon.* 122 (2015), p.407-23.
12. A frase "a exceção prova a regra" [ou, mais comumente em português, "a exceção confirma a regra"] costuma ser amplamente usada para desprezar exceções incômodas. Nunca entendi por que as pessoas fazem isso, a não ser como estratagema numa discussão. Não faz o menor sentido. A palavra "prova" nesse contexto originalmente tinha o sentido de "teste" – da mesma forma como *provamos* massa de pão; ou seja, testar para ver se ela tem a consistência certa. (Ver en.wikipedia.org/wiki/Exception_that_proves_the_rule.)

   A expressão remonta a um princípio legal da Roma antiga: *exceptio probat regulam in casibus non exceptis* (a exceção confirma a regra em casos não excepcionais). O que significa que se a regra tem exceções, precisa-se de uma regra diferente. Isso faz sentido. O uso moderno omite a segunda metade, produzindo um absurdo.

## 19. Fora do Universo (p.331-51)

1. As constantes *verdadeiramente* fundamentais são combinações específicas dessas grandezas que não dependem das unidades de medidas: "constantes adimensionais" que são números puros. A constante de estrutura fina é desse tipo. O valor numérico da velocidade da luz depende, sim, das unidades, mas sabemos como converter o número se usarmos unidades diferentes. Nada do que digo depende dessa distinção.

2. B. Greene. *The Hidden Reality*, Nova York, Knopf, 2011.
3. O que importa é que haja algum número fixo que seja maior que o número de estados de qualquer retalho. Não é exigida igualdade exata.
4. Números com expoentes enormes como esses comportam-se de forma bastante estranha. Se você olhar na internet vai descobrir que a cópia exata mais próxima de você está a cerca de $10^{10^{128}}$ *metros* de distância. Substituí esse valor por anos-luz, que são muito maiores do que metros. Mas na verdade mudar as unidades faz muito pouca diferença para o *expoente*, porque $10^{10^{128}}$ metros é $10^{10^{128}-11}$ anos-luz, e o expoente $10^{10^{128}-11}$ é um número de 129 dígitos, exatamente como $10^{128}$. A razão entre eles é 1,000...00011 com 125 zeros.
5. B. Greene. *The Hidden Reality*, Nova York, Knopf, 2011, p.154.
6. L. Carroll. *The Hunting of the Snark*, original em inglês disponível em https://www.gutenberg.org/files/13/13-h/13-h.htm.
7. G.F.R. Ellis. "Does the multiverse really exist?", *Sci. Am.* 305 (ago 2011), p.38-43.
8. O. Romero-Isart. M.L. Juan, R. Quidant e J.I. Cirac. "Toward quantum superposition of living organisms", *New J. Phys.* 12:033015 (2010).
9. J. Foukzon, A.A. Potapov e S.A. Podosenov. "Schrödinger's cat paradox resolution using GRW collapse model", *Int. J. Recent Adv. Phys.* 3 (2014), p.17-30.
10. Conhecidos como vetor "ket" na notação de Dirac para a mecânica quântica. O lado direito de um parêntese ("brac*ket*", em inglês), certo? Matematicamente, é um vetor em vez de um vetor dual.
11. A. Bassi, K. Lochan, S. Satin, T.P. Singh e H. Ulbricht. "Models of wave-function collapse, underlying theories, and experimental tests", *Rev. Mod. Phys.* 85 (2013), p.471.
12. J. Horgan. "Phycisist slams cosmic theory he helped conceive", *Sci. Am.* (1º dez 2014); ver http://blogs.scientificamerican.com/cross-check/physicist-slams-cosmic-theory-he-helped-conceive/.
13. F.C. Adams. "Stars in other universes: stellar structure with different fundamental constants", *J. Cosmol. Astroparticle Phys.* 8 (2008), p.10.
14. V. Stenger. *The Fallacy of Fine-Tuning*, Amherst, Prometheus, 2011.
15. Isto é, numa escala log/log e numa gama específica porém ampla de valores, a região do parâmetro espacial em que estrelas podem se formar tem cerca de um quarto da área do espaço inteiro. Trata-se de uma medida aproximada e imediata, mas isso é comparável com o que os proponentes da sintonia fina fazem. A questão não são os 25%: é que qualquer cálculo razoável da probabilidade a torna muito maior que $10^{-47}$.

## Epílogo (p.353-57)

1. Adam G. Reiss et al. "A 2.4% determination of the local value of the Hubble constant", http://hubblesite.org/pubinfo/pdf/2016/17/pdf/pdf.

# *Créditos das imagens*

Agradecemos a permissão para o uso das seguintes imagens:

**Ilustrações em preto e branco**

**p.8**: ESA; **p.10, 111, 120, 126, 141, 142, 167, 207** *(à esquerda)*, **213, 234, 296**: Nasa; **p.44**: Atacama Large Millimeter Array; **p.97, 177, 183, 187, 194, 199, 207** *(à direita)*, **212, 221** *(à direita)*: Wikimedia Commons; **p.111**: C.D. Murray e S.F. Dermott, *Solar System Dynamics* (Cambridge University Press, 1999); **p.163**: J. Wisdom, S.J. Peale e F. Mignard. "The chaotic rotation of Hyperion", *Icarus* 58 (1984), p.137-52; **p.173, 174**: W.S. Koon, M. Lo, S. Ross e J. Marsden; **p.201**: M. Proctor. "Dynamo action and the Sun", *EAS Publications Series* 21 (2006), p.241-73; **p.207** *(no alto)*: www.forestwander.com/2010/07/milky-way-galaxy-summit-lake-wv/; **p.215**: M. Harsoula, C. Kalapotharakos e G. Contopoulos. "Asymptotic orbits in barred spiral galaxies", *Mon. Not. RAS* 411 (2011), p.1111-26; **p.217** *(no alto)*: N. Voglis, P. Tsoutsis e C. Efthymiopoulos, "Invariant manifolds, phase correlations of chaotic orbits and the spiral structure of galaxies", *Mon. Not. RAS* 373 (2006), p.280-94; **p.217** *(embaixo)*: M. Harsoula e C. Kalapotharakos. "Orbital structure in *N*-body models of barred-spiral galaxies", *Mon. Not. RAS* 394 (2009), p.1605-19; **p.218**: E. Athanassoula, M. Romero-Gomez, A. Bosma e J.J. Masdemont. "Rings and spirals in barred galaxies – II. Ring and spiral morphology", *Mon. Not. R. Astron. Soc.* 400 (2009), p.1706-20; **p.227**: brucegary.net/XO1/x.htm; **p.229**: M. Hippke e D. Angerhausen. "A statistical search for a population of exo-Trojans in the Kepler dataset", arXiv:1508.00427 (2015).

**Caderno de imagens**

**Figs. 1 e 2:** Nasa/JHUAPL/SwRI; **3:** Nasa/JPL/Universidade do Arizona; **4:** Nasa/JPL/DLR; **5:** Nasa/JPL/Space Science Institute; **6:** Nasa; **7:** Nasa/SDO; **8:** M. Lemke e C.S. Jeffery; **9:** NGC; **10:** Hubble Heritage Team, ESA, Nasa; **11:** https://www.eso.org/public/outreach/copyright/; **12:** Andrew Fruchter (STScI) et al., WFPC2, HST, Nasa – Nasa; **13:** "Simulations of the formation, evolution and clustering of galaxies and quasars", Volker Springel, Simon D.M. White, Adrian Jenkins, Carlos S. Frenk, Naoki Yoshida, Liang Gao, Julio Navarro, Robert Thacker, Darren Croton, John Helly, John A. Peacock, Shaun Cole, Peter Thomas, Hugh Couchman, August Evrard, Joerg Colberg e Frazer Pearce, 2005, *Nature* 435, 629 © Springel et al. (2005).

# *Índice remissivo*

Números de página *em itálico* indicam uma ilustração.

A marca FSC® é a garantia de que a madeira utilizada na fabricação do papel deste livro provém de florestas que foram gerenciadas de maneira ambientalmente correta, socialmente justa e economicamente viável, além de outras fontes de origem controlada.

Este livro foi composto por Mari Taboada em Dante Pro 11,5/16 e impresso em papel offwhite 80g/m² e cartão triplex 250g/m² por Geográfica Editora em março de 2020.